火山岩气藏滚动勘探开发理论与实践

——以准噶尔盆地为例

Theory and Practice of Rolling Exploration and Development in Volcanic Gas Reservoir：

A Case of Junggar Basin

石新朴 陈晓明 孙德强 史全党 胡清雄 侯 磊 等 著

科学出版社

北 京

内 容 简 介

本书以准噶尔盆地火山岩气藏为例，系统研究总结了我国尤其是以准噶尔盆地火山岩气藏为代表的滚动勘探开发取得的重要成果。全书在调研了国内外大量已有的火山岩成果的基础上，根据准噶尔盆地火山岩气藏的勘探开发实践和相关研究成果，以火山岩气藏的形成、成藏模式及滚动勘探开发技术三大核心内容为主线，将我国东西部火山岩油气藏的发育特征进行类比，确认了准噶尔盆地火山岩气藏特有的复杂性；从区域构造及演化特征、区域地层特征、区域岩相古地理等方面分析了准噶尔盆地火山岩气藏形成的区域地质背景；通过对准噶尔盆地火山岩野外露头剖面、岩心、镜下薄片和地球化学特征的分析，确定了准噶尔盆地火山岩气藏的岩石类型、岩相及展布特征；通过对准噶尔盆地典型的克拉美丽气田的剖析，得出准噶尔盆地火山岩气藏的复杂地质特征、成藏条件、主控因素及成藏模式；通过对准噶尔盆地火山岩气藏历年滚动勘探开发关键技术实践的总结，确定了火山岩气藏滚动勘探开发配套性技术体系。

本书可供从事油气勘探开发的科研工作者、技术管理人员、科研院所及高等院校师生参考。

图书在版编目（CIP）数据

火山岩气藏滚动勘探开发理论与实践：以准噶尔盆地为例=Theory and Practice of Rolling Exploration and Development in Volcanic Gas Reservoir：A Case of Junggar Basin/ 石新朴等著. —北京：科学出版社，2022.2

ISBN 978-7-03-061491-9

Ⅰ.①火… Ⅱ.①石… Ⅲ.①准噶尔盆地–火山岩–岩性油气藏–油气勘探 ②准噶尔盆地–火山岩–岩性油气藏–油气田开发 Ⅳ.①P618.130.8

中国版本图书馆 CIP 数据核字(2019)第 110182 号

责任编辑：刘翠娜 崔元春 / 责任校对：王萌萌
责任印制：师艳茹 / 封面设计：无极书装

科学出版社 出版

北京东黄城根北街 16 号
邮政编码：100717
http://www.sciencep.com

北京九天鸿程印刷有限责任公司 印刷
科学出版社发行 各地新华书店经销

*

2022 年 2 月第 一 版 开本：787×1092 1/16
2022 年 2 月第一次印刷 印张：16
字数：350 000

定价：238.00 元
（如有印装质量问题，我社负责调换）

本书研究和撰写人员

石新朴　陈晓明　孙德强　史全党　胡清雄
侯　磊　贺陆军　陈如鹤　单　江　杜　果
覃建强　艾　林　姜　超　邵　丽　胡宗芳
侯向阳　谢　斌　王晓磊　卫延昭　张立宽
刘海涛　孙焌世　卞从胜　陈　轩　李传新

前　言

　　火山岩气藏是所有天然气藏中勘探开发难度最大的气藏之一，火山岩气藏开发难度大的主要原因是其岩性、岩相变化快，储层非均质性强，产量分布平面差异大，气水关系复杂。在准噶尔盆地中，目前最大的火山岩气藏分布在滴南凸起带。滴南凸起的勘探工作始于 20 世纪 80 年代，经过前人多年的研究已经取得大量成果。2008 年在滴南凸起发现了准噶尔盆地第一个千亿立方米储量规模的大型火山岩气田——克拉美丽气田，提交天然气探明地质储量 $1053.34 \times 10^8 m^3$。气田构造特征总体表现为西倾的大型鼻状构造，南北为边界断裂所切割。气田自西向东由滴西 17、滴西 14、滴西 18 和滴西 10 井区四个区块组成。气田储层岩性以凝灰质角砾岩、正长斑岩、流纹质熔结凝灰岩及玄武岩为主，有利岩相以爆发相空落、溅落亚相，溢流相顶部、下部亚相和次火山岩相外带、中带亚相为主；储集空间以溶孔、气孔及杏仁孔最发育；孔缝组合以裂缝-孔隙型为主；裂缝以高角度及斜交构造缝为主。储层总体属于中低孔、低渗储层，孔隙度平均为 11.48%，渗透率平均为 0.459mD（$1D=0.986923 \times 10^{-12} m^2$）。气藏以岩性圈闭为主，有效储层分布受构造及岩性双重控制，气藏类型主要为构造-岩性气藏。克拉美丽气田的四个主力区块勘探开发历经发现、展开勘探、规模开发、滚动勘探、调整稳产五个阶段，在做好主力区块调整和稳产的同时，在最先发现的四个区块周缘，又滚动勘探新的区块，如滴西 185、滴西 323 等井区。正是做好了老区稳产、新区增产两个主要工作，才使准噶尔盆地火山岩气藏建产达到 $10 \times 10^8 m^3$。

　　1999 年预探井滴西 5 井区在石炭系 3650～3665m 井段试油，获日产气 $10740m^3$，日产水 $32.03m^3$，标志着滴西石炭系火山岩气藏的发现。2005 年在滴西 10 井区石炭系提交天然气探明地质储量 $20.20 \times 10^8 m^3$；2008 年，滴西 17、滴西 14 和滴西 18 井区共提交天然气探明地质储量 $1033.14 \times 10^8 m^3$；2017 年，完成老区储量复算及扩边新区储量计算工作，提交天然气探明地质储量共计 $759.05 \times 10^8 m^3$。

　　2008 年完成滴西 17、滴西 14、滴西 18 井区开发概念设计研究，建成天然气产能近 $170 \times 10^4 m^3/d$，取得了较好的试采试验效果。2018 年 12 月，火山岩气田年产量 $10.71 \times 10^8 m^3$。气田勘探开发中暴露出了储层非均质性强、储量动用程度低、部分区域产水严重的问题，严重影响了气田的开发效果。截至 2013 年底，气田建产井 62 口，累计建成天然气产能 $14.37 \times 10^8 m^3$，标定天然气生产能力只有 $7.45 \times 10^8 m^3/a$，与开发方案制定的指标存在较大的差距。

　　针对气田勘探开发过程中出现的问题，为实现火山岩气田的科学、高效勘探开发，新疆油田重点围绕气田滚动勘探开发及稳产关键技术进行攻关研究，理论与实践相结合指导气田开发调整及滚动增储上产，在 2008 年上报探明四个火山岩气藏区块的外围又滚动勘探出近千亿立方米天然气探明地质储量，不仅实现了克拉美丽气田已开发气藏 $7.0 \times 10^8 m^3$ 产能的长期稳产目标，而且实现了克拉美丽气田 $10 \times 10^8 m^3$ 以上产量的稳产目标。

在气田开发调整的同时，还总结火山岩气藏"源控-相控-体控-高控"成藏模式，依托开发三维地震，落实外围有利火山岩体圈闭，优选有利油气分布的甜点目标区开展滚动评价工作，指导实施 28 口评价井，已试气 26 口井均获得工业气流，在滴南凸起北带新发现气藏 15 个，新增天然气地质储量 $1569\times10^8m^3$，其中新增天然气探明地质储量 $759\times10^8m^3$，可采地质储量 $342\times10^8m^3$，最大可形成 $11.6\times10^8m^3/a$ 的生产能力，可有效支撑克拉美丽气田实现年产能达到 $10\times10^8m^3$、稳产 9 年的目标，实现现有 $10\times10^8m^3/a$ 地面处理有效利用目标，提升气田开发效益。

理论和实践表明，滚动勘探开发的技术对策和思路非常适合准噶尔盆地石炭系火山岩气田。新疆油田经过近二十年的火山岩气藏勘探开发，形成了特有的复杂火山岩气藏成藏模式、主控因素及滚动勘探开发配套关键技术。本书是准噶尔盆地火山岩气藏勘探开发多年理论和实践的总结，希望可以对未来国内外同类型火山岩气藏的高效勘探开发起到借鉴作用。

目　　录

第 1 章

绪　论

1.1 准噶尔盆地火山岩气藏勘探开发的难点

准噶尔盆地滴南凸起的勘探工作始于 20 世纪 80 年代，经过前人多年的研究已经取得大量成果。2008 年在滴南凸起发现了准噶尔盆地第一个千亿立方米储量规模的大型火山岩气田——克拉美丽气田，提交天然气探明地质储量 $1053.34 \times 10^8 m^3$。气田构造特征总体表现为西倾的大型鼻状构造，南北为边界断裂所切割。气田自西向东由滴西 17、滴西 14、滴西 18 和滴西 10 井区四个区块组成。气田储层岩性以凝灰质角砾岩、正长斑岩、流纹质熔结凝灰岩及玄武岩为主，有利岩相以爆发相空落、溅落亚相，溢流相顶部、下部亚相和次火山岩相外带、中带亚相为主；储集空间以溶孔、气孔及杏仁孔最发育；孔缝组合以裂缝-孔隙型为主；裂缝以高角度及斜交构造缝为主。储层总体属于中低孔、低渗储层，孔隙度平均为 11.48%，渗透率平均为 0.459mD。气藏以岩性圈闭为主，有效储层分布受构造及岩性双重控制，气藏类型主要为构造-岩性气藏。

根据准噶尔盆地第三次资源评价结果，陆东地区蕴藏天然气资源量 $4850 \times 10^8 m^3$，还有近 $3800 \times 10^8 m^3$ 天然气资源量需进一步发现落实，勘探评价潜力大，是中国石油天然气股份有限公司新疆油田分公司(简称新疆油田分公司)天然气增储上产的有利区带之一，是北疆地区冬季保供的重要起源地。但自 2008 年发现克拉美丽气田以来，先后上钻 20 口探井及评价井，均未取得预期成果，成藏模式及天然气富集规律存在局限，勘探评价方向及目标不明，勘探评价工作踌躇不前。而从开发的情况看，克拉美丽气田 2010 年 3 月制定采用"整体部署，分批实施，井间接替"的开发模式，总体部署 54 口井，设计产能规模 $10.0 \times 10^8 m^3$，稳产 7.6 年。截至 2013 年 12 月，克拉美丽气田累计动用天然气地质储量 $416.98 \times 10^8 m^3$，在含气压域内共完钻气井 59 口，投产气井 48 口，日产气 $200 \times 10^4 m^3$，累产气 $30.3 \times 10^8 m^3$。

作为北疆地区重要的天然气生产保供的克拉美丽气田，其探明地质储量占新疆油田分公司的 52.9%，气田的稳产和上产开发将对北疆地区的社会经济发展起到十分重要的能源保障作用。但经过 4 年的开发建设，气田产量仅达到方案设计的 55%。准噶尔盆地勘探开发主要存在以下难点。

(1)储量接替难度大。探明区外围勘探评价失利，后备储量资源不足。由于富集规律及成藏模式不清，自探明克拉美丽气田之后，以正向构造结合岩体为勘探目标，在探明区外围相继打了 20 口探井，均未取得突破，天然气勘探受挫，下一步的勘探方向及领域不明，无法为北疆地区天然气供应落实更多的储量资源。

(2)地层岩体岩性变化快，储层刻画难度大。克拉美丽气田火山岩地层形成模式多样，岩体规模差异大、接触关系复杂，虽然利用三维地震资料进行了火山岩体刻画，并利用测井资料对单井钻遇地层进行了解释，但对于评价区和开发区井间储层难以进行刻画。

(3)储量控制程度低，气井压力产量下降快，停关井比例高。克拉美丽气田截至

2012 年 12 月投产 4 年间, 气井动态控制储量仅占动用储量的 14.7%, 有 17 口气井已经停产, 停关井数占投产井的 37.7%。火山岩气藏单套储层发育规模较小, 直井分层开发动用范围小, 平均井控储量只有 $2.98 \times 10^8 m^3$, 仅为水平井的 45.8%, 停关井中直井比例达到 89.5%。

(4) 剩余储量分布不清, 提高储量动用的方式不明确。储层非均质性较强, 运用常规动态分析方法难以准确进行描述, 优势剩余储量富集区无法落实, 致使对应的动用手段难以确定, 无法实现对剩余储量的有效动用。

(5) 低渗储层改造及储层保护技术缺乏。鉴于火山岩储层低孔低渗但微裂缝发育的特点, 在井下作业过程中易受到水锁伤害、固相伤害、处理剂损害、入井液漏失等储层伤害, 产能降低甚至无产能, 停关井复产利用难度大。

为了解决以上难点, 又鉴于以上问题严重制约准噶尔盆地火山岩气藏储量发现和有效动用, 新疆油田分公司开展了一系列准噶尔盆地火山岩气藏评价及开发关键技术攻关研究; 为改善准噶尔盆地火山岩气藏的评价和开发效果, 增强北疆地区天然气保供能力, 新疆油田分公司设立了“天然气开发技术研究与应用”科技重大专项, 为此研究设立了“准噶尔盆地火山岩气藏评价及开发关键技术研究”等课题, 这些课题研究成果有效解决了制约准噶尔盆地火山岩气藏评价和开发的技术瓶颈问题。通过深化对滴南凸起石炭系火山岩气藏成藏主控因素及富集规律的认识, 解决了制约滴南凸起天然气滚动勘探的关键问题, 进一步明确了火山岩气藏成藏主控因素及有利储层展布特征, 落实了一批可供钻探的目标圈闭和评价井, 扩大和升级了该区油气储量规模。通过储层描述、剩余储量研究和动用技术攻关, 落实了开发区剩余储量分布和储量动用技术, 提高了火山岩的储量动用和稳产能力。通过新区产能建设和老区产能提升, 增强了北疆地区天然气保供能力, 将直接推进准噶尔盆地火山岩气藏开发技术进步, 其研究思路及技术方法也将对其他地区火山岩气藏评价开发提供重要指导。

1.2 滚动勘探开发相关概念、理论基础

所谓滚动勘探开发是指勘探与开发相结合, 部分详探井承担开发任务, 部分开发井承担详探任务, 统一规划, 分批实施, 滚动前进, 直至形成产能建设规模, 老区不断调整, 新区继续滚动的全过程, 也称为勘探开发一体化。准噶尔盆地火山岩气藏的高效勘探开发离不开滚动勘探开发理论的指导, 因此本节详细阐述一些滚动勘探开发的相关概念、内涵及相关研究内容和技术。

1.2.1 滚动勘探开发的概念

油气滚动勘探开发方法的理论基础是“复式油气聚集(区)带理论”, 这是一种简化评价勘探、加速新油田产能建设的快速勘探开发方法, 通常是“勘探中有开发, 开发中有勘探”。滚动勘探开发的技术思路: 系统研究、整体解剖, 优选目标、重点突破。滚动勘

探开发是指一个二级构造带或三级构造带发现井获得有经济价值的工业油气流后，把勘探和开发的研究工作及具体实施计划进行统筹安排与部署，按科学的工作程序，采用多学科综合研究、多系统协同工作的方法进行勘探开发工作的方式。滚动勘探开发的主要任务是高速度、高效益增储建产，探明一块开发一块，各区块相继投入开发；对老开发区调整挖潜，不断发现新油气藏，弥补递减，略有增产。其基本工作程序是整体部署、分批实施、及时调整、逐步完善。其基本做法是勘探与开发紧密结合，增储上产一体化。该方法是提高复杂断块油田勘探开发效益的有效方法。其核心是缩短周期，尽快投入开发形成生产能力，提早收回投资，提高经济效益。滚动勘探开发方法最早是针对渤海湾含油气盆地复杂小断块的地质特点提出来的，是低、中勘探程度区相当长一段时间内获得新增石油地质储量的主要油气勘探方法。渤海湾含油气盆地断块小而破碎，储集层岩性变化大，含油层系多，含油气井段长，油气藏复合叠加，难以在短期内搞清其地下的地质情况，也不可能通过一次勘探就能完全了解；断块油气田不同区块的含油气性、含油层系和油气藏类型差异大，也不宜用统一的均匀井网布井，因此，要把预探、详探、评价，甚至开发交叉进行，从而诞生了油气滚动勘探开发方法，勘探开发成效明显提高。滚动勘探开发是一种针对地质条件复杂的油气田而提出的一种简化评价勘探、加速新油田产能建设的快速勘探方法。它是对少数探井和早期储量进行估计，在对油田有一个整体认识的基础上，将高产富集区块优先投入开发，实行开发的向前延伸；同时，在重点区块突破时，在开发中继续深化新层系和新区块的勘探工作，解决油气田评价的遗留问题，实现扩边连片。它既是一种勘探开发模式，也是油气勘探开发理论的组成部分。在油田开发过程中，地质条件的复杂性和增储上产的目的使滚动勘探开发已成为一种重要的勘探开发模式，同时，滚动勘探开发也有益于提高油田开发的经济效益。滚动勘探开发是油田增储上产的重要措施之一。

滚动勘探开发方法通常分为 4 个主要阶段。

(1)滚动勘探阶段，以勘探为主，抓好区带和圈闭综合评价、优选滚动勘探目标并实施钻探。试生产获得工业油气流后，立足断裂构造带的整体解剖，开发工作迅速向前延伸，并结合勘探工作在探井上做好各项资料的录取工作，以较大井距甩开探边，力争以最少的探井探明含油气面积，从而展开进一步的勘探评价和寻找新圈闭的工作。

(2)滚动评价阶段，详探与开发紧密结合，通过多学科协同工作、相互渗透来共同研究认识油气藏，并从以勘探为主、开发协助逐步过渡为以开发为主、勘探协助的方式开展早期油气藏描述或评价工作。逐年加密井网，分区块弄清油层分布；开发工作的重点是抓好关键井的确定和实施、早期油气藏评价、4 个概念(地质与气藏工程、钻井工程、采气工程、地面工程)设计编制和经济评价工作。与此同时，边勘探、边开发，以寻找新的含油气圈闭及钻探目标。

(3)滚动开发阶段，把构造的精细解释与钻后反馈贯穿于滚动开发的全过程，重点做好滚动调整、滚动实施开发概念设计和探明储量计算、编制与实施开发方案工作，完成产能建设任务。通过勘探协助开发，完成三维地震资料的特殊处理和精细处理，依据新的钻探成果适时向开发提交新的含油气圈闭。

(4)滚动调整阶段，在利用精细的石油地质综合研究、构造描述、储量复算、注采井网对储量控制程度及适应性分析等进行研究的基础上，编制综合调整方案。滚动勘探开发方法大大提高了评价井的成功率，加速了发现和探明小断块油田的速度。

在滚动勘探、滚动评价、滚动开发和滚动调整这4个阶段的工作中，重点工作内容各不相同，但各阶段紧密相关。本着程序不可超越、节奏可以加快的原则，部分工作进行交叉作业以利于实现增储上产一体化和勘探开发效益优选一体化。

1.2.2 滚动勘探开发关键技术

滚动勘探开发技术是指将油藏勘探和开发有机结合起来形成的一整套油藏地质综合研究技术。该套技术把地震处理和解释、钻井研究、测井评价、地质综合研究、试油试采资料分析、岩心分析化验、油气藏工程及数值模拟、经济评价等学科和阶段的各种研究方法联系起来，形成了对复杂油气藏的勘探与开发具有重要作用的系统研究方法。

在滚动勘探开发实施过程中，随着对地质认识的加深，对技术的要求越来越高，不仅需要各学科、不同技术手段的密切配合，更需要及时应用新理论、新技术，才能满足复杂油气田勘探开发的需要。

1. 国内滚动勘探开发新技术、新方法

目前国内各油田在滚动勘探开发方面使用的新技术、新方法主要有下几个方面。

(1)精细地震解释新技术。

①地震资料采集及资料连片处理新技术；②地震资料人机交互精细解释技术；③地震数据相干体分析技术。

(2)精细储层描述技术。

①井约束地震反演技术；②地震约束测井反演技术；③低电阻油层识别技术；④古应力场模拟裂缝预测技术；⑤地震资料储层横向预测技术；⑥三维可视化技术。

(3)精细开发技术。

①开发井兼探技术；②双靶定向井挖潜技术；③开发地震技术；④配套的钻井、试油、测试及井下作业技术；⑤重复地层测试(RFT)、高分辨地层倾角测井仪(HDT)测试技术；⑥油气层保护及大型压裂改造技术；⑦精细油藏数值模拟技术。

滚动勘探开发技术是油田增储上产的重要途径，对于多层系、低渗油气藏，坚持滚动勘探开发一体化及滚动勘探新技术、新方法的应用，是提高勘探开发效益，实现少投入、多产出、早受益的有效途径。油气滚动勘探开发是一项系统工程，需要多学科结合，加强基础研究，发挥新技术优势，应用各种技术研究成果。针对不同地区、不同类型的油气藏，滚动勘探新技术的选择应有所侧重。

在滚动勘探开发中，加强地质基础研究、精细地震资料解释、正确认识构造特征、开展目标评价是滚动勘探开发取得好效果的基础。

2. 准噶尔盆地滚动勘探开发开展的相关研究

在准噶尔盆地火山岩气藏滚动勘探开发过程中需要开展的研究主要包括以下几点。

(1) 火山岩气藏成藏主控因素及富集模式研究。

①油气藏成藏主控因素研究；②油气源分析及断裂期次研究；③成藏模式及富集规律分析。

(2) 火山岩岩性识别与火山机构及岩相刻画。

①火山岩岩性测井解释技术研究；②火山岩气藏地震反射特征研究；③火山机构及火山岩岩性分布研究；④火山岩气藏岩体刻画研究。

(3) 火山岩气藏储层描述研究。

①分岩性建立储层孔渗关系模型；②分岩性建立储层孔渗地质模型；③火山岩气藏有效储层分布研究。

(4) 火山岩气藏剩余储量分布研究。

①气藏地层压力分布状况研究；②储层有效渗透率分布描述；③气藏储量动用状况评价研究；④气藏剩余储量分布研究；⑤气藏储量分类评价研究。

(5) 火山岩气藏开发扩边及评价部署研究。

①目标火山岩体圈闭刻画；②复电阻率(CR)法油气检测；③评价井位部署论证研究。

(6) 火山岩气藏储量动用技术研究。

①剖面储量动用技术研究；②平面储量动用技术研究；③扩边储量动用技术研究。

3. 准噶尔盆地火山岩气藏滚动勘探开发关键技术

准噶尔盆地火山岩气藏滚动勘探开发关键技术主要包括以下几种。

①复杂火山岩体构造精细解释技术；②复杂火山岩岩性储层预测技术；③古构造恢复技术；④火山机构及岩相、岩体、岩性识别刻画技术；⑤火山岩油气检测综合技术；⑥火山岩有效储层储集性能评价技术；⑦火山岩气藏试井解释技术；⑧火山岩气藏储量评价技术；⑨火山岩气藏储量有效动用技术；⑩边底水火山岩气藏有效开发技术。

1.2.3　滚动勘探开发工作内容

滚动勘探开发一般以油藏综合评价为中心，勘探、开发双向延伸。根据认识程度，滚动勘探开发工作大体分为以下四个方面。

(1) 新区带、新层系地区。从预探阶段开始工作，勘探程度低，工作难度大，风险大，潜力也大。应用新技术、新方法，探索性地开展综合地质研究工作，是滚动勘探开发的重要方面。

(2) 老油田周边、结合部和复杂带。这类地区由于构造比较复杂，储层变化大，往往地震资料品质较差，大多数处于三维地震的工区边缘和结合部，工作难度大，认识程度低。

（3）已探明未开发区。目前这部分地区的储量多为构造复杂、深层低渗、油水关系复杂的油藏，储量的落实程度也比较低。一方面根据已开发油田的新认识，重新评价未开发储量；另一方面，按照油田开发的工作方法，重新研究其他地质特征，优选相对富集的区域开发。

（4）对边缘井、零散井、长停井的重新认识。一类是离开发区较远的探井，在钻井过程中有油气显示，测井解释有油，但是试油不出油或产油量较低而无人问津；另一类是在开发区内或边缘，因井况、管理等而长期停用。滚动勘探开发在于重新认识这两类井，争取以新机制积极开发动用。

1.2.4 滚动勘探开发类型及特点

滚动勘探开发是复杂成藏带增加储量、减缓产量递减、实现稳产的重要途径，精细油藏描述是其关键；综合利用地质、地震、钻井、测井、试油（采）及开发动态等各类资料，通过全三维解释实现地震、地质有机衔接，是油田滚动勘探开发成功的有效方法；复杂成藏带的认识是一个从实践到认识、再实践到再认识的循序渐进、不断加深的过程。

1. 滚动勘探开发类型

滚动勘探开发类型可以分为复式油气聚集带、非复式油气聚集带滚动勘探开发两大类。根据基本工作方式，包括以下四种类型。

（1）复式油气聚集带型：其基本方式是以复式油气聚集带为单元，一般都要经过地震详查、滚动勘探、滚动开发、注采完善四个阶段（如渤海湾地区的滚动勘探开发）。在滚动勘探开发过程中，滚动勘探是开发工作的开始，滚动评价、滚动开发、滚动调整是勘探工作的继续和发展的一个不可分开的整体。复式油气聚集带理论的总结过程是滚动勘探开发方法产生和建立的过程。

（2）裂缝、裂缝溶洞型油气藏型：钻井实施以后，靠垂直地震剖面法（VSP）测井、地层倾角测井预测主要裂缝的发育方向，逐步向外扩展，地震资料利用程度低（如四川地区裂缝油气藏以及青海地区的裂缝溶洞型油气藏滚动勘探开发）。

（3）小油气藏（田）型：它不是复式油气聚集带型，而是断层复杂化的油气藏。其开发方式基本上是一口探井发现油藏后，就进入滚动勘探开发，评价储量，实施建产，主要体现快节奏、高效益的原则（如江汉、江苏油田小油气藏滚动勘探开发）。

（4）特殊油气藏型：如长庆油田河流沼泽相交互沉积和河流砂岩岩性油气藏，地表以巨厚黄土覆盖，地震方法难以奏效。滚动勘探开发的基本方式是综合评价出油点，在出油点滚动建产能。换言之，总结侏罗系岩性分布规律，优选区带，进行储层横向预测，钻发现井，部署关键井；在滚动建产能过程中，继续解决开发中的勘探问题，精心部署钻井顺序，做好跟踪研究，及时调整，适时注水，将勘探与开发结合起来。

上述滚动勘探开发类型的地质基础、工作程序、技术方法不同，但本质特点都是融勘探开发、增储上产为一体，以经济效益为中心，反映了"实践、认识、再实践、再认识"的规律。

2. 滚动勘探开发特点

《滚动勘探开发条例》第五条规定：滚动勘探开发的任务是高速度、高效益增储建产。滚动勘探开发主要包括以下基本特点。

(1)详探和开发紧密结合形成统一体。滚动勘探开发包含勘探和开发内容，但不同于勘探，也不同于开发，其探(勘探)中有采(开发)，采中有探，探采结合为一个整体。

(2)滚动井探采兼用。滚动勘探开发过程中的详探井、开发井与进行勘探作业的详探井、进行开发作业的开发井的作用不完全相同，兼具勘探、开发作用，有的将其单列称为滚动井。滚动勘探开发过程的详探井一方面要搞清油藏地质特征，准确计算油气探明储量，为开发方案编制提供依据；另一方面作为开发井，进行油气生产并同开发井网统一。同时，开发井也具有加强地质特征认识，准确计算储量的详探井作用。

(3)滚动勘探开发是勘探的延续和发展。滚动勘探开发包括了勘探的内容，基本上从详探开始，将勘探和开发连接起来，是勘探的延续和发展。先期的勘探成果是滚动勘探开发的基础和前提条件。

(4)滚动勘探开发侧重于开发。增储上产的目的要求进行滚动勘探开发时，增储是前提、上产是落脚点，要实现快节奏、高效益，要侧重尽快开发。简言之，滚动勘探开发是开发阶段的一种特殊形式。

(5)油藏地质研究是滚动勘探开发研究的中心。围绕该中心，开展物探、地质、测井、钻井、油藏工程、采油工程、油田地面建设、经济评价的综合研究。

(6)滚动勘探开发是个系统工程。要求多系统(勘探、开发)、多专业协同工作，特别需要复合型人才。

(7)滚动勘探开发投资少、见效快、效益好，是提高勘探、开发整体效益的有效途径。

(8)滚动勘探开发的难度越来越大。因为滚动勘探开发对象、问题更加棘手，难度骤升，对科技进步的依赖性越来越大。在实际中应认真研究滚动勘探开发规律，因地制宜地组织工作。具体思考及建议如下：①储量评价与产能的实现需要一个过程。复杂油气藏的地质特征决定了要认清油藏地质特征、探明其全部储量以及实现开发部署，需要一个反复认识的过程。②勘探、开发一体化。要提高复杂油气藏的开发效果，勘探、开发必须紧密结合，即开发认识较为清楚的断块，同时勘探认识程度低的断块或新断块。③滚动井的双重作用。整体部署基础井网时，滚动井、滚动评价井、滚动开发井的部署既要达到详探的目的又要考虑开发利用的情况，同时还要提出钻井方案的实施步骤和依据，优先实施滚动评价井。④跟踪分析贯穿整个滚动勘探开发的实施过程，并对实施过程进行跟踪分析，总结评价，重新落实构造、油层分布、油水关系、地质储量等地质情况。在此基础上及时调整井网，提出下一批井位。⑤采用新理论和新技术。随着滚动勘探开发程度的逐步深入，其对新理论、新技术的依赖性越来越强。从资料采集、处理、解释，到钻井、测试工艺等各环节，只要有新技术的介入，就能提高认识，加快滚动勘探开发节奏。

1.2.5 总体方案设计

根据油田油气富集区分布情况及地质条件，采取先富后贫、先高产后低产、先简单后复杂、分批实施滚动开发的设计原则。滚动开发的基本工作程序如下。

(1)整体部署。根据断块区钻探资料并结合地震详测资料，从认识主力断块与开发主力断块的需要出发，以该断块主力含油层为对象，初步设计一套开发井网。

(2)分批实施。在初步设计的开发井网的基础上，先打关键井，后打一般开发井，根据断块区存在的地质问题，分批逐步加以解决。

(3)及时调整。根据关键井的资料进行研究，按新的认识及时调整原来的设计井网的部署，确定下一批井位，以适应该断块区的特点。

(4)逐步完善。经过多次设计调整，多次评价决策，多次部署实施，才能较好控制主力含油断块，逐步形成开发井网。

1.2.6 开展滚动勘探开发的必要性及意义

勘探开发一体化，就是将我国石油工业原有的勘探与开发相分割的工作模式转变为一体化的工作模式，即突出"两个延伸"：勘探向后延伸，延伸到开发实施、信息反馈阶段，以及时了解勘探部署实施的实际效果，指导下一步勘探；开发向前延伸，延伸到工业评价阶段，即圈闭预探获得工业油流后，开发及时介入，勘探与开发同时进行共同完成寻找商业储量的任务，及时部署滚动勘探方案，扩大勘探成果。勘探开发一体化管理模式是当今世界各大石油公司管理体制的一个重要特征。与勘探开发一体化的管理模式相比，我国石油工业原有的勘探与开发分割模式存在诸多弊端，如下所述。

(1)勘探与开发分割模式是影响寻找商业储量的体制性障碍。在我国石油工业传统的业绩考核体系下，勘探和开发分属于两个部门，评价勘探部门的业绩主要看探明储量，评价开发部门的业绩主要看原油产量，连接两者的是探明储量而非可运用的商业储量，在二者的结合点上缺乏油藏评价这一决策阶段，客观上降低了油气储量的技术经济价值，从而导致对一些商业价值不高的领域进行投入。而从勘探开发一体化的角度看，勘探是开发的基础(负责提供经济可采储量)，开发是勘探的目的(最大限度地采出具有经济效益的油气)，两者有机联系，共同服务于实现油田整体效益最大化这一最终目标。

(2)勘探与开发分割模式限制了勘探管理由生产技术型向经营管理型的转变。勘探与开发分割模式下，勘探只负责提交探明储量，造成了圈闭勘探阶段只是单一的地质勘探过程，未涉及商业储量的初步评价，缺乏包括经济评价在内的多学科综合研究。这种生产技术型的勘探管理造成了勘探与经济脱节，拉大了勘探与油气市场的距离。

(3)勘探与开发分割模式限制了对勘探与开发作用的正确战略定位。勘探与开发分割模式下，油田稳产任务的实现过多地依赖于勘探新增探明储量上，使得勘探放不开手脚，从而忽视了开发对滚动勘探和提高储量动用率的作用，以及勘探"重在发现"的战略定位。

勘探开发一体化是整合勘探开发活动的有效手段，这一整合适应了油田对储量的品位、转化率及成本效益的高要求，满足了油田生产从整装构造油藏向复杂的"低、深、难、杂"油藏和隐蔽性油气藏转移的客观要求(图1.1)。勘探开发一体化的实施能够加快勘探和开发的实施进程，缩短建产周期，实现快速增储上产，提供优质储量，节省勘探开发及油田建设资金，有利于实现油田整体效益的最大化。世界各大石油公司管理体制的一个重要特征就是勘探开发一体化管理，因此，近些年国内各大油田在这方面都进行了积极的探索与实践。

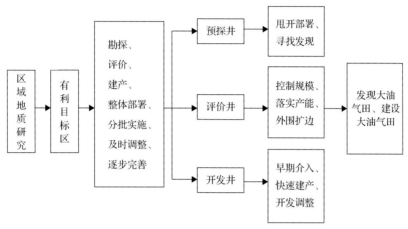

图 1.1　勘探开发一体化运行流程图

1.3　火山岩气藏研究现状

1.3.1　典型火山岩气藏研究现状

火山岩气藏主要分布于日本、美国、俄罗斯等地，较为著名的有日本的见附气田、片贝气田、吉井-东柏崎气田、妙法寺气田、南长冈气田，岩性以中基性玄武岩、安山岩为主，大多数气藏规模不大，整体研究水平低，没有形成火山岩气藏相关开发理论，火山岩气藏开发技术研究仅能满足生产需求，未进行系统研究，火山岩气藏开发实例较少，仅日本帝国石油公司有开发裂缝性火山岩气藏的实践，缺乏可以借鉴的开发经验。

目前世界范围内已发现 300 余个与火山岩有关的油气藏或油气显示（Petford and Mccaffrey，2003）。国外火山岩储层油气藏已有 120 多年的勘探历史，环太平洋地区为其主要分布区，勘探深度较浅，规模一般较小。而我国自 1957 年首次在准噶尔盆地西北缘石炭系发现火山岩油藏以来，相继在渤海湾等 11 个盆地发现了一批火山岩油气藏，并取得了火山岩油气勘探的重大突破。火山岩已成为我国陆上油气勘探的重要领域之一，引起了石油界和众多学者的关注。

国内近几年先后发现了储量规模较大的火山岩气藏，2004 年发现了大庆徐深气田，2006 年发现了吉林长岭气田，2008 年发现了新疆克拉美丽气田。通过方案研究、前期评价专题研究等手段，从生产需求角度出发开展了火山岩气藏相关研究，初步形成了岩性识别、岩相划分、储层识别与预测等一些技术，解决了部分实际生产问题。但是火山岩的开发也遇到了很多问题，气井控制储量低、压力产量递减快等问题使气藏的开发效果不理想，目前在气藏地质和生产动态上的研究虽然在不断推进，但是对火山岩的复杂岩性和储渗结构的分析研究仍然缺乏理论支持。目前对火山岩气藏剩余储量的研究仍然停留在单一的动态简单描述或引用砂岩气藏的数值模拟方法上，很难精细量化描述剩余储量分布。通过对不同火山岩气藏大量静、动态资料的分析总结，得出了一些规律，虽然初步建立了不同火成岩的地震响应、电性特征等关键技术识别方法，对指导气藏的开发起到了一定的作用，但限于实际井点资料少，缺少系统和滚动动态的识别验证，识别精度受到较大影响，尤其是平面岩性分布描述难度更大，一定程度上限制了该类技术的发展。目前因火山岩气藏岩相岩性发育的复杂性，国内老井剩余储量挖潜的主体技术仍然停留在常规的补层和压裂技术上，无法适应剩余储量的有效和高效利用要求，尤其是准噶尔盆地克拉美丽气田的火山岩气藏岩性更为复杂，常规挖潜技术更无法满足生产需要。在这一方面，国外目前已成功应用体积压裂技术，国内目前水平井钻井技术已经较为成熟。目前针对火山岩气藏提高储量动用的研究：第一，正在向系统应用动态、静态资料，利用气藏地质、工程、试井、数值模拟等方法综合研究量化剩余储量分布方向发展；第二，注重在气藏开发全周期应用新钻井、精细开发三维地震资料，建立精细可靠的地震岩体岩相滚动刻画和识别，对井间和气藏扩边区进行优势含气岩体岩相的研究和落实；第三，在气藏剩余储量动用技术上，正在不断借鉴和引入新的压裂改造工艺和水平井侧钻技术，以期提高剩余储量的高效动用和低品质储量的经济动用。

中国沉积盆地内发育石炭系—二叠系、侏罗系—白垩系和古近系—新近系3套火山岩，以火山熔岩、火山角砾岩和风化壳岩溶型储集层为主(邹才能等，2008)。火山岩油气藏的生储盖组合类型均以近源组合为主；储层物性受埋深影响小，非均质性普遍较强；主力烃源岩以煤系泥岩为主，演化程度普遍较高(赵文智等，2009)，而东、西部含油气盆地中火山岩油气藏的富集规律有明显的差异性。东部火山岩油气区层位为中生界—新生界，属于拉张环境下形成的陆内裂谷型火山岩，火山岩分布与断陷大断裂有关，油气藏成藏组合受断陷盆地的发育控制。由于后期盆地演化不同，松辽盆地深层火山岩以气藏为主，渤海湾、二连和海拉尔等盆地以油藏为主；而西部准噶尔盆地火山岩分布区主要包括准噶尔、三塘湖、吐哈等盆地的石炭系—二叠系，主要形成于兴蒙海槽，油气分布主要受不整合面和断裂控制。由于后期原型盆地改造强烈，火山岩油气藏成藏组合变化较大，既有近源组合，又有远源成藏组合。中国东西部火山岩油气藏在构造、储层和成藏特征等方面存在明显的差异，并且内部不同区块的火山岩油气藏在成藏要素方面也存在差异。对已发现火山岩油气藏的研究表明，中国东、西部地区火山岩油气成藏既有共性也有差异，及时加以总结对指导未来勘探和开发的正确发展具有重要意义。

1. 火山岩形成的构造环境差异

在地质历史演化过程中，中国含油气盆地以华北、扬子、塔里木三个古板块为核心，加之多个微板块或地块，经过漫长的地史岁月逐渐拼合而成众多大大小小的盆地。而从板块构造学说来讲，火山作用容易发生在盆地边缘、岛弧等与板块构造有密切关系的环境中(图 1.2)。

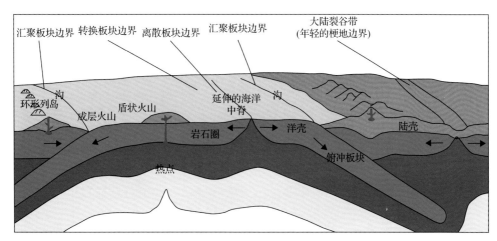

图 1.2 板块构造环境示意图

中国西部盆地火山岩年代较老，主要发育在古生代，而中国东部盆地火山岩年代相对较新，以中、新生代为主(图 1.3)。一般来讲，火山岩通常形成于陆内裂谷、岛弧与洋底扩张环境。

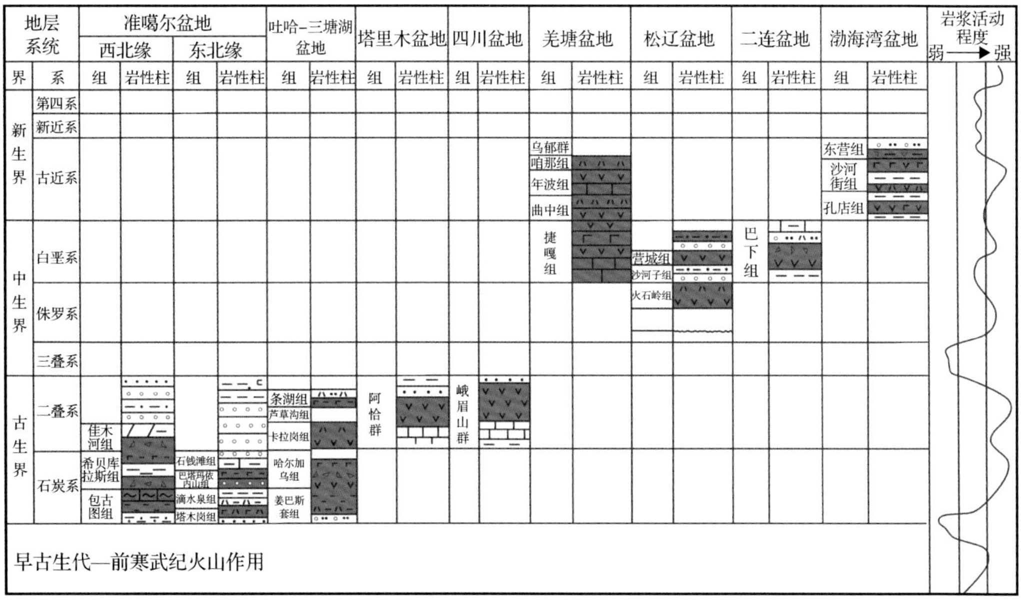

| 地层系统 | | 准噶尔盆地 | | | | 吐哈-三塘湖盆地 | | 塔里木盆地 | | 四川盆地 | | 羌塘盆地 | | 松辽盆地 | | 二连盆地 | | 渤海湾盆地 | | 岩浆活动程度 弱→强 |
| 界 | 系 | 西北缘 | | 东北缘 | | | | | | | | | | | | | | | | |
		组	岩性柱	组	岩性柱	组	岩性柱	组	岩性柱	组	岩性柱	组	岩性柱	组	岩性柱	组	岩性柱	组	岩性柱	
新生界	第四系																			
	新近系																	东营组		
	古近系											乌郁群 咱那组 年波组 曲中组						沙河街组 孔店组		
中生界	白垩系											捷嘎组		营城组 沙河子组		巴下组				
	侏罗系													火石岭组						
	三叠系																			
古生界	二叠系	佳木河组				条湖组 芦草沟组 卡拉岗组		阿恰组		峨眉山群										
	石炭系	希贝库拉斯组 包古图组		石钱滩组 巴塔玛依内山 滴水泉组 塔木岗组		哈尔加乌组 姜巴斯套组														

早古生代—前寒武纪火山作用

图 1.3 中国东西部火山岩发育层位

我国东部地区松辽、二连等盆地所见火山岩主要形成于晚侏罗世—早白垩世，渤海湾盆地以古近系火山岩为主，局部有新近系火山岩，受中、新生代以来太平洋板块向中国大陆之下俯冲消减诱发的陆内裂谷作用的控制，形成环境以中、新生代陆内裂谷为主[图 1.4(a)]。例如，松辽盆地内火山岩的分布明显受断裂控制，火山岩喷发类型以裂隙—中心式为主，裂隙式较多，特点是沿一个方向呈星条带状分布，喷发物以火山熔岩为主，火山碎屑含量较少；熔岩分布范围广，裂口附近熔岩厚度大，向两侧逐渐变薄。又如，辽河油田大平房地区的火山岩以溢流相为主，岩层厚度较薄，火山喷出产物多呈被状在裂隙附近分布。中心式喷发的特点是火山喷发强烈，形成大小不等的火山锥，喷发产物主要由火山碎屑岩及熔岩构成，如松辽盆地北部徐家围子断陷区内有两处火山口痕迹(汤艳杰等，2010)。

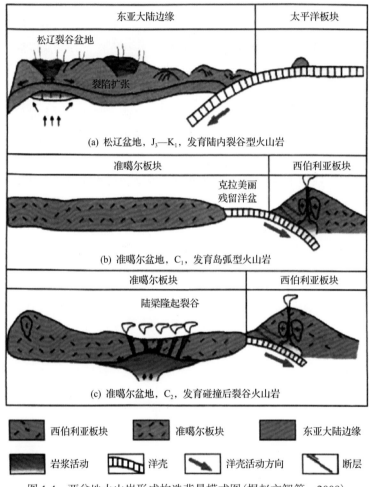

图 1.4　两盆地火山岩形成构造背景模式图(据赵文智等，2009)

赵文智等(2009)认为西部地区发育的火山岩时代相对偏早，以古生代岛弧和碰撞后陆内裂谷为主，具有二元性。准噶尔、吐哈-三塘湖等盆地石炭系发育的火山岩，特别是准噶尔盆地的火山岩以石炭—二叠系最为集中，与古亚洲洋逐步闭合、碰撞造山及碰撞后的陆内裂谷作用有关[图 1.4(b)、(c)]。早石炭世火山岩主要分布于西准噶尔盆地周缘，属岛弧型火山岩；晚石炭世随着洋壳的闭合，在三个泉凸起至克拉美丽山前以及库普—

三塘湖一带,在碰撞造山后发生陆内裂谷作用,广泛形成了晚石炭世陆内裂谷型火山岩。准噶尔盆地内自西向东火山岩喷发环境有从水上向水下转换的趋势:西北缘石炭系火山喷发为裂隙-中心式;腹部火山岩为火山喷发时遇大气降水或浅水下喷发形成;东部五彩湾石炭系火山岩呈大陆间歇性火山喷发。

赵文智等(2009)指出,从图 1.5 对火山岩岩石化学成分特征分析可以看出,松辽盆地岩石化学成分样品点落在板内,反映了陆内裂谷环境;准噶尔盆地岩石化学成分样品点落在板内和火山弧两个区域,反映陆缘岛弧和碰撞期后陆内裂谷两种构造环境,且 Nb、Ta 相对亏损,表明碰撞后裂谷型火山岩是在岛弧背景下形成。说明以准噶尔盆地为主的中国西部火山岩具有陆内裂谷和岛弧型成因双重性。对岩石样品归位分析可以发现,陆内裂谷型火山岩主要发育于晚石炭世,时代偏晚,是在大洋关闭结束以后陆陆碰撞阶段形成的产物;而岛弧型火山岩则形成于早石炭世,是在大洋盆地关闭后期形成的产物。这两套火山岩都与同期泥质沉积有较好的配位,因此,都具有成藏潜力。

同时,两套火山岩在后期构造变动中都受到了改造,发育原位和异位两类火山岩油气藏。前者在后期构造变动中改造变化不大,后者则表现了较大变化,改变了火山岩原始产状与横向连续性和可对比性,表现出较大的复杂性。中国东部地区以松辽盆地深层为代表,火山岩具有明显的陆内裂谷喷发特征,类型相对比较单一,其中火山口及与之相关的爆发相主要沿深大断裂呈串珠状分布,溢流相与次级火山喷发则以重力流动和次级断裂向凹陷低部位延展。由于火山熔浆来源深度不同,岩石类型与喷发规模在平面上呈现变化,总体可依原位性火山岩特点予以评价和预测。

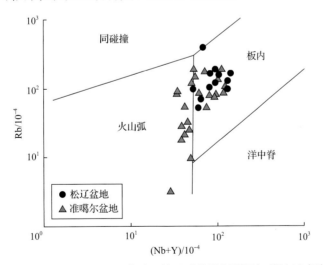

图 1.5 两盆地火山岩(Nb+Y)-Rb 构造环境地球化学判别图解(据赵文智等,2009)

2. 火山岩的类型及岩相对比

1)岩性差异

中国含油气盆地火山岩储层岩石类型多,东部盆地中生代火山岩以酸性为主,新生代火山岩以中基性为主；西部盆地火山岩以中基性为主(图 1.6，图 1.7)。

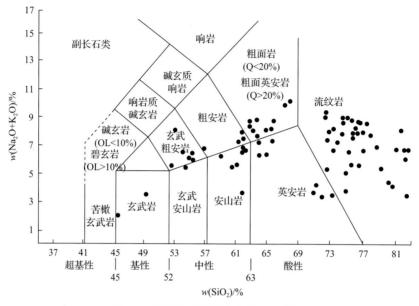

图 1.6　松辽盆地深层火山岩 TAS 图解

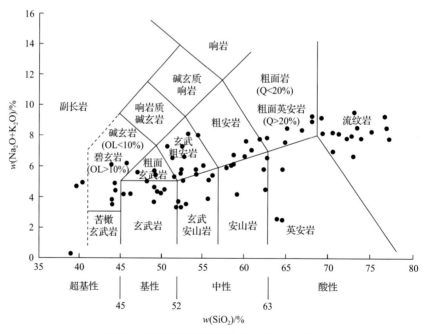

图 1.7　准噶尔盆地石炭系火山岩 TAS 图解

　　熔岩主要包括玄武岩、安山岩、英安岩、流纹岩和粗面岩等；火山碎屑岩主要包括集块岩、火山角砾岩、凝灰岩和熔结火山碎屑岩等。我国东部松辽盆地火山岩形成于中、新生代，其中以中酸性为主，占样品总数的 86%，基性火山岩占 14%，岩石类型主要有流纹岩、安山岩、英安岩、玄武岩、玄武安山岩、粗安岩、流纹质角砾凝灰岩、流纹质火山角砾岩、英安质火山角砾岩、玄武安山质火山角砾岩、安山质凝灰岩、沉火山角砾岩,主要属于碱性和钙碱性系列。渤海湾盆地火山岩主要为玄武岩、安山岩、粗面岩,如辽河盆地中生代火山岩以安山岩为主,古近纪火山岩以玄武岩和粗面岩为主。东营凹陷广泛发育基性火山岩、潜火山岩及火山岩,主要岩石类型为橄榄玄武岩、玄武岩、玄武玢岩、凝灰岩和火山角砾岩等。黄骅拗陷风化店地区火山岩主要为碱流岩、英安流纹岩、流纹岩和流纹英安岩。南堡凹陷火山岩主要为基性火山碎屑岩、中性火山碎屑岩和玄武岩(张光亚等,2010)。

　　位于我国西部的准噶尔盆地火山岩以中钾中基性为主(图1.8)。准噶尔盆地火山岩形成于古生代,以石炭—二叠系为主要层位,其中准噶尔盆地东部石炭系岩性以中基性喷出岩为主,酸性喷出岩火山碎屑岩次之,碎屑熔岩局部可见。准噶尔盆地东部石炭系火山岩则以熔岩、火山角砾岩和凝灰岩为主,熔岩主要为安山岩-玄武岩组合;火山角砾岩主要由火山角砾岩屑、晶屑及凝灰质等组成;凝灰岩主要由晶屑、岩屑和胶结物组成,岩屑以安山质为主(解宏伟等,2008)。

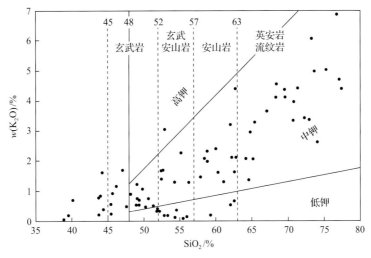

图1.8 准噶尔盆地石炭系火山岩含钾量划分图

2)岩相对比

　　中国陆上含油气盆地火山岩以中心式喷发为主,主要为层状火山岩,有陆上和水下两种喷发环境。东部地区以中酸性火山岩为主,主要沿深大断裂呈中心式喷发,喷发期次较单一,原位性保持较好,后期改造较弱,火山机构较完整。但因火山熔浆以酸性为主,火山岩规模总体偏小,近断裂爆发相储集层发育,斜坡部位喷发溢流相大面积分布。中国西部地区火山岩以中基性为主,具有裂隙式、中心式两种喷发模式,喷发期次多,规模较大,同时,因构造环境变化大,后期改造强,火山机构保存不完整,有较大变化(赵文智等,2009)。

　　中国东部松辽盆地火山岩储层主要发育溢流相,尤其是溢流相顶底部的气孔带是最为有利的储集带。其主要发育的两组火山岩中,火石岭组以中性安山岩为主,多呈层状分布,横向上分布范围广,厚度变化相对较均匀,以裂隙式喷发为主,多发育层状火山机构，火山岩相以喷发溢流相为主；营城组火山岩单个火山机构主要由中心式喷发形成，整体上又受区域大断裂控制而呈串珠状平面分布，但也有观点认为裂隙式喷发、中心式喷发在营城组火山岩中均有发育，其横向厚度变化较大，火山岩相以喷发溢流相、火山沉积相为主，常发育火山锥。渤海湾盆地辽河拗陷火山岩沿断裂分布，属于水下间歇性、多次沿断裂喷溢，火山岩相类型以溢流相为主，还有爆发相和火山沉积相等。

中国西部准噶尔盆地石炭系中巴山组是主要的火山岩储层，以中心式、裂隙式喷发为主，火山岩相以爆发相和溢流相为主，常构成优质储层发育带，如陆东—五彩湾地区发育石炭纪火山岩，主要岩性为溢流相的玄武岩和安山岩、爆发相的火山角砾岩和凝灰岩。腹部石西地区广泛分布的角砾熔岩中，褐色、红褐色火山岩所占比例高，为火山喷发时遇大气降水或浅水下喷发形成。西北缘石炭系火山喷发为裂隙-中心式，中拐—五八区下二叠统佳木河组火山岩发育区火山岩主要为溢流相玄式岩、安山岩、流纹岩和喷发相凝灰岩、安山质角砾岩、玄武质角砾岩；红车断裂带火山岩主要分布于石炭—二叠系佳木河组下亚组，岩性主要为火山熔岩，其次为火山碎屑岩。研究表明，准确识别火山岩岩性和岩相是进行火山机构重建及地震相刻画的基础，火山岩岩性复杂且变化快，其变化与分布变化服从于沉积规律的砂岩不同，而是与火山建造和喷发期次等因素直接相关，造成目前无成熟的预测模型和较强的规律性可以遵循预测(石新朴等，2016)。

3. 火山岩储层特征差异

中国大部分含油气盆地中广泛发育火山岩，且分布范围较大，地质时代延续时间长，岩层较厚，不论是基性岩、中性岩、酸性岩，还是火山岩、侵入岩，抑或是熔岩、火山碎屑岩，自新生界到太古宇都有好的储集层，如松辽盆地营城组，银根盆地苏红图组，二连盆地阿北油田兴安岭群，渤海湾盆地中、新生界，江汉盆地中、新生界，苏北盆地中、新生界，北疆盆地石炭系，四川盆地二叠系等火山岩储层(表1.1)。

表 1.1　中国含油气盆地火山岩储层特征

界	系	群、组、段	盆地、凹陷	岩性	孔隙度/%	渗透率/$10^{-3}\mu m^2$
新生界	新近系	盐城组	高邮凹陷	灰黑、灰绿、灰紫色玄武岩	20	3.7
		馆陶组	东营凹陷	橄榄玄武岩	25	80
			惠民凹陷	橄榄玄武岩	25	80
	古近系	三垛组	高邮凹陷	玄武岩	22	19
		沙一段	东营凹陷	玄武岩、安山玄武岩、火山角砾岩	25.5	7.4
		沙二段	惠民凹陷	橄榄玄武岩	10.1	13.2
			辽河东部凹陷	玄武岩、安山玄武岩	20.3～24.9	1～16
		沙四段	沾化凹陷	玄武岩、安山玄武岩、火山角砾岩	25.2	18.7

续表

界	系	群、组、段	盆地、凹陷	岩性	孔隙度/%	渗透率/$10^{-3}\mu m^2$
新生界	古近系	新沟咀组	江陵凹陷	灰黑、灰绿、灰紫色玄武岩	18～22.6	3.7～8.4
		孔店组	淮北凹陷	玄武岩、凝灰岩	20.8	90
中生界	白垩系	营城组	松辽盆地	玄武岩、安山岩、英安岩、流纹岩	1.9～10.8	0.01～0.82
		青山口组	齐家-古龙凹陷	中酸性火山角砾岩、凝灰岩	22.1	136
		苏红图组	银根盆地	玄武岩、安山岩、火山角砾岩、凝灰岩	17.9	111
	侏罗系	兴安岭群	二连盆地	玄武岩、安山岩	3.57～12.7	1～214
			海拉尔盆地	火山碎屑岩、流纹斑岩、粗面岩、凝灰岩、安山岩、安山玄武岩、玄武岩	13.68	6.6
古生界	石炭—二叠系		准噶尔盆地	安山岩、玄武岩、凝灰岩、火山角砾岩	4.15～26.8	0.03
	二叠系		塔里木盆地	英安岩、玄武岩、火山角砾岩、凝灰岩	0.8～19.4	0.01～10.5
			三塘湖盆地	安山岩、玄武岩	2.71～32.3	0.01～112
			四川盆地	玄武岩	5.9～20	

1)储集空间差异

火山岩储层的形成有火山、成岩和构造 3 种作用，依据其成因特征，可将火山岩储层划分为熔岩型、火山碎屑岩型、溶蚀型、裂缝型 4 类，各种类型在产出部位、展布形态、孔隙类型、物性及渗流特征等方面存在明显差异。例如，准噶尔盆地石炭系火山岩不同岩性经后期风化淋滤，发育孔隙和裂缝，形成溶蚀性好的储集层。根据我国含油气盆地火山岩储层的大量资料和岩心、薄片及铸体薄片的观察和研究，考虑到火山岩储层的形成和演化机制，将火山岩储层的储集空间分为原生孔隙、次生孔隙和裂缝三大类，见表 1.2。

表 1.2　火山岩储层储集空间类型与特征

储集空间类型		对应岩性	成因	特点	含油气性
原生孔隙	气孔	安山岩、玄武岩、角砾岩、角砾熔岩	成岩过程中气体膨胀溢出	多分布在岩流层顶底，大小不一，形状各异	与缝、洞相连者含油气性较好
	粒(砾)间孔	火山角砾岩、集块岩、火山沉积岩	碎屑颗粒间经成岩压实后的残余孔隙	火山碎屑岩中多见	含油气性好
	晶间孔及晶内孔	玄武岩、安山岩、自碎角砾熔岩	造岩矿物格架	多分布在岩流层中部，孔隙较小	大多不含油
	冷凝收缩孔	玄武岩	熔浆在冷凝过程中发生体积收缩形成	一定方向，形状常常不规则	与气孔连通时充填油气

续表

储集空间类型		对应岩性	成因	特点	含油气性
次生孔隙	脱玻化孔	球粒流纹岩	玻璃质经脱玻化后形成	微孔隙，但连通性较好	是较好的储气空间
	长石溶蚀孔	各类岩石	长石溶蚀常常沿解理缝发育	孔隙形态不规则	是主要储集空间之一
	火山灰溶孔	凝灰岩、熔结凝灰岩、火山角砾岩	火山灰溶蚀	孔隙虽小，但数量多，连通性好	能形成好的储集层
	碳酸盐溶孔	各类岩石	方解石、菱铁矿溶解	孔隙较大	含油气性好
	溶洞	玄武岩、安山岩、角砾熔岩、角砾岩	风化、淋滤、溶蚀	沿裂缝自碎屑岩带及构造高部位发育	含油气性好
裂缝	炸裂缝	自碎角砾熔岩、潜火山岩	自碎或隐蔽爆破	有复原性	含油气性较好
	收缩缝	玄武岩、安山岩、自碎角砾熔岩	岩浆冷却收缩、冷凝过程中底部岩浆上涌破坏上部熔岩	柱状节理，呈张开型，面状裂开，但少错动	含油气性一般较好
	构造缝	各类岩石	构造应力作用	近断层处发育，较平直，多为高角度裂缝	与构造发生作用时间有关
	风化裂缝	各类岩石	各种风化作用	与溶蚀孔缝洞和构造缝相连	有一定储集意义

东部松辽盆地深层火山岩储集空间包括原生气孔、次生溶孔、原生晶间孔、原生冷凝收缩孔以及构造缝等，主要为原生气孔和裂缝，其储集空间类型受岩相控制。喷发溢流相主要发育气孔、流纹理层间缝和节理缝；爆发相的主要孔隙类型为粒间孔；侵出相以砾间孔和原生裂缝为主；火山通道相主要发育节理缝和各种原生裂隙。松辽盆地火山岩普遍含有气孔构造，具有一定的原生气孔，尽管原生气孔的连通性较差，但裂缝特别发育，裂缝连通性好，其储集空间是由单一裂缝、交错裂缝等构成的网状结构孔隙，属纯裂缝型。

中国西部准噶尔盆地火山岩储层储集空间类型复杂(表 1.3)，按孔隙特征分为孔隙型和裂缝型，按成因分为原生和次生两大类，多为原生孔隙、次生溶孔和裂缝，其中，石炭系火山岩储集空间主要为原生孔隙(包括残余气孔和晶间孔)、次生溶孔和裂缝，上石炭统储集空间主要为原生孔隙型、次生溶蚀孔隙(洞)型和孔隙-裂缝复合型；西北缘佳木河组孔隙类型主要为裂缝型和孔隙-裂缝复合型，储集空间多为晶间孔、溶蚀孔和裂缝。

表 1.3 准噶尔盆地火山岩储集空间类型表

地区	火山岩储集空间
西北缘	以应力构造缝、溶蚀扩大裂缝为主
红车断裂带	孔隙-裂缝复合型
腹部、东部	以次生溶孔为主(表生成岩作用和大气水的淋滤作用溶蚀而成)
东部五彩湾凹陷	主要为次生孔隙及微裂缝
北三台凸起—吉木萨尔凹陷	发育气孔和构造缝

就储集空间而言，中国西部地区火山岩除原生气孔外，由于经历多期构造变位，遭受长期风化淋滤剥蚀，发育大量次生溶蚀孔、溶洞及构造缝，次生洞、缝的作用较东部地区更为重要(图1.9)。

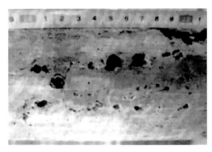

(a) 喷发溢流相上部亚相流纹岩，原生气孔发育
(松辽盆地，徐深13井，3957.07m)

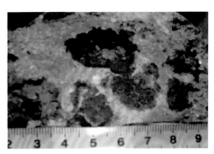

(b) 晶屑熔结凝灰岩，溶蚀孔十分发育
(松辽盆地，徐深6井，3725.86m)

(c) 流纹质张性角砾岩，构造缝
(松辽盆地，徐深12井，3667.89m)

(d) 火山通道相流纹质隐爆角砾岩，裂缝
(松辽盆地，徐深13井，3957.07m)

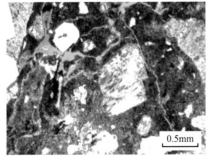

(e) 安山质火山角砾岩中的裂缝、溶孔
(准噶尔盆地，滴西182井，C_2b，3509.61m)

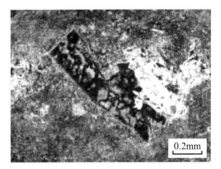

(f) 流纹岩中的斜长石斑晶溶孔
(准噶尔盆地，滴403井，C_2b，3610.68m)

图1.9 中国东、西部地区火山岩储层岩石薄片(岩心)照片

2) 储层物性对比

我国东、西部地区火山岩储层抗压性强，储集物性基本不受埋深控制。火山岩形成温度高、固结早、抗压性强，火山岩内部保存有大量原生气孔，后期风化淋滤与构造作用形成了各种溶孔、溶洞和裂缝，有效改善了储层物性条件。而储层非均质性普遍很强，储集性能近距离内可发生较大变化。

由铸体薄片、孔渗、压汞资料的分析、归纳总结可知，我国西部准噶尔盆地火山岩储层孔隙度为 4.15%～16.80%；在纵向上，孔隙度、渗透率的大小与深度无明显的关系，主要与岩石类型及岩石后期的次生变化密切相关；从横向上看，盆地腹部火山岩储层孔隙度大于东部，而西北缘孔隙度较小；火山岩储层渗透率为 $0.03 \times 10^{-3} \sim 153 \times 10^{-3} \mu m^2$，变化范围大，级差也大。准噶尔盆地火山岩储层物性一般特点是：酸性熔岩、火山角砾岩物性最好，特别是经后期构造运动和溶蚀作用改造后的火山角砾岩；中酸性安山岩的物性总体优于中基性玄武岩。与准噶尔盆地相似，松辽盆地火山岩储层孔隙度随深度变化不大(图 1.10)。

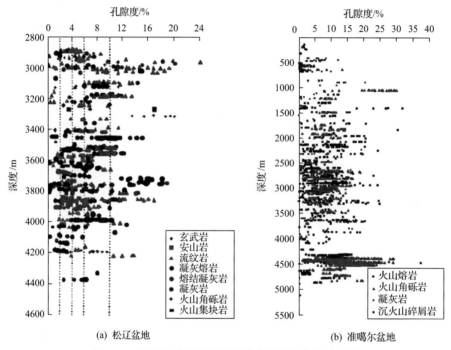

图 1.10　两盆地火山岩储层孔隙度随深度变化对比图

松辽盆地火山岩主要发育于火石岭组和营城组，孔隙度为 1.9%～10.8%，渗透率为 $0.01 \times 10^{-3} \sim 87 \times 10^{-3} \mu m^2$，溢流相和爆发相的火山岩储集物性最好。相对于准噶尔盆地的火山岩，松辽盆地内的火山岩孔隙度相差不大，但渗透率较差。

4. 火山岩储层主控因素差异

火山作用、构造作用、风化淋滤作用、流体作用及成岩作用是火山岩储层储集空间形成和发育的主要成因机制和地质作用，中国东、西部盆地内火山岩储层的主要控制因素也不外乎这几个。原生孔隙和裂缝主要受到原始喷发状态，即火山岩相控制，在相同的构造应力作用下，构造缝的发育和保存程度也受到原始喷发状态的控制。火山喷发后，冷凝熔结和压实固结形成的火山岩，原生气孔互不连通，没有渗透性，只有经过后期不同阶段的各种地质作用改造，才具有储集性。

1) 火山作用

火山作用不仅控制了储集体形态和规模，还控制着储集空间的类型和岩石矿物组分特征。原生型火山岩储层的储集性能主要受火山岩岩石类型和岩相的控制，不同岩石类型的火山岩发育不同类型的储集系统，如我国西部准噶尔盆地五彩湾凹陷基底火山岩中，火山碎屑岩具最高的孔隙度(1.26%～30.08%，平均 9.84%)，其次是安山岩(8.14%)和凝灰岩(7.92%)，玄武岩孔隙度最低(5.89%)。不同岩相、亚相具有不同的孔隙类型，同岩相的不同亚相储集层物性可能差别很大，如济阳拗陷商 74-6 井下部 2541.71～2548.27m 井段的火山通道相熔岩孤立的气孔及火山碎屑间孔，实测孔隙度为 13.1%～16.4%，渗透率为 $106.95 \times 10^{-3} \mu m^2$，熔岩中常见柱状节理发育，从而形成了良好的储集空间。喷发溢流相上部亚相是松辽盆地兴城和升平地区储集层物性最好的岩相带。例如，济阳拗陷商 74-12 井 1975～1979.6m 遭受风化淋滤作用的火山爆发相，火山角砾岩孔隙度为 20.7%～33.1%，渗透率为 112×10^{-3}～$140 \times 10^{-3} \mu m^2$，该相带也是较为有利的储集相带。另外，火山喷发环境影响原生储集空间的发育程度。例如，准噶尔盆地五彩湾凹陷火山岩在水体深部喷发，故原生气孔极不发育，加之水体的共同作用，火山岩发生明显的蚀变(绿泥石化)和充填作用，使本来就少的原生孔隙减少(张光亚等，2010)，火山岩孔隙度为 8.14%、渗透率为 $1.14 \times 10^{-3} \mu m^2$，而腹部石西油田广泛分布的角砾熔岩是在浅水环境或陆上喷发的，特别是喷发时遇大气降水，形成原生气孔和大量原生微裂隙，孔隙度和渗透率分别为 14.77%和 $2.08 \times 10^{-3} \mu m^2$，构成了良好的原始储集空间(邹才能等，2008)。

2) 构造作用

构造运动和构造部位对断裂的形成、裂缝的发育程度起着主导作用。在气孔-杏仁发育带形成裂缝，提高气孔的连通程度，增加渗透率，更重要的是，地表淡水或地下水沿裂缝对火成岩进行溶解改造，在原来气孔、残余气孔及基质晶间孔的基础上形成大量的溶蚀孔，甚至溶洞；在致密段形成裂缝，可形成单纯的裂缝型储集层，且在一定条件下，还可发育溶孔，甚至溶洞；裂缝的存在可改善地层水的分布和流动特点，从而促使溶解作用的发生与发展。例如，我国西部三塘湖盆地石炭—二叠系火山岩至少发育两期构造缝，其中 I 期裂缝形成时间较早，规模较大，对储集层影响较大，但裂缝本身绝大部分已被充填；II 期裂缝规模较小，对储集层的改造作用不如 I 期，但因为该期裂缝大部分为开启缝，充填物质少，所以对储集层质量的提高有较大意义。而东部松辽盆地原生气孔发育的火山岩裂缝出现在孔隙之间，呈断续的不规则状，不但使孤立的原生气孔得以连通，而且增大了火山岩的储集空间。该区主要的构造裂隙是在宋西断裂控制下形成的一组共轭的、高角度的(倾角 50°～90°)、走向近北北西向和近东西向的节理缝，是本区深层天然气运移的主要通道(杨双玲等，2007)。准噶尔盆地克拉美丽气田所在的滴南凸起的火山岩气藏成藏受控于紧邻生烃中心的大型鼻状构造，另外断裂与成藏期次的耦合也是气藏形成最为关键的因素，还有良好的岩性及物性空间配置也影响火山岩气藏成藏，可以说构造控制火山岩气藏规模，储集体物性控制气藏局部边界。

3) 风化淋滤作用

火山岩储层物性发育程度与风化淋滤作用密切相关，风化淋滤作用不但可以使岩石破碎，也可以使岩石的化学成分发生显著变化，如发生矿物溶解、氧化、水化和碳酸盐化等。流纹质玻璃脱玻化后会发生体积缩小形成微孔隙，形成的长石在酸性流体作用下可以发生溶蚀，也产生了大量次生孔隙，这类溶蚀孔是松辽盆地火山岩储层的主要储集空间之一，如升深 2 井营城组顶部的紫色安山质熔结凝灰岩，风化淋滤作用使得原本致密的爆发相凝灰质熔岩变得极为疏松，在岩心中呈豆腐渣状，其孔隙度大于 15%，渗透性好。而我国西部准噶尔盆地内石炭系火山岩储层中原生孔隙常常以孤立形式存在，后期的改造作用是火山岩成为有效储层的重要条件(康玉柱，2008)。准噶尔盆地西北缘和石西油田地区的火山岩储层经后期风化淋滤，发育孔隙和微裂缝，物性变好，形成溶蚀型储集层；而且准噶尔盆地西北缘石炭系油气显示均分布于不整合面之下 300m 以内。因此，区域不整合面之下一定深度范围内物性最好，火山岩顶面到不整合面的距离成为风化淋滤溶蚀储层储集空间发育的重要控制因素。

4) 流体作用

火山活动和构造运动以及排烃作用等都会引起大规模的流体活动，流体对火山岩的直接影响可引起物质的带入和带出，使火山岩体处于开放体系下。流体可分为热液流体和与有机质有关的酸性流体，其使火山岩孔隙结构发生变化，大大改善了火山岩储层的物性，使火山岩储集空间类型更加复杂多样。热液活动的直接结果是使原有矿物发生蚀变和溶蚀，同时有新的矿物形成，导致次生胶结和充填作用发生，蚀变和溶蚀使火山岩孔隙度增加，胶结和充填使孔隙度，尤其是渗透率降低(邹才能等，2008)。

5) 成岩作用

对火山岩储层的储集性能有影响的是成岩作用。成岩作用控制次生储集空间发育，火山岩成岩作用类型主要有压实作用、充填作用、溶解作用和交代作用等，它们对储层形成的作用不尽相同。充填作用降低储层的孔渗性，不利于火山岩储层的发育；压实作用不利于储层的形成、保存及发展，特别是对于火山碎屑岩影响显著(邹才能等，2011)，如东部松辽盆地营城组火山岩的成岩作用阶段分为早期和晚期：早期成岩作用阶段的成岩作用类型主要为冷凝固结成岩作用和压实固结成岩作用，主要影响原生孔隙的发育；晚期成岩作用阶段的成岩作用类型主要包括充填作用、交代作用、机械压实压溶作用、胶结作用和溶解作用，影响次生孔隙的发育。

1.3.2 技术发展动态

1. 国内同类技术发展动态

火山岩气藏作为一种特殊的油气藏类型，广泛分布于世界多个含油气盆地中，已逐渐成为重要的勘探目标和油气储量的增长点。国外火山岩气藏主要分布于美国、日本、澳大利亚等地，但储量和产能规模普遍较小，投入开发较少，研究程度低。国内自 2002年起，在相继发现大庆徐深、吉林长岭等大型火山岩气藏后，于 2006 年在准噶尔盆地石炭系发现了资源丰富、储量规模较大的火山岩气藏，其中克拉美丽气田是探明天然气储

量超过 $1000\times10^8\text{m}^3$ 的系列火山岩气藏组合。克拉美丽气田于 2008 年底投入开发，2010年初编制完成开发方案，设计年产气能力 $10\times10^8\text{m}^3$。准噶尔盆地火山岩气藏的规模有效开发，对于维护新疆稳定、支持西部大开发战略、推动我国天然气工业快速发展和改善环境等具有重要意义。

我国自 20 世纪 50 年代以来，先后在渤海湾、内蒙古二连盆地、黄骅坳陷、准噶尔盆地、塔里木盆地、松辽盆地及江苏油田等地先后发现了具有一定储量的火山岩油气藏。据统计，其中火山岩气藏的有利勘探面积超过 $2\times10^4\text{km}^2$，气藏地质储量超过 $3\times10^{12}\text{m}^3$（袁士义等，2007）。火山岩气藏已成为中国天然气勘探和开发的主要领域之一，经济有效地开发好火山岩天然气藏，不但有利于推动我国天然气工业健康快速发展，更是我国21 世纪能源得以持续发展的战略问题（孙军昌，2010）。

我国拥有目前世界上最大规模的火山岩气藏，实现该类气藏的有效开发，可以缓解国际能源供需矛盾，推动我国天然气工业快速发展；同时，火山岩气藏的高效开发对推动天然气开发技术进步，指导类似气藏的开发具有重要意义。

火山岩气藏地质条件复杂，国内外研究程度较低，可供借鉴的经验较少，气藏开发难度大。实现火山岩气藏有效开发的关键在于认识储层，而认识储层的关键在于储层表征（宋新民等，2010）。但火山岩气藏内幕结构及储层成因复杂，储层表征的技术思路、方法、手段与常规气藏不同。因此，针对火山岩气藏开发的难点，以大庆、吉林、新疆等大型火山岩气藏开发的生产实践为依托，通过方案研究、前期评价专题研究等手段，从生产需求角度出发开展了酸性火山岩气藏相关研究，初步形成了岩性识别、岩相划分、储层识别与预测等火山岩气藏储层表征和有效开发技术，解决了部分实际生产问题，推动了火山岩气藏开发技术的进步。但是由于火山岩油气藏储层固有的地质特征的复杂性，如储层岩相、岩性种类繁多并且地区差异性较大，前期的很多研究工作都还比较粗浅，往往是以某一特定地区为研究对象，研究成果之间缺乏系统性和对比性。目前尚未形成系统成熟的火山岩油气藏研究、开发的规律和经验（孙军昌，2010）。

克拉美丽气田与徐深气田、长岭气田相比，准噶尔盆地火山岩形成于岛弧环境，发育风化淋滤型、异地搬运型和蚀变充填型三种改造型火山岩气藏，其沉积环境、岩石成分、内幕结构及气水分布更加复杂，开发难度更大。气藏开发过程中存在内幕结构及有效储层分布规律不清、气井过早见水且产水来源不明等问题，导致气藏高效井比例低、稳产难度大，从而影响气藏的储量动用程度和最终采收率。

到目前为止，没有一套成熟的火山岩气藏滚动勘探开发技术与方法（包括气藏精细描述与定量表征技术、气藏开发技术等），而且也没有成功开发这类气藏的经验可以借鉴，基本上处于探索和研究阶段。目前的技术发展趋势包括：

(1)根据岩浆活动及喷发模式、火山岩有效储层成因机理及分布规律，综合利用各种静、动态资料，采用"点、线、面、体"的研究思路，发展火山岩气藏地震资料采集处理及构造精细解释技术、精细描述技术，搞清气藏构造、内幕结构、储层、气水关系、储量及可动用型等特征，建立反映复杂结构、复杂介质和复杂流体的三维地质模型，为气藏开发或调整奠定基础。

（2）综合利用岩心、测井、地震相分析和地震属性分析，定性和定量判别火山岩喷发期次，识别火山岩的岩性和岩相；采用地震反演定量预测火山岩的分布（厚度）和顶界；采用储层特征重构和储层特征反演预测火山岩的储层分布。

（3）随机建模技术在陆源碎屑岩中已得到较为成熟的发展，但火山岩裂缝性气藏的地质建模技术却发展较慢，其地质模型往往不能代表地下实际情况，并影响数值模拟在气田开发中的作用；一般的砂岩气藏有比较成熟的数值模拟和开发技术，但裂缝性气藏的数值模拟和开发技术还有待进一步深入研究。

（4）以气藏精细描述为基础，以火山岩储层渗流机理和开发规律为指导，通过火山岩气藏生产动态特征分析，搞清火山岩气藏产能和水体活跃特征，通过开发井或调整井井位优选、水平井开发技术及开发技术政策优化和调整，形成火山岩气藏开发优化设计技术和调整技术，开展气井间未动用储量的动用和综合调整，为火山岩气藏有效开发提供支撑。

（5）老区稳产技术，以老井侧钻为基础，井网加密调整为手段，实现老区产量稳定。

（6）新区滚动勘探开发关键技术，包括地震资料处理技术、构造精细解释技术、储层预测技术、圈闭评价技术等。

（7）火山岩气藏修井液关键技术。

（8）火山岩凝析气藏地面配套关键技术。

2. 国外同类技术发展动态

近年来，随着石油工业的发展和勘探技术的提高，火山岩油气藏相继在美国、格鲁吉亚、印度尼西亚、日本、阿根廷、墨西哥、俄罗斯、德国等国家被发现。特别是日本的新潟盆地已发现30多个油气田，火山岩气藏总体上发现的较多，真正投入开发的较少。生产时间长、开发效果较好的火山岩气田仅有日本的吉井-东柏崎气田（1968年）和南长冈气田（1978年），但仍存在气藏地质研究系统、开发技术研究程度低的缺陷，研究成果仅能满足生产需求（邹才能等，2008）。

国外火山岩油气藏储层时代新，根据已发现的火山岩储层时代统计，在新近系、古近系、白垩系发现的火山岩油气藏数量多，在侏罗系及更老地层中发现的火山岩油气藏较少，勘探深度一般从几百米到2000m左右，超过3000m深的较少。在气藏改造方面，过去几十年中水力压裂技术取得了很大进步，但也在实际生产中遇到许多至今没有解决的技术难题。在裂缝性储层压裂改造及模型研究中，过去的研究多采用线弹性断裂力学理论，部分区域考虑了塑性因子的影响，但理论研究与室内模拟试验结果远不符合储层的真实状况，特别是对于天然裂缝气藏以及压裂过程中出现的多裂缝行为，传统的数值模拟方法均无法解释，国外已经发展了比较成熟的多裂缝理论，认识比较深入。在火山岩压裂增产改造技术研究中，国外开展火山岩储层压裂配套技术研究并成功实施的成果报道只有日本美并-长冈（Minami-Nagaoka）气田，该气田主要开发对象之一为深层火山岩储层，埋藏深度在 12500～16000ft[①]，岩性为玄武岩、熔岩和角砾岩，在火山岩与角砾岩表面形成大量的天然裂缝。在工艺技术上，国外已经形成了较成熟的压裂设计优化技术、液体技术以及水平井分级压裂优化设计与分级压裂工具技术。但是，国外火山岩气田与克拉美丽气田"面积大、埋藏深、低孔低渗、单井产量低"的特点有较大差异，因此，可借鉴的经验少。

---

① 1ft=3.048×10^{-1}m。

第 2 章

准噶尔盆地火山岩气藏地质概况及勘探开发历程

2.1 准噶尔盆地火山岩气藏区域地质概况

准噶尔盆地是在哈萨克斯坦—准噶尔板块之上发育的大型多旋回叠合盆地,北邻西伯利亚板块,西接哈萨克斯坦板块,南依天山造山带,区域构造位置处于阿尔泰褶皱带、西准噶尔褶皱带和北天山褶皱带所夹持的三角地带,自晚古生代至第四纪经历了海西、印支、燕山、喜马拉雅等构造运动。多旋回的构造发展在盆地中造成多期活动、类型多样的构造组合和沉积体系,并控制了油气生成、运移、聚集和散失(图2.1)。

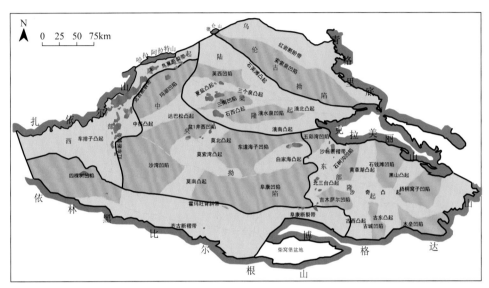

图 2.1　准噶尔盆地构造单元划分图

2.1.1　区域地层特征

1. 石炭纪地层划分

1) 石炭纪地层区划

准噶尔盆地在中国石炭纪地层分区图上属于准噶尔 – 兴安地层大区中的准噶尔地层区(金钰玕,2000),并以额尔齐斯缝合带和中天山 – 康古尔塔格缝合带为界自北而南分为阿勒泰、准噶尔和天山 3 个地层分区(I_1、I_2、I_3)。阿勒泰地层分区非本书研究范围,本书主要涉及准噶尔和天山地层分区。在前人工作的基础上,本书依据次一级构造及沉积特点调整了地层小区的划分方案,将准噶尔地层分区分为 7 个地层小区($I_2^1 \sim I_2^7$),天山地层分区分为 2 个地层小区(I_3^1、I_3^2)。

准噶尔盆地石炭系研究历史较长,但不同时期、不同研究单位或作者建立和使用的岩石地层单位名称非常庞杂,存在较多同物异名、同名异物现象。本书依据国际及中国地层规范,兼顾生产应用的习惯,对本区石炭纪地层名称进行了厘定,建立了准噶尔盆地石炭系划分对比表(表2.1)。

表 2.1 准噶尔盆地石炭系划分对比表

地层		准噶尔地层区								天山地层分区	
		阿勒泰地层分区	准噶尔地层分区							伊犁地层小区	觉罗塔格地层小区
			北准噶尔地层小区	西准噶尔地层小区	克拉玛依地层小区	玛依力山地层小区	卡拉麦里地层小区	三塘湖地层小区	博格达地层小区		
二叠系	格舍尔阶	?	?	佳木河组	佳木河组	?	?	?	依尔希土组	乌郎组	觉罗塔格组
上石炭统	卡西莫夫阶	?	恰其海组	阿腊德依克赛组	车排子组	希贝库拉斯组	石钱滩组	卡拉岗组	奥尔吐组	科古琴山组	艾丁湖组
	莫斯科阶			哈拉阿特组				哈尔加乌组	祁家沟组	东图津河组	苏橹兖克组
	巴什基尔阶	中蒙组	吉木乃组		?	包古图组	巴塔玛依内山组	巴塔玛依内山组	柳树沟组	伊什基里克组 / 也列莫顿组	底坎尔组
下石炭统	谢尔普霍夫阶	喀喇额尔齐斯组	那林卡拉组	那林卡拉组	?	大勒古拉组	滴水泉组	姜巴斯套组	姜巴斯套组	阿克沙克组	白鱼山组
	维宪阶	红山嘴组	黑山头组	?			松喀尔苏组	东古鲁巴斯套组	?	大哈拉军山组	雅满苏组
	杜内阶	库马苏组		?	?	?	塔木岗组	老爷庙组	?		小热泉子组
下伏地层			泥盆系	泥盆系	?	?	泥盆系	老爷庙组	?	泥盆系	?

注：? 表示不确定的地层。

2) 石炭系划分与对比

上述地层小区中，卡拉麦里地层小区研究程度最高，石炭系发育也相对较全，因此，本书主要沿用该小区石炭系地层序列及岩石地层单位名称建立了准噶尔盆地石炭系二分地层综合柱状图(图 2.2)，特征如下。

地层系统				岩石地层	岩性简述	古生物特征
系	统	阶	组　段			
石炭系	上石炭统	格舍尔阶	石钱滩组　孔雀屏段		杂色凝灰碎屑岩	植物 *Noeggerathiopsis-Calamites gigas* 组合
		卡西莫夫阶	石钱滩组　平梁段		灰绿色泥岩、泥质粉砂岩	牙形石 *Neognathodus symmetricus-Streptognathodus suberectus* 组合 螳 *Profusulinella* 带
		莫斯科阶	双井子段		灰岩、生物碎屑灰岩	牙形石 *Streptognathodus suberectus-S. parvus* 组合 螳 *Pseudostaffella* 带
			弧形梁段		砾岩为主，夹砂泥岩和煤线	牙形石 *Idiognathodus delicatus-I. claviformis* 组合 植物 *Noeggerathiopsis-Mesocalamites* 组合
		巴什基尔阶	巴塔玛依内山组		杂色基性–酸性火山熔岩、凝灰质岩	
					陆相碎屑岩、煤线	植物 *Mesocalamites-Angaropteridium* 组合 孢粉 *Noeggerathiopsidozonotriletes* 高含量组合
					杂色基性–酸性火山熔岩、凝灰质岩	
	下石炭统	维宪阶	松喀尔苏组　上段		陆相碎屑岩夹凝灰质岩及煤线	植物 *Lepidodendropsis-Mesocalamites* 组合 孢粉 *Dibolisporites spinotuberosus-Cymbosporites pallidus* 组合
			松喀尔苏组　下段		玄武岩、安山岩等夹砾岩	腕足类 *Syringothysis* cf. *altaica*
		杜内阶	塔木岗组		滨海相砂岩、砾岩等	植物 *Lepidodendropsis-Sublepidodendron* 组合 孢粉 *Verrucosisporites nitidus -Vallatisporites vallatus* 组合

图 2.2　卡拉麦里地层小区石炭系综合柱状图

A. 主要地质界线

a. 石炭系底界

石炭系与下伏老地层主要为不整合接触，在不同地区可与泥盆系、奥陶系乃至更老地层接触。判定石炭系底界多以牙形刺 *Siphonodella sulcata* 的首现为标志，但准噶尔盆地大多缺失早石炭世早期地层，该化石并不发育，多以菊石、腕足、孢粉等化石依据来判定石炭系与下伏地层的关系。野外露头区资料较丰富，石炭系底界相对容易确定，覆盖区尚没有钻井钻穿石炭系，化石资料极为有限，另外，下石炭统及其以下地层地震资料反射极差，石炭系底界目前常无法识别。

b. 上、下石炭统界线

上、下石炭统界线以牙形刺 *Declinognathodus noduliferus* 的出现为标志，该化石主要出现于天山地层分区碳酸盐岩夹碎屑岩地层中。上石炭统与下石炭统主要为不整合接触，准噶尔地层分区下石炭统上部多为海相碎屑岩，且顶部被广泛剥蚀，多缺失谢尔普霍夫阶，与上石炭统底部广泛发育的火山岩之间为不整合关系，覆盖区钻井及地震资料均已证实。在伊犁地层小区和觉罗塔格地层小区，上、下石炭统以整合接触关系为主。

c. 石炭系顶界

石炭系与上覆地层以不整合接触关系为主，在不同地区分别可与二叠系、三叠系、侏罗系甚至更新地层接触，野外露头及地震资料均可证实，局部地区可出现整合或假整合接触关系。准噶尔盆地多以晚石炭世最晚期的蜓 Triticites 化石带判断上石炭统与上覆地层的界线，该化石在觉罗塔格地层小区苏穆克组和伊犁地层小区科古琴山组产出。

B. 下石炭统划分对比

准噶尔盆地下石炭统总体发育一套海相、海陆过渡相碎屑岩、火山岩及碳酸盐岩，自下而上大致可以分为三段，时代分别与杜内阶早期、杜内阶晚期及维宪阶至谢尔普霍夫阶对应。

下段主要发育一套海相碎屑岩，主要分布在准噶尔地层分区。卡拉麦里山东部发育一套滨海相砂岩、砾岩，含大量腕足类、双壳类、腹足类、孢粉及植物 *Lepidodendropsis dilophodes*、*Sublepidodendron* sp.等，时代属杜内阶早期(阎存凤等，1995)。准噶尔地层分区西北部的黑山头组下部、三塘湖盆地的东古鲁巴斯套组下部均含杜内阶早期的海相化石，除了以上地区，其他地区基本缺失本期地层(图 2.3)。

中段发育一套海相中、酸性火山碎屑岩及火山熔岩、海相碎屑岩，准噶尔地层分区卡拉麦里地层小区的松喀尔苏组下段发育一套安山岩和玄武岩，中间夹一套砾岩，其中产有杜内阶管孔石燕 *Syringothysis* cf. *altaica* 等多种腕足类化石。北准噶尔地层小区黑山头组上部和三塘湖地层小区姜巴斯套组下部发育正常海相碎屑岩沉积夹较多火山碎屑岩，所产化石均对应杜内阶晚期。天山地层分区广泛发育火山岩序列，觉罗塔格地层小区小热泉子组为浅海相中、酸性火山岩夹火山碎屑岩及少量灰岩、泥质硅质岩，产珊瑚 *Dibunophyllum* sp.、*Carcinophyllum* sp.等。伊犁地层小区大哈拉军山组以安山质喷发岩、凝灰岩为主，石灰岩夹层中产腕足 *Echinoconchus elegans* 等(蔡土赐，1999)，化石时代为杜内阶晚期。

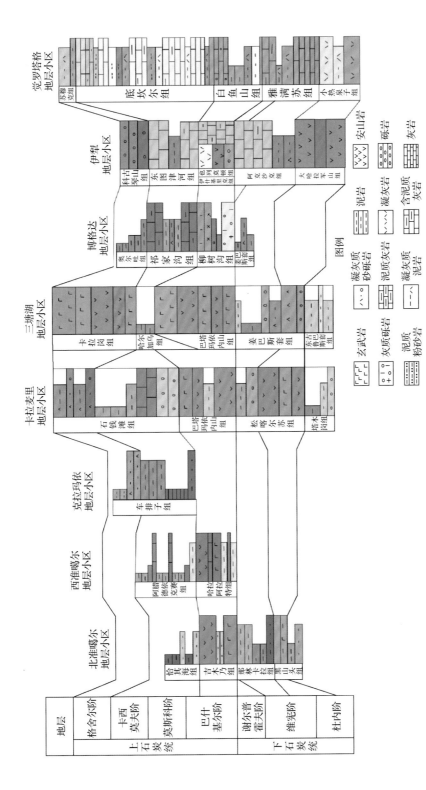

图2.3　准噶尔盆地不同分区石炭系对比图

上段发育一套海相、海陆过渡相碎屑岩及碳酸盐岩，准噶尔地层分区多发育正常碎屑岩沉积，如卡拉麦里地层小区松喀尔苏组上段，该组在卡拉麦里山西端和陆东—五彩湾覆盖区相变为细碎屑的纯泥岩或白云质泥岩，称滴水泉组，产早石炭世维宪阶早期孢粉化石（王蕙，1989）；北准噶尔地层小区那林卡拉组为正常海相碎屑岩，产菊石 *Goniatites* sp.、*Sudeticeras nigxiaense*、*Dombarites* sp.等维宪阶海相化石；三塘湖地层小区姜巴斯套组上部产植物化石 *Sublepidodendron mirabile*、*Lepidodendropsis* sp.；天山地层分区多发育碳酸盐岩，如伊犁地层小区阿克沙克组和觉罗塔格地层小区雅满苏组，阿克沙克组产腕足类、珊瑚等，雅满苏组含有菊石、腕足及珊瑚等。

下石炭统在覆盖区钻井钻遇较少，主要分布在准噶尔地区。例如，陆南 1 井钻遇下石炭统白云质泥岩，对应上段滴水泉组；滴西 10 井钻遇一套酸性流纹岩，同位素测年为早石炭世，对应中段松喀尔苏组。三塘湖盆地方 1 井钻遇一套凝灰岩，目前认为属下石炭统，但缺乏充足的古生物及测年证据。利用钻遇下石炭统钻井标定地震，发现下石炭统的地震反射以杂乱、弯褶地震相为主，明显有别于上石炭统及以上地层地震反射特征，不整合接触关系比较明显（图 2.4）。下石炭统底界地震难以识别，与下伏地层关系不明。

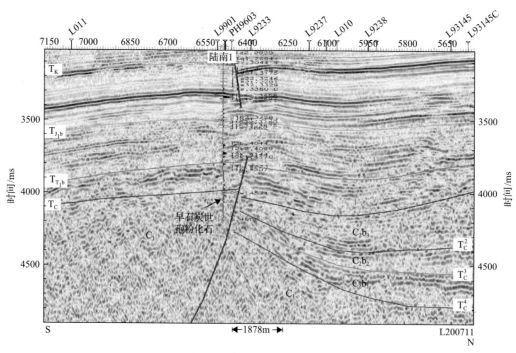

图 2.4 过陆南 1 井地震剖面

C. 上石炭统划分对比

准噶尔盆地上石炭统总体特征为下部发育一套陆相、海陆过渡相火山岩、碎屑岩及碳酸盐岩，准噶尔地层分区广泛发育火山岩序列，如巴塔玛依内山组；天山地层分区以发育碳酸盐岩和碎屑岩为主，如伊什基里克组及白鱼山组。上石炭统上部主要发育正常碎屑岩、碳酸盐岩及凝灰质碎屑岩，如准噶尔地层分区卡拉麦里地层小区的石钱滩组。三塘湖地层小区以发育巨厚火山岩及碎屑岩夹层为特征区别于其他分区。

　　a. 巴塔玛依内山组特征及对比

　　巴塔玛依内山组岩性特征总体表现为上、下两套火山岩中间夹一套碎屑岩，具有明显的三段性，以准噶尔地区陆东—五彩湾及北三台地区最为典型(图 2.5)。下段以中酸性火山熔岩、凝灰质火山碎屑岩为主；上段以中基性火山熔岩夹凝灰质火山碎屑岩为主；中段碎屑岩段为火山活动间歇期的正常沉积，局部地区夹煤层或煤线，含有丰富的植物和孢粉化石，植物化石为典型安加拉植物群，孢粉以单气囊的 *Noeggerathiopsidozonotriletes* 高含量为主要特征(欧阳舒等，2003)。

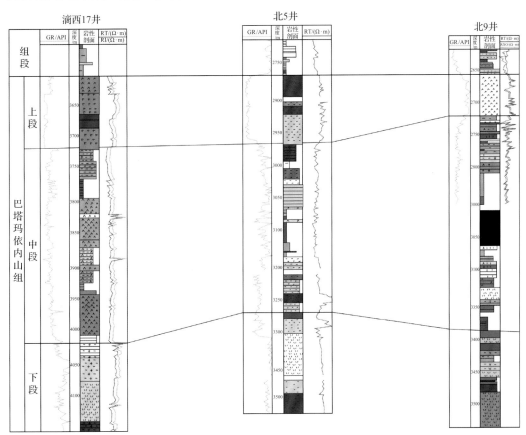

图 2.5　准噶尔地区重要探井上石炭统对比图
GR-自然伽马；RT-深电阻率；RI-浅电阻率；RXO-冲洗带地层电阻率

　　根据准噶尔地区井震标定，巴塔玛依内山组岩性三段性特征在地震剖面上具有明显的对应关系。下段在地震剖面上表现为以弱振幅断续杂乱反射为主，局部有较强振幅、较连续反射特征出现，其底界面(T_C^4)反射波与下伏反射呈不整合接触关系；中段沉积岩在地震剖面上表现为较连续、亚平行、中强振幅等反射特征，在凸起翼部可见沉积岩底部反射波向凸起高部位超覆尖灭反射特征(底界反射 T_C^3)；上段在地震剖面上均表现为一组反射能量较强、连续性较好的层状反射特征，底界反射对应 T_C^2 (图 2.6)。

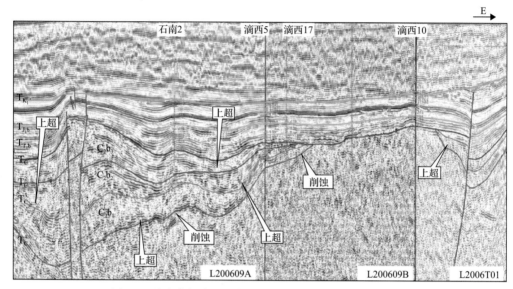

图 2.6　滴水泉断陷上石炭统巴塔玛依内山组地震反射特征

b. 石钱滩组特征及对比

石钱滩组建立于卡拉麦里地层小区石钱滩地区，为一套海相地层，自下而上可进一步分为弧形梁碎屑岩段、双井子灰岩段、平梁绿色泥岩段以及孔雀屏杂色凝灰碎屑岩段。石钱滩组含有丰富的牙形石等海相化石(赵治信等，1986)，时代为莫斯科阶至卡西莫夫阶，牙形石带可下延至晚巴什基尔阶。顶部孔雀屏段缺乏指示性化石，本书暂将其归于格舍尔阶。

准噶尔地区覆盖区大部分地区缺失石钱滩组，多数钻井直接钻遇巴塔玛依内山组，仅在东部大 5 井钻遇石钱滩组，岩性为一套碎屑岩夹煤线，未发育石灰岩；西北缘车 25 井钻遇车排子组，上部为沉凝灰岩和凝灰质砂岩(与早期划为"佳木河组下亚组"地层对应)，下部以灰黑色泥岩及灰绿色粉砂岩为主，产丰富的海相动物化石，时代为巴什基尔阶晚期至莫斯科阶，可与石钱滩组对比。

准噶尔地区大井地区大 5 井、大 9 井钻遇了石钱滩组，其地震反射特征表现为大套中强振幅、连续平行反射，与下伏火山岩地震反射特征具有明显区别，顶部沿高部位方向有削蚀反射特征，底界面 (T_C^1) 在古构造高部位与下伏地层呈削蚀不整合接触关系(图 2.7)。

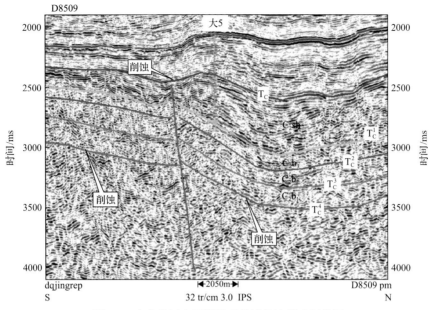

图 2.7　大井地区上石炭统石钱滩组地震反射特征

2. 二叠纪地层划分

二叠纪地层分为西北缘、东部和南缘三个小区，分组名称各不相同。

1) 西北缘小区

西北缘二叠系自下而上可分为佳木河组(P_1j)、风城组(P_1f)、夏子街组(P_2x)、下乌尔禾组(P_2w)和上乌尔禾组(P_3w)5 个岩组。盆地腹部二叠系划分采用西北缘方案。

佳木河组：为紫灰色、棕灰色、灰绿色的凝灰质碎屑岩及火山熔岩(安山岩及安山玄武岩等)，露头剖面未见底。可分为两个亚组，下亚组为一套杂色砾岩、火山碎屑岩夹熔岩，是该层主要的含油气层段，陆梁地区为灰绿色、深灰色细砂岩；上亚组在克拉玛依油田内的五、八区广泛钻遇，为一套火山熔岩夹火山碎屑岩，在陆梁地区为安山玄武岩及安山质熔结角砾岩夹棕红色砂质泥岩、细砂岩。

风城组：为灰黑色泥质、凝灰质白云岩，白云质、凝灰质泥岩夹砂岩，粉砂岩、石灰岩互层，为海湾或潟湖沉积。

夏子街组：在克拉玛依油田内的五、八区上部为棕色砾岩，下部为灰褐色、灰色砾岩，在夏子街地区变细，出现较多棕色泥质粉砂岩和粉砂质泥岩，是一套山麓洪积扇堆积。

下乌尔禾组：分布于克-乌断裂、夏红北断裂下盘，为灰绿色、灰色砾岩与灰黑色泥岩互层，属山麓河流洪积-湖沼沉积，钻井揭示视厚度 53～1359m。

上乌尔禾组：仅分布于乌尔禾—夏子街地区的构造低部位，为棕褐色砾岩夹砂质泥岩，最大钻井揭示视厚度 401m，也为山麓洪积扇堆积。

2) 东部小区

东部二叠系自下而上分为金沟组(P_1j)、将军庙组(P_2j)、平地泉组(P_2p)和下仓房沟群(P_3CF)。

金沟组：相当于西北缘小区的佳木河组与风城组。主要分布于帐北断褶带、原大井凹陷内及露头区。帐北地区与大井地区岩性差异较大，主要为巨厚的火山岩与正常的碎屑岩互层。碎屑岩自下而上总体由细变粗，颜色也由还原色灰黑逐渐变为氧化色红褐色。大井地区岩性为自下而上由粗变细的正旋回，早期为辫状河道的杂色砂砾岩沉积，晚期为曲流河道的砂泥互层沉积。

将军庙组：相当于西北缘小区的夏子街组。在帐北地区的沙丘河—老山沟一带为当时的沉降中心，沉积厚度大，但岩性较粗，主要为冲积扇—河流相的粗碎屑岩沉积，砾岩具叠瓦状构造及冲刷构造，砂砾岩、砂岩具大型槽状交错层理。本组上部为湖相泥岩和泥灰岩沉积。

平地泉组：相当于西北缘小区的下乌尔禾组。平地泉组主要为一套湖泊相和扇三角洲沉积体系，物源区主要是东北部的克拉美丽山，早期沙丘河、沙南凸起可能成为物源区。平地泉组总体为一向上变细的水进层序；随着湖侵规模的扩大，地层分布范围也逐渐扩大，向南超覆、减薄。

下仓房沟群：相当于西北缘小区的上乌尔禾组。横向上岩性变化较大，石钱滩凹陷岩性较粗。中下部为辫状河亚相的砾岩夹细砂岩和碳质泥岩沉积，中上部为曲流河亚相砾岩与粉砂岩、泥岩不等厚互层沉积，顶部为湖泊相的泥岩夹粉砂岩的沉积。沙帐地区的西大沟岩性较粗，为一套冲积扇—扇三角洲的沉积；向东南帐篷沟地区岩性较细，主要为滨浅湖亚相的泥岩夹粉砂岩、泥灰岩的沉积。大井地区主要为大套棕红色泥岩泛滥平原相沉积。

3) 南缘小区

南缘小区二叠系自下而上分为下芨芨槽群(P_1JJ)、上芨芨槽群(P_2JJ)和下仓房沟群(P_3CF)。下芨芨槽群可细分为石人子沟组(P_1s，下)和塔什库拉组(P_1t，上)。上芨芨槽群自下而上可再分为乌拉泊组(P_2w)、井井子沟组(P_2j)、芦草沟组(P_2l)和红雁池组(P_2h)。前两个岩组（乌拉泊组、井井子沟组）相当于西北缘小区的夏子街组，后两个岩组（芦草沟组、红雁池组）相当于西北缘小区的下乌尔禾组。下仓房沟群可再分为泉子街组(P_3q，下)和梧桐沟组(P_3wt，上)。

下、上芨芨槽群：广泛分布于博格达山北坡，厚度巨大，剖面最大厚度可达3700m，系由残留海相完全过渡到大陆体制的碎屑堆积；下芨芨槽群主要为复理石，包括石人子沟组和塔什库拉组；上芨芨槽群主要为长石质硬砂岩建造和可燃有机岩建造，包括乌拉泊组、井井子沟组、芦草沟组和红雁池组，为下粗上细的巨型旋回沉积。

石人子沟组：下部为灰黑色、灰绿色细砂岩、粉砂岩夹灰色厚层状砾岩、砂砾岩、粗砂岩和团块状灰岩，含海相动物化石；上部为灰色薄层粉砂岩、细砂岩夹泥质粉砂岩及灰岩团块。

塔什库拉组：为一套巨厚的灰黄色、灰绿色砂岩、粉砂岩、粉砂质泥岩的不均匀互层。

乌拉泊组：以灰绿色、紫色、紫灰色长石岩屑砂岩、粉砂岩为主，夹深灰、灰绿色砂岩及灰白色凝灰质砂岩或凝灰岩，厚度为 400～1400m。

井井子沟组：为蓝色、蓝绿色沉凝灰岩、凝灰质砂岩与黄绿色、灰绿色、深灰色砂、泥岩不均匀互层，上部夹薄层白云岩。

芦草沟组：为灰黑色粉砂岩、砂质页岩、黑色油页岩夹白云岩、白云质灰岩，油页岩和白云岩富集于上部，下部砂页岩较多，是准噶尔盆地的重要烃源岩。

红雁池组：为灰绿色、黄绿色及灰黑色细砂岩、粉砂岩、泥岩夹薄层—中厚层状泥灰岩、砾状砂岩及少量油页岩，局部尚夹有碳质泥岩。

泉子街组：为紫色、暗红色、褐黄色砾岩、棕色泥岩、砂质泥岩夹灰绿色泥岩、砂岩及钙质团块。

梧桐沟组：为灰绿色块状砾岩、砂岩、砂质泥岩、碳质泥岩和薄煤线组成的正韵律状互层，厚度为 87～286m，属曲流河相沉积，但横向变化大。

2.1.2 区域构造特征及演化

1. 准噶尔盆地基底结构

准噶尔盆地具有双基底结构：下部为前寒武纪结晶基底，上部为晚海西期(泥盆纪—早中石炭世)的褶皱基底(图 2.8)。

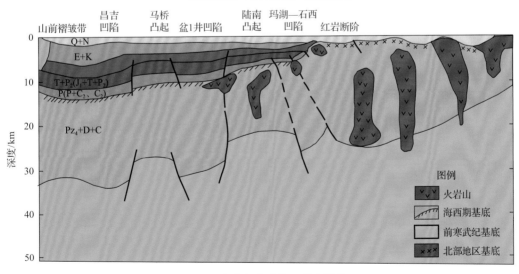

图 2.8 准噶尔盆地的双基底结构

根据航磁资料，盆地地壳有两个磁性界面，上界面在盆地边缘地区的平均厚度为 5～

8km, 下界面平均深度为 16km, 两者之间的地层厚度达 10km。从现有资料看, 上界面相当于上古生界中磁性地层的顶面, 在盆地南缘的北天山凹陷区, 钻井资料与地面露头已证实为晚海西期褶皱基底, 下界面所反映的地层比上古生界老得多。从准噶尔盆地及其周边岩石的磁性来看, 泥盆系以下的古生界及上元古界磁性都比较弱, 难以形成磁性界面, 只有比它们更老的太古宇及下元古界磁性比较强, 可形成磁性界面。将深达 16km 的磁性界面作为太古宇及下元古界(即前寒武系)结晶基底的顶面。

盆地的双基底结构反映前盆地阶段准噶尔地区在古生代极为复杂的构造演化过程和稳定体制向活性体制的转化。经历加里东和早中海西两个时期, 准噶尔盆地由稳定陆块完全变成岛弧区。纳谬尔期以后准噶尔岛弧开始回返(部分地区回返可延迟到早二叠纪末), 在褶皱回返的复向斜中, 出现断拗结合的小盆地, 至此准噶尔盆地开始形成。

2. 准噶尔盆地构造单元划分

准噶尔盆地是西部大型复合叠加盆地, 从晚海西期开始经历了"四期三阶段"的构造演化, 其中晚海西构造运动对盆地构造格局的形成起到了至关重要的作用, 因此将晚海西构造运动及形成的构造格局作为构造单元划分的基本依据与原则。另外, 之后的构造运动对盆地各区的影响和意义不同。构造单元划分原则概括如下:

(1)晚海西期盆地拗隆构造格局;

(2)印支、燕山、喜马拉雅运动对盆地的构造改造作用;

(3)油气系统形成与演化特点;

(4)尽可能符合科研工作者的习惯。

依据以上 4 条原则, 将准噶尔盆地的构造单元划分为 6 个一级构造单元和 44 个二级构造单元。

1)西部隆起

包括乌夏断裂带、克百断裂带、红车断裂带、车排子凸起、中拐凸起 5 个二级构造单元, 北东向展布, 长 300km、宽 20~30km, 总面积 13500km²。主体由 3 个断裂带组成, 该隆起表现出典型的冲断前锋构造带的推覆、分段、同生长、周期性活动的特征。推覆活动时间始于二叠纪, 到燕山晚期休止, 推覆距离自北向南逐渐减小, 最大可达 16km。

2)陆梁隆起

走向北西, 是盆地中的一个大型隆起单元, 面积 19400km²。二叠纪—三叠纪早中期一直处于隆升状态。除与玛湖凹陷和盆 1 井西凹陷相邻的地方沉积有厚度不大的二叠系外, 陆梁隆起大部分地区缺失二叠系沉积。在隆升背景下, 由于基底断裂的活动差异, 形成了英西凹陷、石英滩凸起、三个泉凸起、滴南凸起、滴北凸起、三南凹陷等。三叠纪中晚期—侏罗纪，陆梁隆起逐渐下沉，接受了上三叠统、侏罗系沉积，但厚度相对南北两个拗陷都要薄；盖层厚度 2000～5000m。

3) 东部隆起

为盆地东部呈北西向的隆起区，由五彩湾凹陷、沙帐断褶带、沙奇凸起、北三台凸起、石树沟凹陷、黄草湖凸起、石钱滩凹陷、黑山凸起、梧桐窝子凹陷、木垒凹陷、吉木萨尔凹陷、古城凹陷、古东凸起、古西凸起 14 个次级构造组成，总面积 26400km²。

二叠纪时期，因克拉美丽山褶皱成山并向南逆冲推覆以及博格达山的隆升、向北挤压，东部隆起形成"两拗一隆"的构造格局，即五彩湾-大井拗陷、博格达山前拗陷、沙奇凸起，拗陷内二叠系厚度可达 3000～6000m。印支、燕山期运动强烈，将晚海西期形成的北西向隆拗相间的构造格局切块改造为北东向的棋盘格子式叠加样式。

4) 北天山山前冲断带

自西向东由四棵树凹陷、齐古断褶带、霍玛吐背斜带、阜康断裂带组成，总面积约 24000km²，是以晚海西期前陆拗陷为基础长期发育、多期叠合的继承性拗陷带。晚古生代中晚期该区发育大型山前前陆拗陷，沉积巨厚的海相、残留海相和陆相地层。中生代一直到古近纪，该区为陆相统一振荡型沉积盆地的拗陷中心地区，沉积厚度在 5000m 以上。新近纪—第四纪为再生前陆盆地阶段，该区再次大幅下降。

北天山山前冲断带作为盆地内受喜马拉雅构造运动影响最强烈的地区，在构造上与盆地其他地区明显不同，具有东西分带、南北分排的特点，形成以古近系、新近系为主体的背斜构造带及滑脱推覆体。

5) 中央拗陷

位于陆梁隆起以南，北天山山前冲断带以北，是准噶尔盆地相对稳定的地区，沉积地层全且厚度大，最厚可达 15000m，主要由大型凹陷如玛湖凹陷、盆 1 井西凹陷、沙湾凹陷、阜康凹陷等持续性凹陷群组成。在拗陷中部有二叠纪形成的弧形低凸带(莫索湾凸起、莫北凸起、白家海凸起)，拗陷总面积 38200km²。目前准噶尔盆地发现的油气几乎都是围绕这个大拗陷分布。

6) 乌伦古拗陷

乌伦古拗陷位于盆地最北部，由红岩断阶带、索索泉凹陷组成，面积为 14700km²，和陆梁隆起一样在晚海西期—早中三叠世也处于隆升状态，但在晚三叠世—侏罗纪形成了相对独立的箕状沉积凹陷，盖层厚度 4000～6000m。

3. 准噶尔盆地构造演化

据前人研究，石炭纪以前，准噶尔-吐哈地体的北边为西伯利亚板块，西边为哈萨克斯坦板块，西南边为伊犁地体，南边为塔里木板块，东南边为中天山地体，各板块与地体之间均为大洋所分隔。到了石炭纪，准噶尔-吐哈地体向西伯利亚板块拼接碰撞形成东准噶尔造山褶皱带，同时向哈萨克斯坦板块拼接碰撞形成西准噶尔造山褶皱带；伊犁地体向准噶尔-吐哈地体拼接，形成伊林黑比尔根造山褶皱带。与此同时，受力不均衡性导致准噶尔-吐哈地体分离，其间形成博格达裂陷槽。随后的中天山地体向准噶尔-吐哈地体拼接碰撞而形成觉罗塔格造山褶皱带和博格达褶皱带。这一演变过程，基本造就了北疆地区的大地构造格局。据北疆地区各地质单元的磁偏角资料，在各板块和地体的拼接碰撞过程当中，存在一定的相对运动，即西伯利亚板块和哈萨克斯坦板块相对于准噶尔地体进行顺时针旋转，是目前西伯利亚板块位于准噶尔地体东北边而哈萨克斯坦板块位于准噶尔地体西北边的理由所在，同时也是二叠纪右行压扭性应力场产生的直接原因。

实际上，在石炭纪以前，准噶尔地体是由两部分组成的，即南部的玛纳斯地体和北部的乌伦古地体。石炭纪末，玛纳斯地体和乌伦古地体开始发生拼接(况军，1993)。拼接带向东是克拉美丽山基性—超基性岩带与更东面的塔克扎勒超基性岩带相连，并沿中蒙边境向东延伸，正是西伯利亚板块与哈萨克斯坦板块在东准噶尔的缝合线，西段即为三个泉拼接带，而陆梁隆起的北部就位于此拼接带之上，由它所形成的一系列派生构造是陆梁隆起的主体部位。

到石炭纪末为止，准噶尔盆地海西期褶皱基底基本形成，并且叠加于前寒武纪结晶基底之上，从而造成准噶尔盆地的双基底。造山运动造成的地热流值偏高，再加上石炭纪大量的火山喷发、岩浆侵入，使早古生代和晚古生代早期的沉积发生变质。

根据区域地质资料分析，自晚古生代以来，准噶尔盆地先后经历了海西、印支、燕山及喜马拉雅等多次构造运动，各次构造运动对沉积、油气的生成和运聚都起到至关重要的作用，正是由于不同时期的构造运动造就了现今盆地的构造格局和沉积特征。总的来说，准噶尔盆地属于晚古生代—新生代由 3 个阶段形成的性质各异的盆地叠合在一起的大型复合叠加盆地。

海西运动中晚期的中石炭世，受西伯利亚板块与塔里木板块相对运动的影响，准噶尔陆块结束以离散为主要运动方式的裂谷环境，进入了以聚敛为主要运动方式的造山环境，陆块边缘海槽全面回返褶皱成山，东、西准噶尔界山及北天山均在此时形成。周缘褶皱山系的升起使准噶尔陆块相对下陷成为盆地。

二叠纪是盆地形成初期，盆地内部受造山期强烈构造运动的影响，在区域性南北方向的碰撞挤压下，形成了以北西向、北西西向为主的大型隆起和拗陷，各个山前拗陷(西北缘山前拗陷、克拉美丽山前拗陷和北天山山前拗陷)间隔排列，形成了盆地早期特有的拗隆(或凹凸)间列的构造格局，使早期沉积产生明显的分隔性。盆地一级构造单元的划分就是基于二叠纪构造背景。晚二叠世沉积范围逐渐扩大，分割局面初步统一，直到二叠纪末，盆地处于较为平坦的沉积状态。

三叠纪—新近纪漫长的陆内拗陷发育阶段，共经历两次强烈的改造运动——印支、燕山运动。自三叠纪后沉积主要受控于重力的均衡作用，沉积厚度一般表现为南厚北薄。三叠纪末的印支运动，总的表现为东强西弱、北强南弱，使得盆地周边主控断裂除同生性活动外还有明显的左右扭动，盆地北缘主控断裂还表现为强烈的推覆活动，克拉玛依—夏子街断裂就是在印支期发育起来的。在安集海一带以及在博格达山也叠加了一定程度的逆冲推覆，并对东部地区产生了明显的影响。

燕山运动在盆地内的表现为西强东弱，盆地腹部从盆 1 井西凹陷到三个泉凸起一带整体上隆，上侏罗统基本缺失。与此同时，基底断裂活动使盆地内部各地的剥蚀程度有所差异。燕山晚期，盆地内部表现为以腹部为中心的整体下沉，白垩系沉积厚度大且稳定。

古近纪—第四纪为再生前陆盆地阶段。此时的喜马拉雅运动对准噶尔盆地有重大的影响。尤其是南缘，强大的挤压应力使北天山快速、大幅度隆升，并向盆地冲断，使盆地南缘发育陆内造山型前陆盆地；而盆地腹部和北部整体抬升，沉积拗陷收缩到南缘沿北天山一线，沉积数千米的磨拉石建造，促使该区侏罗系及古近系烃源岩成熟，同时扭压应力使得盆地南缘形成一系列成排成带的褶皱和断裂(图 2.9)。

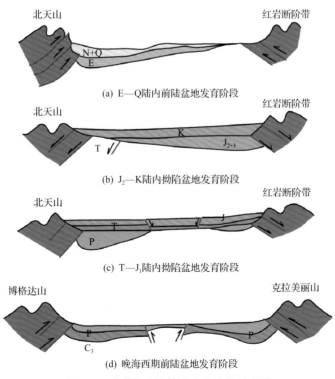

(a) E—Q 陆内前陆盆地发育阶段

(b) J_2—K 陆内拗陷盆地发育阶段

(c) T—J_1 陆内拗陷盆地发育阶段

(d) 晚海西期前陆盆地发育阶段

图 2.9　准噶尔盆地构造盆地演化示意图

4. 准噶尔盆地断裂发育特征

准噶尔盆地断裂的分布具有明显的分区定向性,主要表现为3组不同走向的断裂体系,即北东向体系、北西向体系和东西向体系。北东向体系主要发育于西北缘地区,以达尔布特断裂和克拉玛依—乌尔禾断裂为主控断裂。从石炭系和侏罗系断裂分布看,其控制范围至玛湖东一带。北西向体系主要发育于乌伦古、克拉美丽地区,以吐丝托依拉断裂、陆北断裂为主控断裂。东西向体系主要发育于南缘拗陷区,以昌吉南断裂、奎屯—玛纳斯—呼图壁北断裂为主控断裂。盆地内除上述3组断裂体系外,其余断裂均发育甚微,表明盆地所受构造应力具有较稳定的方向性。从断裂发育强度和范围来看,受力强度由大到小的顺序是:东北缘、西北缘、南缘、腹部。断裂存在多期活动,部分海西期、印支期形成的断裂,在燕山期又进一步活动断开侏罗系。

准噶尔盆地海西期、印支期、燕山期与喜马拉雅期四期断裂活动具有分区性,活动方式也不一样,断开地层的层位也相差较大。

断裂活动方式:海西期断裂活动主要是腹部、西北缘准东的逆冲作用;印支期的断裂活动主要是西北缘的逆冲作用;燕山期的断裂活动在盆地腹部有清楚的表现,正断层与逆断层都已见到;喜马拉雅期断层活动主要是盆地南缘的逆冲断层,在古近系安集海河组泥岩与侏罗系煤系中发生滑脱。

断裂的走向:海西期断裂主要有北西西向、北东向与近东西向3组(图2.10);印支期的断裂主要为北东向;燕山期的断裂主要是北东东向、北东向与近东西向3组(图2.11);喜马拉雅期的断裂主要呈北西西向、近东西向(图2.12)。

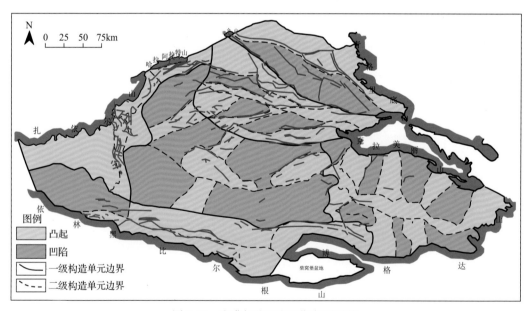

图例

- 凸起
- 凹陷
- 一级构造单元边界
- 二级构造单元边界

图 2.10 准噶尔盆地海西期断裂系统

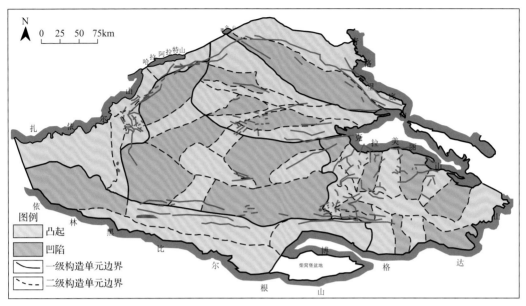

图 2.11　准噶尔盆地燕山期断裂系统

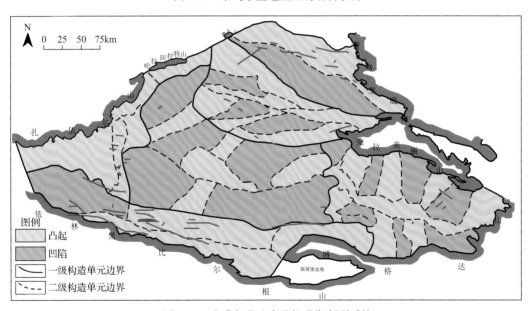

图 2.12　准噶尔盆地喜马拉雅期断裂系统

5. 准噶尔盆地不整合发育特征

不整合面是构造运动的重要表现形式和记录。由于受频繁构造升降的影响，准噶尔盆地从石炭纪至第四纪主要发育 13 期不整合，其中 5 期（K_1/J_3、J_1/T、T/P_3、P_2/P_1、P_1/C）为区域不整合（表 2.2）。

表 2.2   准噶尔盆地发育的 13 个不整合界面

地层系统		地层代号	底界反射层代号	不整合特征	不整合规模
第四系					局部不整合
新近系		N	T_{N_1}	底部超覆	
古近系		E	T_{E_1}	顶部削蚀、底部超覆	局部不整合
白垩系	上白垩统	K_2	T_{K_2}	顶部削蚀、底部超覆	局部不整合
	下白垩统	K_1	T_{K_1}	顶部削蚀、底部超覆	区域不整合
侏罗系	喀拉扎组	J_3k			
	齐古组	J_3q			局部不整合
	头屯河组	J_2t	T_{J_2t}	顶部削蚀	局部不整合
	西山窑组	J_2x	T_{J_2x}	顶部削蚀	区域不整合
	三工河组	J_1s			
	八道湾组	J_1b	T_{J_1b}	顶部削蚀	区域不整合
三叠系		T	T_T	顶部削蚀	局部不整合
二叠系	上乌尔禾组	P_3w			局部不整合
	下乌尔禾组	P_2w	T_{P_2w}	顶部削蚀	局部不整合
	夏子街组	P_2x	T_{P_2x}	顶部削蚀	区域不整合
	风城组	P_1f	T_{P_1f}	顶部削蚀、底部超覆	区域不整合
	佳木河组	P_1j	T_{P_1j}		
石炭系		C	T_{C_1}	顶部削蚀	

(1)二叠系与石炭系之间的不整合：在盆地内陆梁隆起、东部隆起、莫索湾凸起、西部隆起等处广泛分布。石炭系常常形成潜山构造，如石西油田的石炭系油藏即为潜山构造油藏，莫索湾石炭系背斜亦为潜山构造。在陆梁隆起西部三南凹陷，下二叠统佳木河组与石炭系为削截不整合接触。

(2)中二叠统与下二叠统之间的不整合：风城期末的抬升造成风城组普遍削蚀，分布局限(仅在中央拗陷)，夏子街期沉积范围逐渐扩大，使夏子街组与风城组或为超覆不整合接触，或为削截不整合接触，如在莫索湾凸起夏子街组超覆在风城组之上。

(3)中二叠统下乌尔禾组与夏子街组之间的不整合：在莫索湾凸起下乌尔禾组与夏子街组之间呈削截不整合接触，局部与风城组为削截不整合接触。

(4)上、下乌尔禾组之间的不整合：上乌尔禾组是准噶尔盆地二叠系各岩组中分布最广的，在盆地周缘可与下伏地层普遍呈不整合接触，如在西北缘中拐凸起，上乌尔禾组与下伏中—下二叠统均为削截不整合接触。

(5)三叠系与二叠系之间的不整合。

(6)侏罗系与三叠系之间的不整合：三叠纪末，盆地发生整体抬升，形成了三叠系和侏罗系之间的区域不整合。三叠系顶部不整合面超覆现象较明显，且主要分布在工区西北部，腹部表现为大面积的平行不整合或整合区，局部发育多处削截不整合，被削地层均为上三叠统白碱滩组，上覆下侏罗统八道湾组，也有多处八道湾组超覆在白碱滩组之上。

(7)下侏罗统三工河组与八道湾组之间的不整合。

(8)中侏罗统头屯河组与西山窑组之间的不整合：由燕山Ⅰ幕造就，在地震资料上是T_{J_2t}不整合面反射波。

(9)上侏罗统齐古组与中侏罗统头屯河组之间的不整合。

(10)上侏罗统喀拉扎组与齐古组之间的不整合。

(11)白垩系与侏罗系之间的不整合：由燕山Ⅱ幕造就，隆升较强烈，从车排子凸起到陆梁隆起西部存在南西-北东向展布的大型古隆起，致使上侏罗统普遍缺失和中—下侏罗统遭受剥蚀。在盆地边缘地震资料上表现为 T_{K_1} 反射波，与下伏地层反射波呈明显削截不整合。

(12)古近系与白垩系之间的不整合：由燕山Ⅲ幕造就，主要分布在盆地边缘，在盆地东部地震资料上可清晰地看到 T_{E_1} 波与下伏地层反射波的相交现象。

(13)第四系与新近系之间的不整合：在盆地南缘地震剖面较常见。

6. 准噶尔盆地石炭系现今构造特征

准噶尔盆地石炭系断裂平面上可以分为两组，一组为 NWW(或近东西)向，由北向南可分为三个泉—滴北断裂带、夏盐南—滴南断裂带及莫索湾—白家海断裂带；另一组为北东(或近南北)向，自西向东可分为乌尔禾—车排子断裂带、夏盐—达巴松断裂带、基东断裂带、石东—莫北断裂带以及北三台凸起西断裂。从两组断裂的交切关系分析，北西西(或近东西)向断裂被北东(或近南北)向断裂切割，说明前者形成早于后者。从剖面特征分析，断裂构造样式常表现为陡倾角逆冲断裂，在断凸地区，控制残留上石炭统分布的北西西(或近东西)向陡倾角大型逆断层可组成正花状构造，这种构造样式特征表明其曾经遭受过强烈的挤压-走滑作用。根据上石炭统与上覆地层的接触关系、同步变形关系，结合区域构造和应力场演化分析，推测挤压-走滑作用可能主要发生在二叠纪时期，特别是早二叠世末期与晚二叠世末期的构造运动，当时的主压应力方向主要为北西-南东向，使该区的近东西向构造发生较强的挤压兼右行走滑作用的叠加变形，同时形成北东(或近南北)向断裂。

上石炭统残留地层总体具近东西向断凸、断凹相间排列的带状展布特点，在断凹的中部或主逆断层的下盘保存较厚，在边缘或主逆断层的上盘遭受较强的剥蚀；在断凹边缘或靠近主逆冲断层，地层发生明显向上弯曲牵引变形，总体表现为复式向斜变形特征(其内部可被次级褶皱与断裂复杂化)，而断凸及其边缘则相反，总体表现为复式背斜变形特征。

石炭系顶面构造特征总体表现为东部、东北部、西部高，南部较低。东部地区整体表现为高隆区，在北三台凸起经阜东斜坡与西部深凹区过渡。由东北向西南基本上可以分为 3 个带：北部及东北部鼻状隆(凸)起带、中部背斜带及西南部深凹区。北部英西地区整体表现为一个宽缓的南倾鼻状隆起，东北地区受三组北西西(或近东西向)断裂带所控制形成 3 个窄陡的南西倾的鼻状凸起，自北向南依次为滴北鼻状凸起、滴南鼻状凸起及白家海鼻状凸起；中部背斜带包括玛湖凹陷内的玛湖背斜、达巴松背斜以及莫索湾背斜。另外，在西北缘克拉玛依、车排子地区，由于受北东向和近南北向两组逆冲断裂夹持，形成一个南东向倾伏的鼻状背斜。

2.1.3　石炭系岩相古地理

准噶尔盆地大地构造位置处于西伯利亚板块、哈萨克斯坦板块及塔里木板块三大构造域的结合部，石炭纪处于古亚洲洋闭合到陆陆碰撞及碰撞期后陆块伸展的洋陆转换过渡期，复杂的大地构造背景势必造就复杂的古地理背景，进而形成岩石类型及其组合特征的多样性。

准噶尔盆地石炭纪古地理总体特征表现为由早石炭世的深海-半深海相、浅海相向晚石炭世的浅海相、海陆过渡相及陆相演化的趋势。岩石组合类型由早石炭世的活动陆缘型岛弧火山岩、深海复理石及海相碳酸盐岩向晚石炭世的裂谷型火山岩、陆相碎屑岩、海相碎屑岩及海相碳酸盐岩过渡。早、晚石炭世不同地区的古地理及其相应的岩石组合类型也存在明显的差异。

1. 早石炭世古地理

早石炭世为碰撞间歇期伸展-残留洋闭合、陆陆碰撞的大地构造演化背景。受古陆及缝合带控制发育残留洋、弧后裂谷、陆缘拗陷及陆内拗陷等盆地类型，古地理环境总体上为海相环境，并且具有北深南浅的特征，大体可分为半深海-深海、浅海两大相区。

1) 早石炭世早期古地理

准噶尔-天山陆块在早石炭世发生较大规模海侵，古地理格局较晚泥盆世有所改变，海区除准噶尔海和南天山海继承了晚泥盆世的基本轮廓外，伊犁海和昆仑海则为新形成的海区。此时期，伊犁海及阿齐山海槽火山活动最为强烈，准噶尔海普遍伴有微弱的火山活动。

准噶尔区范围包括准噶尔海、伊犁海及阿齐山海。

准噶尔海北部的塔尔巴哈台—萨吾尔及萨尔布拉克—扎河坝等地区为火山活动强烈及相变剧烈的滨海-浅海-次深海的复杂沉积环境，以陆源碎屑及火山碎屑浊流沉积为主。其中，塔尔巴哈台—萨吾尔山一带，下部为泥质-硅质粉砂岩、钙质砂岩，夹硅质岩及凝灰砂岩的浊流沉积，有包卷层理；上部为石英斑岩、安山玢岩，夹英安质火山角砾岩及凝灰岩。砂岩中含少量腕足类、苔藓虫及芦木类茎干化石，厚度为 917~1259m；萨尔布拉克—扎河坝一带为浊积相的中酸性火山灰凝灰岩、粉砂岩、砂岩，夹英安山玢岩、生物碎屑灰岩及凸镜体，含腕足类、珊瑚、三叶虫及植物化石碎片，厚度约 706m。

准噶尔海南部发育海相过渡类型沉积。其中，西南部巴尔雷克山为滨浅海相钙质砂岩夹灰岩，含丰富的腕足类及少量珊瑚化石，厚度约 850m。东南部为滨浅海陆源碎屑和火山碎屑夹碳酸盐沉积及滨海陆源碎屑沉积，其岩性为火山碎屑岩及泥质、钙质碎屑岩，夹少量灰岩、砾岩、安山岩。苏海图山一带还夹有煤线，含丰富的珊瑚、腕足类、菊石、双壳类、腹足类、三叶虫、苔藓虫化石，厚度为 1070～3060m。在双井子一带发育滨海陆屑滩及三角洲相沉积，由砂岩、粉砂岩，夹砾岩、碳质泥岩及煤线组成，含植物化石，厚度约 877m。

伊犁海在尼勒克断裂以南区域广泛分布活动型的滨浅海碎屑或碎屑夹碳酸盐沉积，并以强烈的火山活动为主要特征，尤其是在阿吾拉勒一带最为强烈。火山岩以安山岩类为主，夹火山碎屑岩，通常剖面下部以火山碎屑岩为主，上部火山熔岩居多，最大厚度 1000m 以上。海底火山喷发活动为链状多中心式，由强烈喷发开始至大量中酸性熔岩溢出结束。在火山活动间歇期间，沉积了碎屑岩夹页岩及个别灰岩薄层，含植物及腕足类化石。北部博罗科努山及其以北地区，沉积过渡型滨海相凝灰质砾岩、砂岩及页岩，偶见石英斑岩或滨浅海相砾岩、砂岩、泥质岩及灰岩，其中含少量腕足类、珊瑚及植物化石碎片，厚度为 410～883m。

2) 早石炭世晚期古地理

早石炭世早期与晚期之间，除伊犁和准噶尔地区发生明显的地壳运动外，其他地区为连续沉积。此时期，新疆地壳运动有两幕：一幕发生于维宪阶末，局限于北准噶尔地区；另一幕发生于谢尔普霍夫阶末，局限于阿尔泰和东准噶尔部分地区。

早石炭世晚期，由于地壳运动加剧，海陆分布发生重大变化，海侵范围扩大，陆壳面积缩小。准噶尔—天山陆和昆仑山—塔南陆大部分被海水淹没，残留一些大小不等的岛屿；南天山海向东、向南扩展并变深。

此时期，火山活动有所加剧，主要发生在准噶尔—天山海、北山海槽及昆仑海东部，并伴随有酸性岩浆侵入，是新疆与火山-沉积作用有关矿产的重要成矿期之一。

准噶尔区的范围包括准噶尔—天山海和伊犁海，其沉积环境复杂多样，发育有各种海相沉积类型。海相活动类型沉积分布于准噶尔—天山海东北部的苏海图山及东南部的依连哈比尔尕—博格达山及阿齐山一带；海相过渡类型沉积分布于准噶尔—天山海北部区域和东南部的雅满苏—苦水一带及伊犁海北部；海相稳定类型沉积分布于伊犁海南部。海相过渡类型沉积在准噶尔陆以北海域为滨浅海环境，广泛发育陆源碎屑或碳酸盐沉积，含腕足类、珊瑚、双壳类及植物化石，厚度为 700～2700m；西准噶尔托里一带发育滨浅海相碎屑夹灰岩，含腕足类、珊瑚、腹足类及植物化石。

2. 晚石炭世古地理

晚石炭世岩相古地理背景是早石炭世末期古亚洲洋最终闭合成陆后，前期的板块边界力减弱或解除，增厚的岩石圈或造山带在其自重力作用下发生伸展塌陷，形成一系列裂陷槽、裂谷及陆缘拗陷。古地理总体具有北部以陆相为主、南部以海相为主的特征。北部裂谷区主要发育陆相沉积岩-火山岩组合；南部裂陷槽、吐鲁番陆缘拗陷及伊宁裂谷主要发育海相沉积岩-火山岩组合。

1）晚石炭世早期古地理

早石炭世末发生的地壳运动主要影响准噶尔盆地的部分地区，使海陆分布有所变化，准噶尔盆地西缘及东北缘出现塔城陆和北塔山陆。准噶尔盆地向北扩展为冲积平原，南部陆缘略有北移。准噶尔—天山海北浅南深，南天山海向西退缩，中天山陆扩展并与塔北陆相连，库鲁克塔为一小范围的残留海盆。新疆南部的塔里木海和昆仑海基本保持了早石炭世晚期的海域范围。此时期的火山活动主要分布在准噶尔盆地西部和东南部、伊犁海南部及天山海槽。

准噶尔盆地海相活动类型沉积：在西准噶尔柳树沟—成吉思汗山一带发育以半深海相火山碎屑及陆源碎屑浊流为主的沉积，下部为安山岩、玄武岩、硅质岩及铁质碧玉岩，滑塌作用和构造作用形成的灰岩块体，丰富的放射虫构成的放射虫岩，深水相遗迹化石及芦木和孢粉化石，厚度约1572m。准噶尔—天山海东南部的觉罗塔格地区，火山活动最为强烈，沉积环境和岩相变化大。阿齐山一带发育深浅海相沉积，其下部为中酸性火山碎屑岩及灰岩，上部以玄武岩及安山质凝灰岩为主，夹少量灰岩，含蜓类、腕足类、珊瑚化石，厚度约2118m。苦水一带为半深海环境，发育了巨厚的细碧-角斑岩建造，夹灰岩薄层或凸镜体，顶部为含泥质条带硅质岩及钙质砂岩。该套地层下部向东相变为含碳质硅质岩至细碎屑岩，灰岩中含蜓类、腕足类、珊瑚化石，厚度为5000～8000m。雅满苏一带为浅海环境，以安山岩、玄武安山岩及凝灰岩、灰岩为主，其中库姆塔格局部地段于上部出现硅质-铁质白云岩（含菱铁矿）及石膏；该带北部以陆源碎屑岩为主，含腕足类、珊瑚、菊石、蜓类、双壳类、腹足类化石，厚度为1500～2800m。在伊犁海南部为伴随有火山活动的滨浅海环境，伊什基里克山一带火山活动较强，以南火山活动减弱，下部为砾岩、凝灰质砂岩、火山角砾岩夹泥岩，泥岩中含少量腕足类、珊瑚化石，上部为安山岩、流纹岩及凝灰岩，厚度约800m。

海相过渡类型沉积：在西准噶尔谢米斯台山一带以海陆交互相的砂岩、泥岩、页岩为主，含植物化石，下部夹火山碎屑岩及安山岩，厚度约3000m。东准噶尔卡拉麦里山南麓为海陆交互相碎屑岩夹灰岩，下部为陆相碎屑岩夹煤线，含安加拉植物化石；上部为滨浅海相碎屑岩夹泥质-砂质灰岩、生物灰岩，含丰富的腕足类、珊瑚、蜓类、菊石、双壳类、腹足类化石，厚度约1058m。纸房一带以滨浅海相火山碎屑岩及陆源碎屑岩为主，其中下部为层凝灰岩夹凝灰质砂岩，含植物化石，上部为砂砾岩、砂岩、粉砂岩，夹灰岩、层凝灰岩。碎屑岩中含植物化石，灰岩中含腕足类、双壳类化石，厚度1170m。哈尔里克山一带为滨浅海火山碎屑及陆源碎屑沉积，下部为火山角砾岩、凝灰质砂岩，夹1层凝灰岩；中上部为砂岩、粉砂岩，夹泥质灰岩凸镜体，含腕足类、腹足类、珊瑚及植物化石，厚度约2000m。南准噶尔依连哈比尔尕—博格达山一带为浅海陆架环境，下部发育浅海安山质火山角砾岩、集块岩、中酸性凝灰岩，夹层凝灰岩、安山岩及少量硅质岩、砂岩、粉砂岩和灰岩凸镜体，含蜓类、腕足类、珊瑚、菊石、腹足类化石，厚度约1100m；上部以浅海陆架相灰岩为主，并有风暴流作用，有少量的凝灰质砂岩及安山岩夹层，含蜓类、腕足类、珊瑚、双壳类、苔藓虫化石，厚度约350m。

伊犁海北部海相过渡类型沉积以滨浅海相陆源碎屑岩及灰岩为主。在博罗科努山南坡及其以南与南部活动区的过渡地带，陆源碎屑岩含凝灰质或出现流纹质凝灰岩，灰岩多含有泥质或砂质。生物化石有腕足类、珊瑚、菊石、腹足类、双壳类、苔藓虫、海百合茎及少量蜓类、植物，厚度为300～1000m。

2) 晚石炭世晚期古地理

晚石炭世晚期，昆仑海海侵范围继续扩大，南天山向柯坪一带扩展，其他海区则发生海退，海水变浅，陆地面积明显扩大。晚石炭世早期末的地壳运动波及准噶尔及塔里木东部地区，造成大部分区域晚期沉积缺失。南准噶尔、南天山、塔里木及昆仑的大部地区为连续沉积。此时期的火山活动除了北山陆内裂谷最为强烈外，在东昆仑托库孜达坂以南、西昆仑奥依塔克局部地区也有较弱的或短暂的火山活动。

晚石炭世晚期，该区局限于西准噶尔托里以南、南准噶尔依连哈比尔尕—博格达山、卡拉麦里及伊犁北部的博罗科努山等地区，发育海相过渡类型沉积。

在西准噶尔托里以南的柳树沟一带为浅海-次深海环境，以细碎屑沉积为主，夹含放射虫硅质岩、玄武岩和铁碧玉岩及灰岩透镜体，生物稀少，厚度752m。南准噶尔依连哈比尔尕—博格达山一带为水体逐渐加深的外陆棚环境，以细碎屑岩和火山碎屑岩为主，偶夹灰岩透镜体，并见远源风暴岩。化石个别较晚石炭世早期变小，含腕足类、珊瑚、菊石、双壳类、腹足类、三叶虫、苔藓虫、海百合茎及植物化石，厚度238～294m。卡拉麦里一带发育滨浅海相陆源碎屑岩，为砂岩、砾岩及泥质粉砂岩，含腕足类、双壳类、藻类及植物化石，厚度242～870m。伊犁北部的科古尔琴山及博罗科努山一带，下部以砾岩和砂岩为主，上部为灰岩、砂岩、凝灰砂岩，夹少量粉砂岩或砾岩。灰岩中含珊瑚、腕足类、蜓类、双壳类、腹足类化石，厚度330～1370m。

3. 覆盖区残留上石炭统沉积相分布特征

研究保存在覆盖区内的上石炭统沉积相分布特征对评价上石炭统残留凹陷的油气勘探潜力极其重要。准噶尔盆地新生代盆地之下保存有上石炭统的盆地主要包括：准噶尔盆地、三塘湖盆地、吐哈盆地、布尔津盆地、福海盆地、塔城盆地、和什托洛盖盆地、精河盆地、伊犁盆地、库普盆地、巴里坤盆地及焉耆盆地。下面主要根据海相到湖相不同相带在以上盆地内的分布情况进行介绍。

1) 半深海-深海相

半深海-深海相主要分布在准噶尔盆地南缘、焉耆盆地、三塘湖盆地东南部、吐哈盆地北缘及东南部、巴里坤盆地西北部、伊犁盆地西北及西南部、和什托洛盖盆地南部。

2) 浅海陆棚相

浅海陆棚相分布于准噶尔盆地南缘、吐哈盆地主体、三塘湖盆地东南部、巴里坤盆地东南部、伊犁盆地中部、和什托洛盖盆地西北部。

3)浅海碳酸盐台地相

浅海碳酸盐台地相主要分布于吐哈盆地东南部、精河盆地及伊犁盆地。

4)半深湖-深湖相

半深湖-深湖相分布于三塘湖裂谷盆地中部及准噶尔盆地西北缘,另外在准东地区、滴水泉凹陷以及福海盆地也有零星分布。

5)浅湖-半深湖相

浅湖-半深湖相在三塘湖盆地中西部、准噶尔盆地、布尔津盆地、福海盆地均有大面积分布,在塔城盆地东部、库普盆地中部也有分布。

6)浅湖相

浅湖相主要分布于准噶尔盆地、三塘湖盆地西北部、布尔津盆地西北部、福海盆地东南部、塔城盆地西部。

7)火山岩

根据钻井、地震、重磁资料预测,火山岩在准噶尔盆地、三塘湖盆地上石炭统分布较广;吐哈盆地南缘分布较广,北缘零星分布;福海盆地西南部、塔城盆地东南部有零星分布;伊犁盆地及精河盆地资料较少,目前没有预测火山岩分布。

2.2 火山岩气藏主产区滴南凸起地质概况

滴南凸起行政隶属新疆维吾尔自治区福海县,构造位置位于准噶尔盆地陆梁隆起东南端,南北分别为滴水泉南断裂和滴水泉北断裂所夹持,两断裂为基底逆冲断裂,是滴南凸起与南北凹陷的分界线。滴南凸起呈近东西向展布,东达克拉美丽山前,向西延伸与莫北凸起及石西凸起相接,整体呈现为大型向西倾没的鼻状构造(图2.13)。

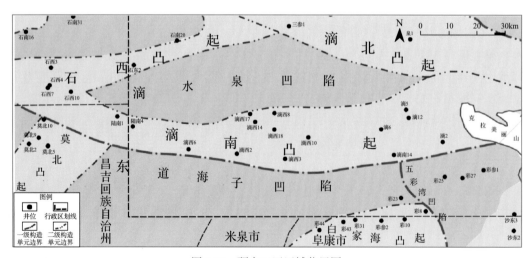

图2.13 研究工区区域位置图

前人研究成果表明，滴南凸起是在海西中晚期具雏形、印支—燕山早期成形、燕山中晚期定形、喜马拉雅期整体掀斜的古构造，垂向上存在五套大的区域不整合界面，在白垩系沉积前，滴南凸起一直处于西低东高的构造背景，二叠系、三叠系、侏罗系及白垩系由西向东逐渐超覆沉积，具备地层、岩性圈闭的发育条件，以岩性、地层尖灭线控制的圈闭为主。同时，滴南古凸起又是两翼凹陷油气生成运移的指向区，其特定的构造发育背景及所处的独特构造位置，决定了滴南古凸起具有良好的勘探及开发前景。

2.2.1 构造特征

滴南凸起主要呈近东西向展布，长约 150km，宽约 40km，面积 $6000km^2$，是从海西中期开始发育，到侏罗纪末期定形的大型隆起。凸起形成受南北两条边界断裂和中部滴水泉西断裂的控制，凸起的构造变形也主要集中在这三条断裂的上盘，并形成了以滴水泉断裂为分界线的南部背斜带和北部鼻状隆起带的"南北分带，东西分段"的构造格局。根据构造活动和不整合面发育情况，凸起上构造层划分为三套，即白垩系及其以上构造层、侏罗—三叠系构造层、二叠—石炭系构造层。构造层地质结构的差异决定滴南凸起具有多套含油气层系，为形成大油气田创造了有利条件。

结合区域地层发育的情况及前人对本区构造认识的研究成果，通过单井标定、连井标定建立了滴南凸起中段的地震地质解释模式(图 2.14，图 2.15)。

2.2.2 地层特征

克拉美丽气田位于滴南凸起西部的滴西鼻状构造带上，发育有石炭系、二叠系、侏

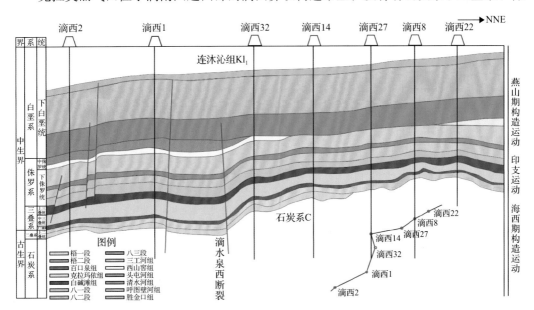

图 2.14 准噶尔盆地滴南凸起地区滴西 2 井—滴西 22 井南北向地层发育模式图

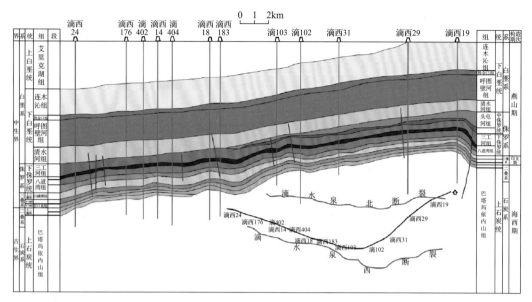

图 2.15　准噶尔盆地滴南凸起地区滴西 24 井—滴西 19 井近东西向地层发育模式图

罗系及白垩系，其中二叠系受区域构造运动影响，在研究区内仅发育梧桐沟组，缺失中、下二叠统；侏罗系缺失上侏罗统及部分中统地层。

石炭系为滴南凸起的基底岩系。其分布自西向东地层由新到老，厚度可达 2000～3000m，顶部与二叠系呈不整合接触。根据钻井、测井、岩心和地震解释结果，石炭系为火山多期活动，垂向上与沉积岩组成多套叠置的复合岩体。据杨迪生的研究，该区火山岩垂向上可分两个火成岩序列，两个序列之间及下序列内部存在沉积岩。根据上、下序列间的厚层暗色泥岩，沿滴西 22—滴 401—滴 402 线可将工区的岩浆岩分为西、东两个区块：工区西部的滴西 17 井区主要是中基性的熔岩，滴西 14 井区为火山碎屑岩类，滴西 18 井区沿滴水泉断裂分布中—酸性的侵入岩，东部滴西 10 井区主要是中酸性的熔岩，在上述井区之间主要为火山沉积岩和正常沉积岩。总体上，西部区块主要是以上序列的中基性火山作用为特征；东部则是以下序列的中酸性火山作用为特征，火山作用在平面上的分布具有明显的规律性。

2.2.3　储层特征

1. 储集层岩性

滴南凸起的储层岩性十分复杂。根据薄片分析资料和全岩矿物分析，该区石炭系发育沉积岩和岩浆岩两大类岩石。岩浆岩是该区主要储层岩石构成，包括浅成侵入岩、熔岩和火山碎屑岩，熔岩包括玄武岩、安山岩和流纹岩，火山碎屑岩包括凝灰岩和角砾岩。钻探资料证明，爆发相、溢流相及浅成侵入相的各种岩性均可形成有利储层而成藏。

石炭系以滴 402—滴 401—滴西 8—滴西 22 井一线分为上下两个系列，滴西 17 井区产气的是中基性的安山岩、玄武岩和流纹岩。滴西 14 井区储层岩性复杂，既有溢流相的基性玄武岩、酸性流纹岩，也有爆发相的凝灰质角砾岩。滴西 18 井区为浅层侵入相的花岗斑岩和二长玢岩。滴西 10 井区为中酸性的安山流纹岩。滴西 33 井区目前产气层是远火山口相的凝灰岩。

2. 储集空间类型

石炭系储集空间主要为孔隙和裂缝双重孔隙结构，石炭系的原生孔隙主要为气孔、粒内孔和粒间孔，形成于火山岩固化成岩阶段，次生孔隙主要指溶蚀孔，形成于火山岩成岩之后。微电阻率成像测井(FMI)测井资料显示，克拉美丽气田石炭系构造缝普遍发育，溶蚀缝次之，冷凝收缩缝主要发育于火山熔岩中，砾间缝则普遍发育于火山角砾岩中，但裂缝孔隙度总体较低。

克拉美丽气田石炭系侵入岩、熔岩和火山碎屑岩中均有裂缝发育，为裂缝-孔隙双重介质的储层，基质孔隙为主要的储集空间，裂缝改善了储层的渗透能力。以裂缝段占岩石总厚度的百分比定性评价裂缝发育程度，侵入岩最发育，花岗斑岩裂缝发育程度为 94.8%，二长玢岩的裂缝发育程度为 92.9%；在熔岩中的基性玄武岩裂缝发育程度次之，裂缝发育程度为 53.5%；火山碎屑岩中角砾岩比凝灰岩发育。此外受断裂系统控制，靠近滴水泉西断裂及其次级断裂处裂缝最发育。

克拉美丽气田石炭系孔隙度分布区间为 0.1%～27.9%，平均孔隙度为 9.60%，中值孔隙度为 8.2%，渗透率分布区间为 0.010～844.000mD，平均渗透率为 0.161mD，中值渗透率为 0.044mD，为中孔特低渗储层。分岩性的储层物性统计结果表明(表 2.3)，各岩类均为中孔特低渗储层。分岩性的气层物性统计结果表明(表 2.4)，火山碎屑岩的孔隙最发育，平均孔隙度为 14.8%；其次为熔岩，平均孔隙度为 12.8%，属于高孔型储层。浅成侵入岩的孔隙度最低，平均孔隙度为 9.8%。

表 2.3　克拉美丽气田石炭系储层物性统计表

岩性	样品数/块	孔隙度/%		样品数/块	渗透率/mD	
		分布区间 平均值	累计频率 50%		分布区间 平均值	累计频率 50%
火山沉积岩	278	$\dfrac{0.4\sim21.5}{7.9}$	7.0	245	$\dfrac{<0.010\sim171.000}{0.124}$	0.040
浅成侵入岩	198	$\dfrac{0.4\sim19.2}{9.0}$	8.0	180	$\dfrac{<0.010\sim844.000}{0.117}$	0.049
熔岩	368	$\dfrac{0.2\sim27.9}{10.2}$	9.2	336	$\dfrac{<0.010\sim753.000}{0.365}$	0.100
火山碎屑岩	374	$\dfrac{0.1\sim27.0}{10.5}$	8.9	347	$\dfrac{<0.010\sim836.000}{0.104}$	0.027

表 2.4　克拉美丽气田石炭系气层物性统计表

岩性	样品数/块	孔隙度/%		样品数/块	渗透率/mD	
		分布区间 平均值	累计频率50%		分布区间 平均值	累计频率50%
火山沉积岩	49	$\dfrac{7.3\sim14.8}{11.0}$	10.3	45	$\dfrac{0.019\sim1.440}{0.063}$	0.036
浅成侵入岩	161	$\dfrac{5.5\sim19.2}{9.8}$	8.5	150	$\dfrac{<0.010\sim211.000}{0.126}$	0.056
熔岩	152	$\dfrac{6.5\sim25.6}{12.8}$	11.8	142	$\dfrac{<0.010\sim522.000}{0.986}$	0.368
火山碎屑岩	152	$\dfrac{8.1\sim22.2}{14.8}$	13.9	147	$\dfrac{<0.010\sim836.000}{0.190}$	0.043

2.3　滴南凸起火山岩气藏滚动勘探开发历程

2.3.1　勘探简况

滴南凸起中段自 20 世纪 50 年代开始油气勘探工作，完成 1:20 万重磁力普查和野外地质调查，2004 年完成 1:5 万高精度重磁和电法建场测深勘探。地震勘探始于 20 世纪 80 年代，目前二维测网已达 2km×2km～2km×4km，自 1993 年以来，相继完成滴西 1 井区、滴 12 井区 A 和 B 块、滴 12 井区 C 块、滴西 8 井区、滴西 7 井区、彩 25 井区西、滴西 10 井区北、滴西 5 井区、滴 9 井区、滴 6 井区、滴西 5 井区西、彩深 1 井区、陆南 3 井区共 13 块三维地震勘探，满覆盖面积合计 3152.1km²，基本覆盖了整个滴南凸起。为满足陆东地区油气勘探整体研究的需求，2006 年以石炭系、侏罗系及白垩系为目的层，进行并完成滴南凸起中东段 8 块三维地震的连片处理，满覆盖面积为 1965km²，2008 年对该数据做了重新处理。在 2008 年 11 月部署实施克拉美丽气田滴西 14—滴西 18 井区开发三维，满覆盖面积 70km²，面元 25m×25m。2014 年重新采集滴西 10 井区、滴西 178 井区三维，面元 25m×25m，并和滴西 14—滴西 18 井区开发三维进行连片处理。

滴南凸起以石炭系为目的层的勘探始于 20 世纪 90 年代初期，自 1993 年以来，大致可划分为三个阶段：1993～2000 年为预探发现阶段，预探井滴西 5 井在石炭系 3650～3665m 井段进行 7.5mm 油嘴试油，获日产气 $1.1\times10^4\text{m}^3$，日产水 32m³，标志着滴南凸起石炭系火山岩气藏的发现。2000～2005 年为勘探展开阶段，2004 年 3 月滴西 10 井区在石炭系 3070～3084m 井段针阀控制试气，获日产气 $12.1\times10^4\text{m}^3$，日产油 4.05t；同年 4 月在石炭系 3024～3048m 井段经酸化压裂后针阀控制试气，获日产气 $20.2\times10^4\text{m}^3$，日产油 5.2t，发现了滴西 10 井区石炭系凝析气藏；2005 年在滴西 10 井区石炭系提交天然气探明地质储量 $20.2\times10^8\text{m}^3$。2006 年以后为全面勘探、加快评价阶段，2006～2007 年相继发现了滴西 14 井区、滴西 17 井区、滴西 18 井区的石炭系凝析气藏，其中 2006 年 9 月，滴西 14 井区在石炭系 3652～3674m 井段压裂后针阀控制试气，获日产气 $9.1\times10^4\text{m}^3$，日产油 6.4t。2007 年 5 月，滴西 17 井区在石炭系 3633～3670m 井段压裂后针阀控制试气，获日产气 $25.2\times10^4\text{m}^3$，日产油 19.6t。2008 年，滴西 10 井区、滴西 14 井区、滴西 17 井区及滴西 18 井区共提交新增天然气探明地质储量 $1053.34 \times 10^8 m^3$。2017 年完成老区储量复算及扩边新区储量计算工作,上报天然气探明地质储量共计 $759.04 \times 10^8 m^3$,实现克拉美丽气田整体高效开发。

近年来,结合地质、地震、测井及录井综合研究,通过已知气藏和出气井点精细解剖,准噶尔盆地滴南凸起火山岩气藏主控因素和气藏富集模式可概括为"三控一体"模式,"三控"为源控(近源凹陷控制)、高控(古构造高点控制)、断控(气源断裂控制),"一体"为气藏富集呈现"岩相体"富集特征,利用"三相多属性"(单井岩相、测井相、地震相、地震多属性)分析技术,精细解剖火山机构与有利火山岩相预测,建立滴南凸起石炭系火山岩体的识别模式。在新的成藏模式指导下,相继发现石炭系滴西 175 井区玄武岩、滴 405 井区复合火山岩、滴西 323 井区复合火山岩、滴西 185 井区正长斑岩、滴西 188 井区二长玢岩等多个石炭系气藏,为克拉美丽气田天然气产能建设奠定了良好的储量基础。

2.3.2　开发简况

为加快天然气开发步伐,通过勘探开发一体化研究,2008 年 3 月在控制储量的基础上,完成《克拉美丽气田滴西 14、滴西 17、滴西 18 井区气藏开发概念设计》,当年完钻开发井 10 口,12 月中旬滴西 14、滴西 18 井区投入试采,建成天然气产能近 $170 \times 10^4 m^3/d$。

2010 年按"整体部署、分批实施、井间接替"的开发原则,编制完成《克拉美丽气田开发方案》,方案设计气藏采用直井+水平井组合开发方式,在滴西 14、滴西 18、滴西 17、滴西 10 四个井区共动用天然气地质储量 $547.52 \times 10^8 m^3$,设计总井数 54 口,其中建产井 36 口(直井 25 口,水平井 11 口),备用井 6 口,井间接替井 12 口(直井 6 口,水平井 6 口),年产气能力 $10.0 \times 10^8 m^3$,年产凝析油 $10.16 \times 10^4 t$,采气速度 1.83%,稳产年限 7.6 年,稳产期采出程度 13.88%;20 年预测期累产气 $155.3 \times 10^8 m^3$,累产凝析油 $141.02 \times 10^4 t$,采出程度 28.36%;评价期末(含试采阶段已采出)累产气 $167.47 \times 10^8 m^3$,累产凝析油 $152.49 \times 10^4 t$,采出程度 30.59%。

气田自 2010 年规模开发以来,由于建产井数不断增加,气田处于持续上产阶段,截至 2013 年底,气田建产井 62 口,累积建产能 $14.37 \times 10^8 m^3$。气田实施井数达到方案设计,初步实现气田规模开发,但开发指标与方案设计存在差距,日产气水平仅为设计的 61.5%,日产水是设计的 2 倍,水气比是设计的 3.9 倍。气田稳产能力差,初期递减快,气藏产能年递减率达 28%,其中 Ⅰ 类井初期产能年递减率为 19.8%,Ⅱ 类井初期产能年递减率为 27.3%,Ⅲ 类井初期产能年递减率达 42.9%,每年新建产能只有弥补产能递减。

在石炭系探明区整体开发动用的同时,2011 年以来,开展气藏评价开发一体化,相继发现了滴西 176、滴 405、滴西 323、滴西 185 等井区石炭系火山岩气藏及滴西 178 井区二叠系梧桐沟组砂岩气藏。

2013 年针对气藏开发中暴露出的储层非均质性强、储量动用程度低、部分区域产水严重等问题,在火山岩气藏内幕精细描述及储层分类表征、气水识别及治水对策、剩余气描述及有效动用、火山岩气藏滚动评价等技术攻关和现场试验的基础上,形成有水改造型复杂火山岩气藏综合开发调整关键技术系列,调整方案设计克拉美丽气田年产气规

模 $9.0\times10^8m^3$，稳产 9 年。其中已探明的滴西 14、滴西 17、滴西 18 井区按照"新井井间接替、集中增压"的开发调整模式，采用直井+水平井+侧钻井部署方式，设计总井数 66 口，其中利用老井 52 口，加密新井 14 口（直井 8 口、水平井 6 口），作业措施工作量 75 井次（其中老井侧钻 3 井次、补层 7 井次，排水采气 17 井次，增压开采 48 井次），动用天然气地质储量 $416.98\times10^8m^3$，新建产能 $2.78\times10^8m^3$，老井措施恢复产能 $2.0\times10^8m^3$，总体形成年产气能力 $7.0\times10^8m^3$，年产凝析油能力 5.8×10^4t，采气速度 1.68%，稳产 6 年；稳产期末累产气 $70.26\times10^8m^3$，累产凝析油 61.46×10^4t，天然气采出程度 16.85%；20 年预测期（包括已采出）累产气 $125.18\times10^8m^3$，累产凝析油 105.98×10^4t，预测期末天然气采出程度 30.02%。外围滴西 178、滴西 185 井区等滚动区块采用"整体规划、分批实施、后期集中增压"开发模式，初步设计总井数 40 口，其中利用老井 8 口（含 3 口侧钻井），新部署评价井 8 口、开发井 24 口（直井 9 口、水平井 15 口），方案设计动用天然气地质储量 $165.0\times10^8m^3$，累计新建产能 $4.12\times10^8m^3$，恢复产能 $0.6\times10^8m^3$，峰值年产气能力 $4.0\times10^8m^3$，年产凝析油 2.55×10^4t，采气速度 2.42%，稳产 2 年。

气田 2013 年以来，石炭系探明区已开发气藏通过加密调整、侧钻补层及排液采气等措施，日产气稳定在 $180\times10^4m^3$；外围扩边区块通过滚动建产，日产气快速上升至 $170\times10^4m^3$，气田日产气达到 $350\times10^4m^3$。2016 年底形成 $10\times10^8m^3$ 生产能力，当年产气 $10.35\times10^8m^3$。

2010 年考虑火山岩气藏气井产量差异大、递减快、稳产能力差的特点，对气田采收率进行重新标定。综合考虑各气藏裂缝、底水活跃程度及生产特征，在废弃压力的约束下，标定克拉美丽气田滴西 18 井区火山岩气藏天然气采收率为 60%，其余井区采收率为 40%。参考凝析油含量及天然气采收率，滴西 14、滴西 18 井区凝析油采收率取 25%；滴西 17、滴西 10 井区凝析油采收率取 28%。

根据采收率标定结果，对天然气技术可采储量和凝析油气技术可采储量进行标定。2010 年以前动用地质储量采收率沿用已上报的结果，2010 年及以后动用地质储量、未开发储量采收率采用标定结果，克拉美丽气田已探明石炭系气藏累积动用天然气地质储量 $715.94\times10^8m^3$，技术可采储量 $388.16\times10^8m^3$。结合标定采收率和动用储量，综合确定各井区天然气技术可采储量。

克拉美丽气田动用天然气地质储量 $726.82\times10^8m^3$，截至 2018 年 12 月底，共投产采气井 119 口，开井 60 口，日产气 $291.68\times10^4m^3$，日产油 251.06t，日产水 $256.81m^3$，累产气 $76.83\times10^8m^3$，动用天然气地质储量采出程度 10.57%，气田具备 $10\times10^8m^3/a$ 生产能力。

2.4 克拉美丽气田火山岩气藏在开发方面的难点

1. 储层岩性岩相变化快，储层刻画难度大

克拉美丽气田石炭系为火山多期喷发、多期改造复合岩体，火山岩地层形成模式多样，岩体规模差异大、接触关系复杂，发育 5 种岩相、16 种亚相和上百种岩性，且即使

相同的岩性由于改造程度不同，含气性也存在较大差异。虽然利用三维地震资料进行火山岩体刻画，利用测井资料对单井钻遇储层进行解释，但对于大量井间储层的空间非均质性变化难以准确描述，岩体内幕有利储层预测难度大。

2. 储量控制程度低，气井稳产能力差

克拉美丽气田投产 4 年后，气井动态控制储量仅占动用储量的 14.7%，有 17 口气井因井停产，停关井数占投产井的 37.7%。火山岩气藏单套储层发育规模较小、低孔低渗、井间连通性差，直井分层开发动用范围小，平均井控储量只有 $2.98 \times 10^8 m^3$，仅为水平井的 45.8%，直井稳产能力明显较差，停关井中直井比例达到 89.5%。

3. 储量分布不清，缺少有效的储量动用方式

因储层非均质性较强且裂缝发育特征复杂，井间储量动用不充分，实际已动用范围难以确定，仅基于已有井点的储层预测和常规动态分析方法都难以准确描述剩余未动用储层分布特征，区域优势剩余储量富集区不落实，难以制定相应的挖潜动用对策，无法实现剩余储量的有效动用。

4. 气井生产压力低，低效井动用程度低

受火山岩体范围大小影响，火山岩气藏内的气井生产压力低，井间产量生产差异大，因为气井生产压力低，部分井动用程度低。

5. 气藏易出水，治理难度大

火山岩气藏因储层非均质性影响，孔渗性好的方向易出水，治理起来难度非常大，要先摸清出水的原因，然后再针对性治理。

第 3 章

准噶尔盆地火山岩气藏滚动勘探
开发建产思路、方法及对策

3.1 准噶尔盆地火山岩气藏滚动勘探开发建产思路

应用精细三维地震资料,结合实际钻井、测井、录井资料,对岩相、岩体和岩性的刻画应做到井震特征明显,模式清楚,岩性识别准确,始终坚持用实际井资料进行约束和验证。充分应用实际生产动态资料和常规试井、数值试井及数值模拟技术综合进行储量分布研究,真正做到用实际生产动态资料对静态研究成果进行检验和完善,始终坚持动态与静态完整结合,避免动态和静态相互独立的现象。充分评价和比选各种提高储量动用的技术方案,结合准噶尔盆地火山岩气藏的特殊复杂性,坚持对成熟技术的优化集成创新和应用,坚持自主创新应用,做到关键技术集成高效,现场应用效果显著。针对火山岩气藏开发中暴露的储层刻画难度大、储量动用程度低、剩余储量分布不清及动用方式难以确定等制约储量动用的难点,依托丰富的动静态资料,利用测井、地震、概率分析等技术识别火山岩体岩性;在岩性认识的基础上,建立分岩性孔渗地质模型,结合试井分析、压力拟合等气藏工程分析技术精细描述储层,落实优势岩体岩性剩余气富集区;利用开发区建立的有利火山岩体地震地质模式,落实气藏滚动开发扩边目标和潜力;通过各类提高储量动用技术的分析评价,优选老井侧钻、缝网压裂技术和滚动开发扩边钻井,实现火山岩气藏开发区剩余储量和未动用潜力区的高效动用。

3.2 准噶尔盆地火山岩气藏滚动勘探开发面临的挑战

随着滚动开发建产工作的不断推进,火山岩气藏资源品质下降的客观趋势会越发突出,低孔低渗低丰度的"三低"气藏会逐渐成为日后工作的重点,面对更为复杂的地质情况,要实现气藏有效开发需解决以下问题和难点:

(1)气藏构造内幕不清楚,储层预测难度大。在气藏开发过程中,对地质特征的准确认识是实现合理高效开发的基础。由于石炭系地层埋藏均较深,且火山岩的成因具有多期喷发的特点,岩性变化大、非均质性强、内幕构造不清楚,仅利用常规地震剖面难以预测有利相带,制约着对气藏地质特征的精准认识。

(2)直井产能低,气井稳产困难。滴西 323—滴西 405 井区投产的 7 口直井无阻流量在 $3.9\times10^4\sim26.2\times10^4\mathrm{m}^3/\mathrm{d}$,平均单井无阻流量仅为相邻滴西 14 井区的 50%,产能整体偏低,单井井控储量在 $0.2\times10^8\sim1.7\times10^8\mathrm{m}^3$,平均单井井控储量仅有 $0.68\times10^8\mathrm{m}^3$,且试采一年后油压递减率在 33.3%~66.7%,压力递减快,气井稳产难度大,开发效果差。

3.3 准噶尔盆地火山岩气藏滚动勘探开发对策

3.3.1 厘定气藏成藏控制因素,划分有利区带

滴南凸起火山岩气藏成藏模式具体表述如下。

(1)源控(近源凹陷控制):滴南凸起南面紧邻滴水泉生油气凹陷、东面为五彩湾凹

陷，其下部有自生自储石炭系烃源岩，因此油气藏规模受近源凹陷控制，油气成藏期越邻近生烃凹陷的圈闭，相对成藏越有利。

（2）高控（古构造高点控制）：古隆起和古斜坡是天然气运移指向区和富集区，也是勘探寻找天然气藏的有利区。滴南凸起北构造带在近东西向展布的滴水泉北断裂和滴水泉西断裂夹持下，发育大型鼻状构造。该鼻状构造向西倾伏，向东抬升敞口。鼻状构造自石炭纪末以后一直缓慢抬升，白垩系沉积前，构造活动达到高峰，使已沉积的侏罗系头屯河组、西山窑组剥蚀殆尽，形成长期活动的古隆起。该古隆起紧邻生烃中心，是天然气运移的有利指向区。同时，其上发育的三级局部构造的形成时间均先于生烃和排烃期，圈闭在先，运移在后，完好的构造场所成为天然气积聚富集的有效"仓库"。

（3）断控（气源断裂控制）：断裂活动的时间和强度对天然气成藏具有重要影响。研究区主要经历3次大的构造运动，分别是海西期构造运动、印支期构造运动和燕山期构造运动，形成两种断裂体系，即海西—印支期压扭性断裂体系和燕山期张扭性断裂体系。压扭性断裂主要发育有控制本区构造格局的滴水泉北断裂、滴水泉西断裂、滴水泉南断裂3条主断裂，其断距较大，达200～400m。但滴水泉南、北断裂形成于石炭系，在三叠纪晚期已经停止活动，对油气的运移具有一定的阻挡作用，使得滴水泉南、北断裂附近油气显示较差。而滴水泉西断裂在侏罗系中晚期仍在活动，使得滴水泉西断裂及其附属断裂具有沟通油源的作用，油气沿滴水泉西断裂富集。

（4）"一体"：气藏富集呈现"岩相体"富集特征，是气藏成藏模式的核心，成藏的火山岩体不仅处于构造高点，而且邻近生烃凹陷并与油源断裂沟通，此类火山岩体是最为有利的"岩相体"富集带。

通过滴南凸起火山岩气藏成藏主控因素和成藏模式的研究，摸清了火山岩气藏的成藏规律，同时采用"三相多属性"（单井岩相、测井相、地震相、地震多属性）分析技术，精细解剖火山机构与有利火山岩相预测，按此模式识别了一系列火山岩岩性圈闭带。

3.3.2 精细气藏评价，锁定有利目标

由于火山喷发的阶段性和规模的差异性，必然产生岩性的多样性和堆积结构的复杂多变性，其物性必然差异明显，会产生较强的反射振幅。因此，火山岩内部强振幅反射是其共同的特征。钻井揭示不同，岩性的测井响应特征也不尽相同，并且同一口井的火山岩速度差异明显，而不同井的火山岩速度也不相同。通常情况下，由于火山岩与围岩以及火山岩内部速度差异较大，不同火山岩在地震剖面上响应特征不同，反射振幅差异也较大。通过综合研究，以单井岩相分析为基础，以火山机构关键岩性为指标进行火山机构恢复，同时结合测井响应特征进行测井相与地震相的综合标定，建立典型的火山机构地质、测井相、地震相模式，为火山岩机构识别提供依据。采用对火山岩较敏感的振幅统计类属性、瞬时类属性、相关统计类属性、频（能）谱类属性等地震多属性，以突出以火山岩为目标的地震多属性处理结果，结合实钻井火山岩相划分标定地震属性，对火山机构岩性岩相分布进行预测，为利用地震多属性进行地震岩相分析提供依据，形成对火山机构空间展布进行识别及对岩相分布进行预测的"三相多属性"综合分析技术。

在建立单井岩相、测井相、地震相"三相"识别模式及关系的基础上，通过单井岩

相、测井相、地震相建立分类识别标准，利用地震多属性，结合钻井的岩相分析，建立石炭系优势相平面图；结合已探明气藏解剖、火山喷发机制及平面优势相带，识别各种火山岩相，最终形成火山岩体目标"三相多属性"综合识别技术，对火山岩体目标分布进行预测。

第 4 章

准噶尔盆地火山岩气藏滚动勘探
开发关键技术

4.1 三维地震资料采集、处理及构造解释技术

针对火山岩油气藏块状、横向非均质性强、高频吸收明显等特点，以及常规地震资料基底信噪比低，地震反射波成像假象多，地质解释存在多解性等难题，在采集上有研究可控震源的低频信号设计技术，在开发上有针对低频采集数据的浅层反射波静校正技术。在常规精细处理的基础上，创新研发或应用面向火山岩的 VSP 低频加权补偿处理技术、火山岩内部基底模拟消除伴随相位处理技术、VSP 井震结合多次波识别与压制技术、基底顶界面振幅畸变估算与补偿等技术，提高利用地震资料识别火山岩体的能力，准确刻画火山岩体边界，使地震相与井上岩相一致，在很大程度上改善和提高火山岩底层端地震资料的品质，为火山岩油气藏勘探与评价奠定了坚实的基础。

4.1.1 沙漠区浅层反射波静校正技术

在陆地反射波地震勘探资料处理中，静校正是一项十分关键的基础性工作，一直受到地球物理学者的极大重视。按照所能解决的静校正问题类型，静校正方法可分为基准面静校正和剩余静校正两类。基准面静校正需要反演得到近地表的低降速层速度厚度模型，然后按照给定的基准面消除低降速层的速度和厚度引起的旅行时异常。基准面静校正是实际生产中的基本方法，是解决静校正问题最主要的工具。剩余静校正不需要反演得到近地表的低降速层速度厚度模型，而是研究地震道各道间的波形关系，并试图将反射波同相轴在道集内光滑或对齐。剩余静校正方法主要用来消除短波长静校正问题，是基准面静校正的辅助手段。

按照所使用的资料和采用的方法，基准面静校正可分为模型法、沙丘曲线法和基于反射波记录上的折射初至波时间的折射波法。模型法综合利用地质露头、野外测量得到的高程数据、小折射数据、微测井数据，分析得到近地表的速度厚度模型，然后根据模型计算静校正量。模型法是早期的静校正方法，受到数据源控制点密度和精度的影响，在近地表结构变化剧烈时很难得到准确的静校正量值。沙丘曲线法综合利用野外测量得到的高程数据、微测井数据、小折射数据等，分析得到低、降速层信息，然后据此制作沙丘曲线量板并计算静校正量。在近地表结构变化剧烈时，沙丘曲线法也存在静校正精度不够的问题。随着计算机科学技术的发展，有了容量更大、速度更快的计算机后，地球物理学者提出了基于反射波记录上折射初至波时间的折射波法静校正和层析法静校正，这类方法由于成本低、效果好，一出现就成为地球物理学者研究与关注的焦点，并在实际生产中发挥了巨大的作用。当前生产上常用的折射波静校正法主要有加减法（ABC 法）、扩展广义互换法（EGRM 法）、广义线性反演法（GLI 法）、斜率截距法等。层析法静校正由于考虑了实际介质中速度的纵向与横向变化，反演得到的近地表模型比较精细，得到业界的广泛关注，被认为是解决复杂区近地表静校正问题的发展方向之一。

折射波法静校正和层析法静校正的基础是拾取反射波记录上的折射初至波时间。当反射波记录上的折射初至波连续、信噪比较高时，拾取折射初至波时间比较容易开展，

折射波法和层析法静校正能够顺利实现，但是随着可控震源高效采集技术的推广，地震采集的数据量急剧增加，反射波记录上的折射初至波信噪比极低，拾取折射初至波时间近乎难以开展，折射波法和层析法静校正失去了应用的基础。

在沙漠区，低降速带厚度大，横向变化剧烈，当采用可控震源高效采集后折射初至波不清晰难以拾取，常规的基准面静校正法在解决这类地区的静校正问题时遇到了巨大挑战。图 4.1 是巨厚沙漠区相同位置可控震源高效与常规井炮激发采集的反射波记录上的折射初至波对比，很明显可控震源高效采集的折射初至波信噪比和连续性明显比常规井炮的差。

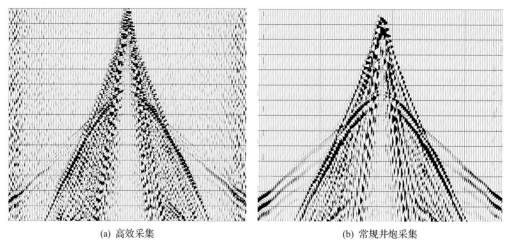

(a) 高效采集　　　　　　　　　　　　　　　　(b) 常规井炮采集

图 4.1　相同位置可控震源高效与常规井炮激发采集的反射波记录上的折射初至波对比

从图 4.1 可以看出，尽管可控震源高效采集的折射初至波时间无法拾取，但是由于低降速层厚度大，底界面形成了一个明显的反射界面。该技术结合巨厚沙漠区的低降速层厚度大和其底界面为一强反射波的特点，提出了基于浅层反射的垂直旅行时分离法和非水平地表叠加法静校正，可解决巨厚沙漠区可控震源高效采集静校正遇到的问题。

1. 基于高程差和反射波旅行时差的炮检点的旅行时分离静校正方法

基于高程差和反射波旅行时差的炮检点的旅行时分离静校正方法的核心是利用浅层反射波旅行时分离出炮点和检波点的垂直旅行时。这需要一个前提条件，就是在近炮点很小范围内的几道浅层反射波是来自同一个水平界面的反射。由于近地表低降速层局部变化非常小，这个条件在实际中很容易满足，在一个共炮点道集的很小炮检距范围内，不同道的浅层反射波的传播速度和底界面高程可以看做是相同的，这样就可以实现浅层反射波的炮检点的垂直旅行时分离。

进行炮检点的垂直旅行时分离前必须在炮集中拾取浅层反射波旅行时，并且进行炮检距校正。为此建立了以下技术流程(图 4.2)，在单炮上拾取的浅层反射波旅行时为含有炮检距的双程旅行时，必须对其进行相关的校正，包括井深、相位、炮检距等，再将校正后的旅行时分离为炮点和检波点的单程旅行时。

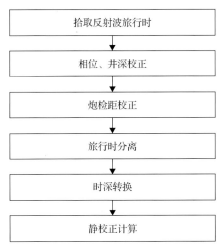

图 4.2　反射波旅行时分离流程图

1）拾取的浅层反射波旅行时校正到零炮检距

反射波旅行时距曲线方程式：

$$t = \sqrt{x^2 + 4h^2} / v \qquad (4.1)$$

式中，t 为反射波旅行时；x 为炮检距；h 为反射层厚度；v 为反射界面以上平均速度。将式（4.1）变换为式（4.2）：

$$2h/v = \sqrt{t^2 - x^2/v^2} \qquad (4.2)$$

式中，$2h/v$ 为校正到零炮检距的双程旅行时，记作 t_0，得到式（4.3）：

$$t_0 = \sqrt{t^2 - x^2/v^2} \qquad (4.3)$$

式中，t、x 均为已知量；v 为未知量。

v 的求取方法如下所述。

利用多次迭代从沙丘曲线中提取用于炮检距校正所需的平均速度 v。沙丘曲线是反映沙漠区沙层厚度与旅行时的关系曲线，一般表示为 $H=H(t)$，也可表示表层平均速度与旅行时的关系 $v=v(t)$，迭代过程如下。

（1）$v_0 = v(t_i/2)$；

（2）$t_0 = \sqrt{t_i^2 - x^2/v_0^2}$；

（3）$t_i = t_0$。

将（1）计算的 v_0 代入（2）计算出 t_0，用（3）按新计算的 t_0 从沙丘曲线中提取 v_0，重复步骤（2）和（3），当两次计算的 t_0 之差小于 1ms 时，即得到零炮检距的双程旅行时 t_0。

2）双程旅行时分离成炮点和检波点的单程旅行时

分离步骤如下所述。

(1)首先用式(4.4)将旅行时平均分离到炮点和检波点：

$$\overline{T}_R = \overline{T}_s = \sum_{i=1}^{n} t_{0i} / n / 2 \tag{4.4}$$

式中，$\overline{T}_R$ 为分离到接收点的平均旅行时；$\overline{T}_s$ 为分离到炮点的平均旅行时；t_{0i} 为每个检波点校正到零炮检距的旅行时；n 为每一炮计算所用道数。

(2)用式(4.5)和式(4.6)按炮统计每炮各个接收点高程与每炮接收点平均高程的差，用式(4.7)和式(4.8)计算各道校正后旅行时与该炮所有道平均旅行时的差：

$$\overline{Z}_R = \sum_{i=1}^{n} Z_{Ri} / n / 2 \tag{4.5}$$

$$\Delta t_{0i} = t_{0i} - \overline{T} \tag{4.6}$$

$$\overline{T} = \sum_{i=1}^{n} t_{0i} / n / 2 \tag{4.7}$$

$$\Delta Z_{Ri} = Z_{Ri} - \overline{Z}_R \tag{4.8}$$

式中，$\overline{Z}_R$ 为一炮所用到检波点的平均高程；Z_{Ri} 为每个检波点的高程；$\overline{T}$ 为一炮所用检波点的平均旅行时；t_{0i} 为每个检波点校正到零炮检距的旅行时；n 为每一炮计算所用道数；Δt_{0i} 为一炮中每个检波点零炮检距的旅行时与平均旅行时的差；ΔZ_{Ri} 为一炮中每个检波点高程与平均高程的差。

(3)使用最小二乘法对 Δt_{0i}、ΔZ_{Ri} 进行线性拟合，得

$$\Delta T = k(\Delta Z) + b \tag{4.9}$$

(4)以炮为单位计算所有物理点高程与平均高程的差：

$$\overline{Z} = \left(\sum_{i=1}^{n} Z_{Ri} + Z_s \times n \right) \Big/ n / 2 \tag{4.10}$$

$$\Delta Z_{Ri} = Z_{Ri} - \overline{Z} \tag{4.11}$$

$$\Delta Z_s = Z_s - \overline{Z} \tag{4.12}$$

式中，$\overline{Z}$ 为一炮所有炮点和检波点的平均高程；Z_{Ri} 为每个检波点的高程；Z_s 为炮点的高程；n 为每一炮计算所用道数；ΔZ_{Ri} 为一炮中每个检波点高程与平均高程的差；ΔZ_s 为炮点高程与平均高程的差。

(5)将 ΔZ_{Ri} 和 ΔZ_s 分别代入式(4.9)得到 ΔT_{Ri} 和 Δt_s。

(6)合并第(1)步和第(5)步的旅行时得到每个物理点的最终旅行时。

接收点最终单程旅行时：$T_{Ri} = \overline{T}_{Ri} + \Delta Z_{Ri}$；

炮点最终单程旅行时：$T_s = \overline{T}_s + \Delta Z_s$。

(7)将接收点和炮点的最终旅行时代入沙丘曲线 $H = H(t)$，计算低降速带厚度。

完成了本方法核心算法的程序编写。本程序使用 VC++6.0 编写，程序主界面见图 4.3。

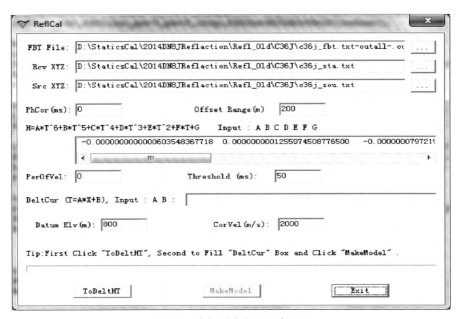

图 4.3　旅行时分离法程序界面

该程序需要输入浅层反射波旅行时、炮检点坐标、沙丘曲线，输出物理点与平均高程的差、旅行时与平均旅行时的差，供拟合使用，输入拟合曲线后完成表层模型计算，最终输出全部物理点的模型及静校正量。

2. 基于非水平地表叠加静校正方法

在常规叠加处理中，首先要进行静校正处理，而反射波叠加本身就是为求取静校正量，因此常规处理针对反射波的叠加效果并不理想。该技术针对该问题推导了基于非水平地表的时距曲线方程，可直接对非水平地表地震资料进行叠加。

1)非水平地表的时距曲线

假定激发点 S 和接收点 R 位于非水平地表，而激发点 S' 和接收点 R' 位于水平地表(图 4.4)。对于水平地表来说，反射地震波的旅行时为

$$t' = \frac{1}{v}\left(\sqrt{h_S'^2 + x_S'^2} + \sqrt{h_R'^2 + x_R'^2}\right) \tag{4.13}$$

式中，v 为地震波的传播速度；h_S' 为水平地表炮点位置的界面深度；x_S' 为水平地表共中心点到炮点的距离；h_R' 为水平地表检波点位置的界面深度；x_R' 为水平地表共中心点到检波点的距离。非水平地表反射波的旅行时为

$$t = \frac{1}{v}\left(\sqrt{h_S^2 + x_S^2} + \sqrt{h_R^2 + x_R^2}\right) \tag{4.14}$$

式中，h_S 为非水平地表炮点位置的界面深度；x_S 为非水平地表共中心点到炮点的水平距离；h_R 为非水平地表检波点位置的界面深度；x_R 为非水平地表共中心点到检波点的水平距离。

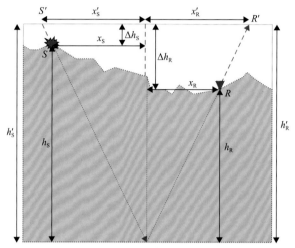

图 4.4　非水平与水平地表激发接收时的地震波路径示意图

又因为 $h_S' = h_R'$，根据图 4.4 中的三角关系，对比式(4.13)和式(4.14)可得

$$t = \left(1 - \frac{\Delta h_S + \Delta h_R}{2h_S'}\right)t' \tag{4.15}$$

式中，$\Delta h_S = h_S' - h_S$；$\Delta h_R = h_R' - h_R$。令 $\Delta \bar{h} = \dfrac{\Delta h_S + \Delta h_R}{2}$，代入式(4.17)得非水平地表的时距曲线为

$$t = \frac{1}{v}\sqrt{4(h' - \Delta \bar{h})^2 + x^2} \tag{4.16}$$

式中，$h' = h_S' - h_R'$。

2) 非水平地表的动校正叠加

假定相对某一水平面来说底界面的深度为 h'，则该界面的 $t_0 = \dfrac{2h'}{v}$，NMO 时差 Δt_i 为

$$\Delta t_i = \frac{1}{v}\sqrt{4(h' - \Delta \bar{h})^2 + x^2} - \frac{2h'}{v} \tag{4.17}$$

对于用于静校正的浅层反射波来说，只需要将底界面的反射波进行动校正叠加即可，这相当于对一个地震道做一个时移。假定叠加道集中的第 i 道地震记录为 $r_i(t)$，它的频

率域记录为 $R_i(\omega)$，根据时移定理，动校正后的频率域记录为 $\hat{R}_i(\omega)$：

$$\hat{R}_i(\omega) = R_i(\omega)\mathrm{e}^{-\mathrm{j}\omega\Delta t_i} \tag{4.18}$$

对式(4.7)进行反傅里叶变化，然后将所有的道按相同时间叠加就得到非水平地表的底界面反射波叠加记录 $S(t)$，即

$$S(t) = \sum_{i=1}^{N} F^{-1}[R_i(\omega)\mathrm{e}^{-\mathrm{j}\omega\Delta t_i}] \tag{4.19}$$

式中，$F^{-1}(\ )$ 为傅里叶反变换。用式(4.6)对所有道集进行叠加就得到近地表底界面的反射波叠加剖面。

3) 非水平地表叠加剖面的实现

根据以上公式，完成非水平地表叠加法核心算法程序的编写。该程序使用 MATLAB 进行编写，程序主要模块和参数见图 4.5，程序使用加载观测系统后的共中心点道集数据。程序可以按主测线地震解释剖面(Inline)和联络线地震解释剖面(Xline)选择不同间距进行速度分析；针对反射波叠加剖面进行去噪以提高反射旅行时的可拾取性。其中速度分析数据生成、叠加及去噪可以并行计算。

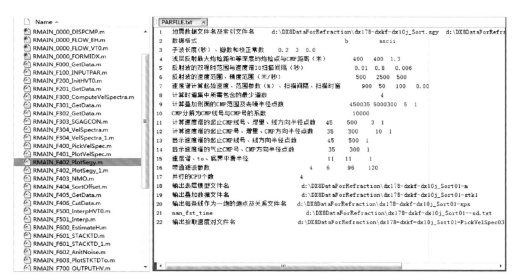

图 4.5　非水平地表叠加程序主要模块及参数表

程序可以实现自动扫描拾取速度，也可以生成速度谱供手工拾取。在反射波速度稳定且信噪比较高的地区可以直接使用自动获取的速度，而在信噪比较低地区或速度变化较大地区可以手工拾取速度以提高叠加剖面精度。速度谱及动校前后道集见图 4.6。

非水平地表叠加法在滴西 178 井区三维和滴南 8 井区三维进行了试用。见到了良好效果。

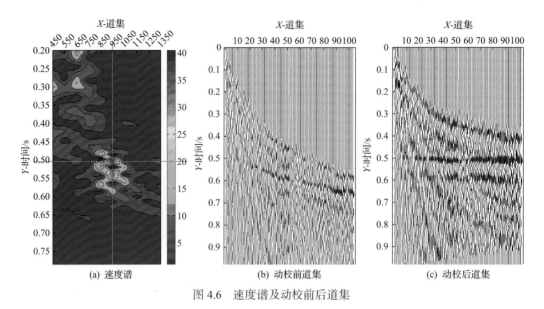

图 4.6　速度谱及动校前后道集

4.1.2　VSP 井震结合多次波识别与压制技术

1. 多次波产生机理

多次波是指地下同一个反射界面多次反射形成的地震波，是地震勘探中一类常见而对有效信号影响比较严重的干扰波，它的存在会使地震成果的保真度和分辨率降低，进一步影响地震解释的可靠性。多次波主要分为自由界面多次波和层间多次波（图 4.7），自由界面多次波包含全程多次波和短程多次波，层间多次波一般指微屈多次波。自由界面多次波目前的处理技术相当成熟，从开始的基于速度差异变化转化到不同域进行处理，到目前基于波动方程的多次波压制方法，可较少依赖速度和地质信息，应用效果较理想，已经成为地震处理的常规环节和主要方法；而层间多次波对地震信号的影响更加严重且

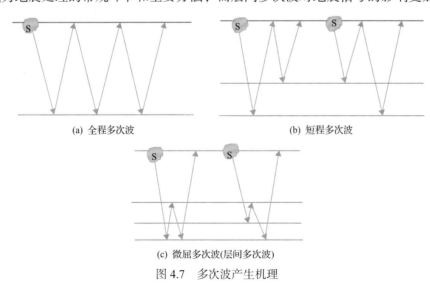

图 4.7　多次波产生机理

更加隐蔽，对储层识别产生不可忽视的影响，它的存在会使地质目标体的反射波形发生畸变，影响偏移成像质量，进而影响地震属性提取、反演、油气检测的可靠性。随着地震勘探的不断深入，对火山岩体识别和内部储层的非均质性表征要求地震资料品质越来越高，因此层间多次波的识别和压制问题必须得到解决。

2. VSP 数据波场特征

进行垂直地震剖面测量时，通常将震源布置在地面或地表附近，并在井中按一定间距放置检波器。地面震源偏离井口的水平距离称为偏移距或井源距，为了适应各种不同的 VSP 采集任务，衍生出了各种不同的观测方法。通常按震源、检波器和井三者的空间位置组合关系可分为零井源距 VSP、非零井源距 VSP、Walkaway-VSP（是一种炮点沿着一条或多条过井的直线激发变偏 VSP 勘探方法）、Walkaround-VSP（是一种炮点在井周围等井源距、等炮检距的一种观测方法）和 3D-VSP 观测系统等。

VSP 观测时检波器在井中不同深度接收，这为波场赋予了深度域信息，尤其是在井筒周围，反射波的深度和对应的地质层位可以准确标定，地层信息更易于估计，这也是地面地震所不具备的。采用井中观测可以避免或减少地面上的干扰，对于 VSP 特有的井筒波、套管波和电缆波等干扰波场可以通过比较简单的方法进行有效压制；与 VSP 方法相比，地面地震测量所受干扰因素较多，地面的各种面波、散射波和人文噪声很难避免。所以，VSP 方法更易于记录和识别各种地震波场。在 VSP 观测时井下三分量检波器可放置在被测地层界面之上、附近或其中间，因此检波器可直接记录由震源产生而传播到所研究对象的介质内部的体波，既可以记录到来自观测点下方的上行波（如反射波），又可以记录到来自观测点上方的下行波（如直达波），当井源距增大时，还可以记录到丰富的上、下行转换波（图 4.8）。而常规勘探由于检波器置于地表，只能间接接收由震源产生而又返回地表的双程地震反射波，即只能记录到上行波，而无法记录到下行波。因此在垂直地震剖面上，波的信息更为丰富。VSP 的波场可以分为纵波、横波两大类：纵波主要

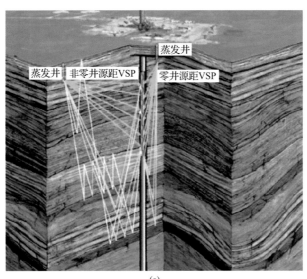

(a)

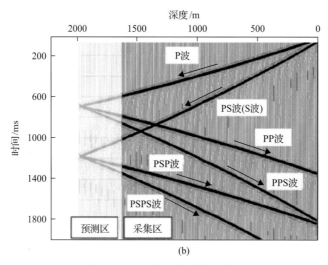

图 4.8　VSP 剖面中的波场类型

包括下行纵波（P 波）和上行纵波（PP 波），少数剖面中可见横波的上行转换纵波（PSP 波）；横波主要包括下行横波（S 波）、下行转换横波（PS 波）、上行转换横波（PPS 波）和上行反射横波（SS 波、PSPS 波）等。在图 4.8 的模型数据中可以直观看到这些波场的特征。除此之外，上述各种波场又有各自的多次波信息，所有这些波场均有各自的应用价值。

　　VSP 观测到的多次波可分为下行多次波和上行多次波，与下行初至波相平行的波场为下行多次波，其旅行时随观测点深度增加而增大，其同相轴具有正视速度，图 4.9（a）可以看到清晰的下行多次波，其振幅略低于一次直达波。反之，与上行反射波（或转换波等）相平行的波场为上行多次波。VSP 记录还可以有效识别层间多次波，图 4.9（b）显示深度 4000m 以下两套煤层间发育较强层间多次波。

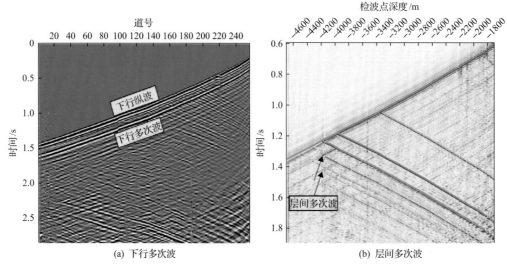

图 4.9　下行多次波及层间多次波

与地面地震相比，VSP 剖面具有反射振幅强、信噪比高、初至波清晰、波场信息丰富等特点。其原因在于：VSP 采集方式是将检波器放在井中，采用地面激发、井中接收的方式。因此 VSP 数据同时而准确地记录了深度和时间，进而可确定准确的时深关系。从原始 Z 分量上看，下行波沿着井口向下传播，当遇到强地层界面时，产生了上行波和上行转换波及下行转换波。波的传播路径是清晰可见的，并且波场信息比较丰富。VSP 是贴近地层进行观测的，是地层真实的反射，因此 VSP 反射信息是保真的。基于 VSP 波场全程可追踪的特点，对于分析地层的全程、层间多次波是非意有益的。

反褶积处理是压制 VSP 多次波的主要方法，通常下行波反褶积算子在抛物线的拉东变换(Radon transform)旋转后的 P 分量分离的下行纵波上求取，然后应用到全波场记录，近年来也有学者提出了 VSP 上行波反褶积压制层间多次波的方法并取得了较好的效果。下行波反褶积的具体处理方法为：从 P 分量分离的下行纵波上统计一个下行子波作为输入，选择频率一致的零相位里克子波作为期望输出，建立特普利茨(Toeplitz)方程组，并解这个线性方程组，就得到了反褶积因子，与原始记录褶积就完成了反褶积处理；对不同炮点分别统计输入子波，给出相同的期望输出子波，这样客观上也就消除了炮点的子波不一致性。图 4.10 为反褶积前后波场记录，可见，反褶积前存在明显的多次波影响，下行波初至有两个强相位，反褶积后多次波得到很好的压制，上行波信噪比和分辨率得到明显提高。

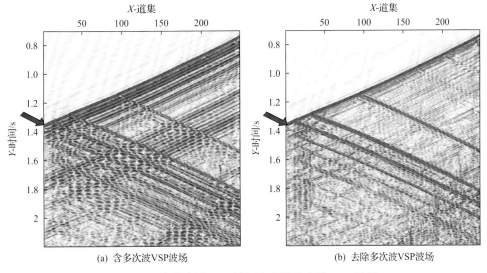

图 4.10 含多次波 VSP 波场和去除多次波 VSP 波场

3. 井震结合压制多次波

多次波压制方法通常分为两大类：一类是基于信号分析处理的滤波方法，如 τ-p 变换、F-K 变换和预测反褶积等；另一类是基于波动方程的预测减去法，如波场外推法、逆散射级数方法等。第一类方法由于考虑多次波和一次波速度差异性，相似的动校正速度减弱了在 τ-p 域变换的有效性，多次波和一次波具有相似的频率和振幅，减弱了预测滤波的有效性；多次波和一次波具有相似的斜率，减弱了 F-K 滤波的有效性。第二类方法利用多次波产生机理来进行预测和压制多次波，考虑了多次波的传播运动学和动力学特征，目前该方法还处于理论研究阶段，工业生产上还未看到可操作的流程方法。在第一类方法研究的基础上，本书首次创新使用 VSP 波场分离提取反褶积算子，并将其运用到地面地震资料处理中，约束多次波识别与压制。

1）方法原理

A. 两步法反褶积

传统的两步法反褶积的步骤是：第一步是在共激发点集上进行多道统计子波反褶积处理，以消除激发点对子波的影响；第二步是在共接收点(CRP)集上进行多道统计反褶积处理，以消除接收点上子波的差别。其假定条件为反射系数是白噪声，在最小平方准则下求解。

B. VSP 反褶积算子提取方法

首先利用 VSP 振幅补偿技术进行振幅恢复，其次利用波场分离技术将 VSP 数据中的下行波和上行波分离，将所得到的下行波数据沿初至波拉平、叠加，得到一个单道子波数据，该数据即为 VSP 反褶积算子 d。

C. 反褶积算子替换

传统的反褶积算子替换法主要是利用单一的 VSP 反褶积算子进行地面地震反褶积算子的匹配，而本书基于特殊设计并采集井地联合地震数据，在地面地震激发位置和接收位置均有 VSP 的激发点相对应，因此地面地震中第 i 炮位置总是存在 VSP 反褶积算子 d_i，同时第 j 道接收点位置也存在 VSP 反褶积算子 d_j。

2）模型试验

为了验证方法的可靠性，建立二维模型并对模型数据进行处理，试验内容包括模型建立、观测系统定义、地震数据正反演等。

A. 模型建立及观测系统定义

模型横坐标为–1000～1000m，纵坐标为 0～1500m，井位位于模型中部，如图 4.11 所示，模型共分为 4 层，自上而下速度依次为 1800m/s、2000m/s、2200m/s 和 2400m/s，模型分为左右两部分，左侧自上而下各层深度分别为 30m、60m、1000m 和 1500m，右侧各层自上而下深度分别为 50m、100m、1000m 和 1500m。浅部两层的左右两侧深度不同，在井附近采用了线性插值过渡。

图 4.12 为观测系统定义示意图。激发点置于地表–1000～1000m，激发点间隔 100m，共 201 个激发点。接收点分为两部分，地面部分与激发点位置完全重合，井下部分深度为 0～1500m，接收点间隔 100m，共 151 个接收点。A 点和 B 点为处理过程中的两个试验点。

B. 仅地面检波点接收的模型正反演

当不考虑井中接收点时，观测系统中仅为地面激发点和接收点，模型正演得到传统的地面地震数据，图 4.13 为井左侧 A 点对应的共接收点道集，其中白色虚线表示井所在的位置，图 4.14 为井右侧 B 点对应的共激发点道集，比较可知，在 0.9～1.2s 两个道集均观察到上行波的多次波，但多次波成分有明显的差异。

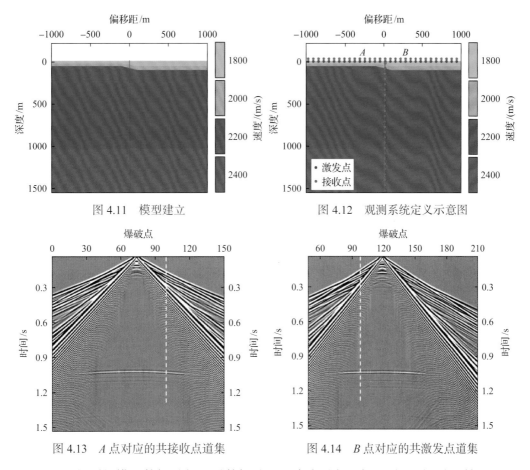

图 4.11 模型建立　　　　　　　　图 4.12 观测系统定义示意图

图 4.13 A 点对应的共接收点道集　　　　图 4.14 B 点对应的共激发点道集

基于所得到的模型数据进行地震数据处理，当未进行反褶积处理时，得到如图 4.15 所示的反演结果；当以传统的反褶积方法进行反演时，得到如图 4.16 所示的反演结果。对比可知，多次波得到了大幅度的压制，但仍有少量残余，尚不够彻底。

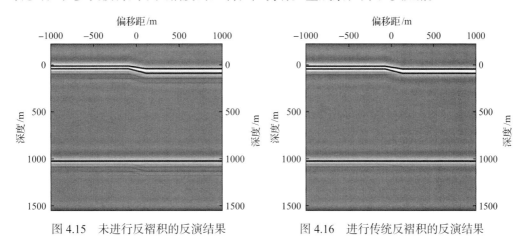

图 4.15 未进行反褶积的反演结果　　　　图 4.16 进行传统反褶积的反演结果

C. 利用 VSP 反褶积算子处理的模型正反演

当仅考虑井中接收点时，观测系统为地面激发点和井中接收点，模型正演得到 VSP 地震数据，图 4.17 为井左侧 A 点位置的 VSP 记录，图 4.18 为井右侧 B 点位置的 VSP 记录，两个记录中清晰可见 VSP 下行波及其多次波，亦可见上行波及其多次波，且两张记录中多次波存在明显差异。

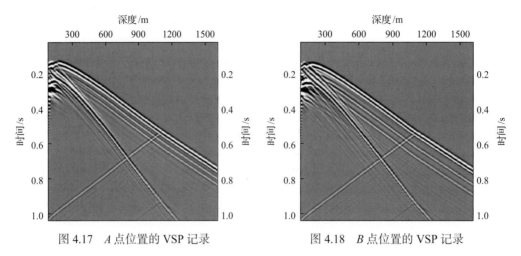

图 4.17　A 点位置的 VSP 记录　　　　图 4.18　B 点位置的 VSP 记录

对 VSP 数据进行振幅衰减补偿、波场分离等处理，分别得到 A 点和 B 点位置的下行波波场，如图 4.19 和图 4.20 所示。进而拉平数据，叠加得到反褶积算子，如图 4.21 所示，其中第 1 道算子为 A 点反褶积算子，第 2 道算子为 B 点反褶积算子。基于本书的两步法反褶积方法，将两个算子应用到地震处理过程中，得到如图 4.22 所示的最终反演结果，可见多次波压制彻底，确认达到最佳反褶积处理效果。

通过以上全面分析准噶尔盆地石炭系三维地震资料品质，以及对精细评价研究的适应性后，针对不同的问题采取不同的对策：对老三维地震资料采集参数不能满足精细勘探要求的，分年重新采集；对采集参数满足精细勘探要求但处理解释不满足的，进行老资料重新处理；对个别滚动勘探潜力不明朗的区域，仍然利用老资料进行构造精细解释并进一步详查其潜力，视情况再决定重新采集与否，全面夯实基础地质综合研究的基础。

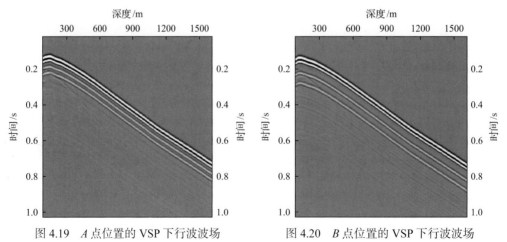

图 4.19　A 点位置的 VSP 下行波波场　　　　图 4.20　B 点位置的 VSP 下行波波场

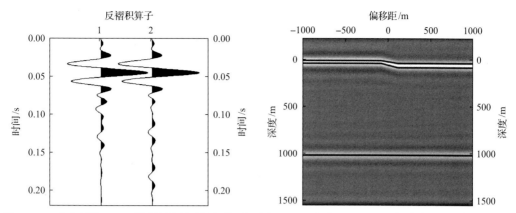

图4.21　A点位置的VSP下行波波场(反褶积算子)　图4.22　B点位置的VSP下行波波场(最终反演结果)

通常地震处理主要采用以下几种技术：

(1)地震数据匹配处理技术。采用匹配(互均衡)滤波处理技术,对地震子波进行一致性校正处理。

(2)连片统一静校正计算。主要有高程静校正和层析静校正两种方法。通过对两种校正量进行反复试验,对处理结果进行认真对比分析后,再决定该采取某一种方法或者两种方法相结合。

(3)振幅补偿处理。主要有区域振幅补偿、球面扩散补偿、地表一致性振幅补偿、剩余振幅补偿等。以上系列振幅补偿技术的试验和应用,使得全区地震资料的能量相对均衡,为后续处理和偏移成像打好基础。

碎屑岩勘探是新疆油田的重要研究领域之一,近年来油田对碎屑岩持续攻关,形成了一套针对碎屑岩处理的保幅保真井控叠前深度偏移处理技术,针对古生界的处理借鉴了以往碎屑岩保幅处理成熟技术流程。在处理过程中,采用"点、线、面、体"全方位质量监控体系,保证每个环节得到有效监控。在处理环节主要针对 GeoEast 系统叠前保幅去噪、一致性处理、深度偏移速度建模等特色技术模块进行实验分析。针对准噶尔盆地石炭系古生界地震资料处理主采用了以下几种方法。

a. 叠前保幅去噪技术

为了获得优质的偏移成像效果,高质量的叠前道集是关键,在准噶尔盆地石炭系地震资料叠前去噪总体上以"保真、保幅、保低频"为处理原则,充分发挥 GeoEast 系统特色去噪技术,采用去噪与补偿循环迭代的技术思路。工区原始资料信噪比低,各类干扰噪声十分发育,噪声能量强、范围广、频带宽,去噪过程遵循先强后弱、先易后难、先相干后随机的原则,采用分域、分频、多方法联合、多阶段的"六分法"去噪思路。异常振幅主要使用区域异常振幅压制、异常能量分频衰减等技术压制；分布范围很广的线性噪声主要使用 KL 变换线性噪声衰减和多道倾角滤波技术进行压制。

从工区资料分析中看出,原始单炮记录上的干扰波主要表现为面波、浅层多次折射及其他随机干扰。工区内干扰波较为发育,同时原始资料存在废道、野值等。为了最大限度地压制干扰波、提高信噪比,采用了两种对策：一是利用有效波与干扰波在振幅上的差异，作区域异常振幅衰减；二是利用有效波与干扰波在速度和频率上的差异，作 F-K 压制干扰。

图 4.23 是 Inline520 线叠前去噪前后初叠加及噪声的初叠加剖面，可见去噪后初叠加剖面上噪声得到了较好压制，有效波波形自然，噪声得到了很好的压制，信噪比明显提高。这表明去噪方法和使用参数合理有效。

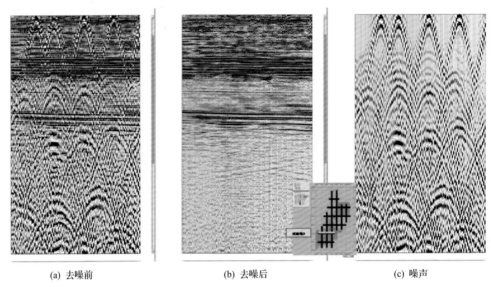

(a) 去噪前   (b) 去噪后   (c) 噪声

图 4.23   Inline520 线叠前去噪前后及噪声的初叠加剖面

图 4.24 是 Inline520 线叠前去噪前后信噪比对比平面图。

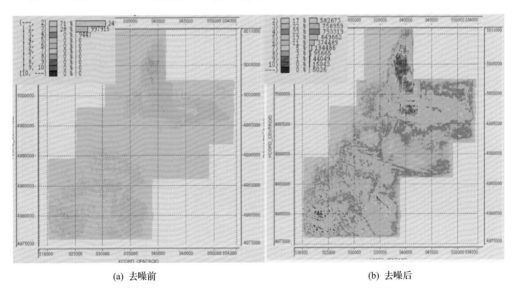

(a) 去噪前   (b) 去噪后

图 4.24   Inline520 线叠前去噪前后信噪比对比平面图

可见，通过去噪处理后资料信噪比得到较大程度提高。经过综合去噪处理，有效地衰减了各种规则干扰和区域异常噪声干扰，为提高分辨率处理提供了更好的保障。

b. 精细速度分析和叠加处理

由于采集年度不一致、观测方式差异大等，在统一应用了层析静校正之后，再通过多次分频剩余静校正迭代的方法，来解决区块间数据重叠部分的剩余时差问题，从而提高叠加的质量。由于资料品质不同，剩余静校正参数选择比较困难。在准噶尔盆地石炭系，可以采用速度分析与分频剩余静校正迭代方法，再根据资料的优势频带的变化，采用不同频宽的模型道，可以使求出的校正量较为准确，使资料有好的成像效果。

在处理时，先对炮点、检波点进行地表层析静校正应用。由于近地表速度在横向上的变化，炮点、检波点可能仍存在剩余静校正量。因此，在层析静校正的基础上，可在不同频带范围内进行多次剩余静校正，即第一次在预测反褶积之前，利用资料的低频部分做剩余静校正，解决比较大的剩余时差，而后分别在预测反褶积后再用资料的相对高频部分做剩余静校正，进一步解决剩余时差以提高静校正的精度，通过迭代处理方式逐步提高静校正的精度，保证资料同相叠加，使资料的信噪比和分辨率逐步提高。因此，通过采用三维地表一致性剩余静校正与速度分析的多次迭代，解决了全区资料的剩余静校正问题，从而提高了同相叠加的质量。

图 4.25 是剩余静校正量图，从图上可见，经过多轮剩余静校正迭代，剩余静校正量更加收敛。图 4.26 是 Inline770 线剩余静校正前后的叠加剖面。可见，剩余静校正处理后剖面成像清楚，连续性好。

c. 叠前时间偏移处理

由于资料中、深层速度变化大，地震数据叠后时间偏移处理无法准确描述其分布规律，利用叠前偏移技术可使复杂地质结构成像更加清晰、准确，解决复杂构造成像问题，提高成像精度。与叠后时间偏移相比，叠前时间偏移能更好地解决复杂绕射、断面的偏移成像问题。

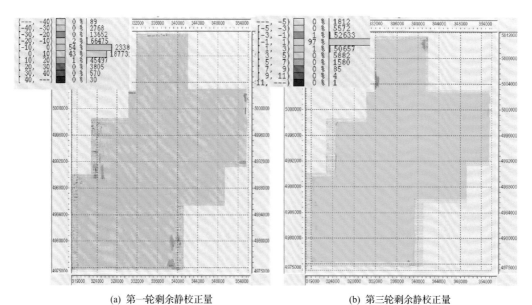

(a) 第一轮剩余静校正量　　　　　　　　　(b) 第三轮剩余静校正量

图 4.25　剩余静校正量图

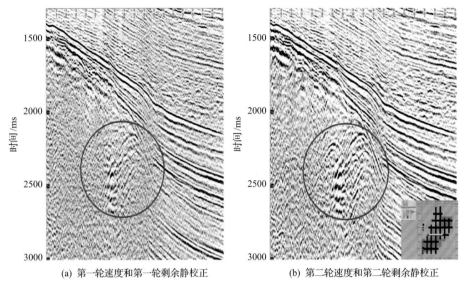

(a) 第一轮速度和第一轮剩余静校正　　　　(b) 第二轮速度和第二轮剩余静校正

图 4.26　第一轮和第二轮剩余静校正叠加剖面对比(Inline770 线)

偏移速度场是叠前时间偏移最关键的参数，偏移速度场是否合理直接决定偏移成果的好坏。建立合理的叠前时间偏移速度场步骤如下。

(1)选择一定密度的速度控制线、速度控制点，在叠后偏移剖面上沿层拾取层位，结合叠加速度场求速度，并将其平滑后作为初始速度场。

(2)第一轮叠前时间偏移处理：使用初始速度场进行目标线叠前时间偏移，结合剖面进行速度解释和质量控制。

(3)多轮叠前时间偏移处理：逐步加密速度谱控制线和速度控制点，重复第(2)步。最终速度控制点、线的密度达到 40 点×20 线。

(4)全数据体叠前时间偏移处理：输出共接收点数据体。

在速度场和叠前时间偏移处理迭代过程中，地质解释人员与处理人员紧密结合，共同完成速度场的建立。

图 4.27 是 Inline520 线最终叠前时间偏移剖面，综合分析可见，偏移的速度场合理，偏移的剖面效果好，断层、断点清楚。

4.1.3　基于等时格架的地震精细解释技术

1. 地层精细解释技术

准噶尔盆地石炭系火山岩多为杂乱反射，难以追踪，且与上覆地层均为不整合接触，同相轴错断严重，追踪难度大。如果遇到断层，地层上下盘对比的合理性、断距变化情况、波组特征的差异性都是层位解释的重点。为提高层位精度，高精度三维断层解释主要采取以下做法：①从井点出发追踪对比过井线、连井线，依据反射波的波组特征、层间沉积厚度和地震层序关系，保证全区层位的一致性。②选择资料品质好、波组特征清楚、断面显示清晰的剖面，优先对比，建立骨干剖面，逐渐外推闭合资料品质较差的剖

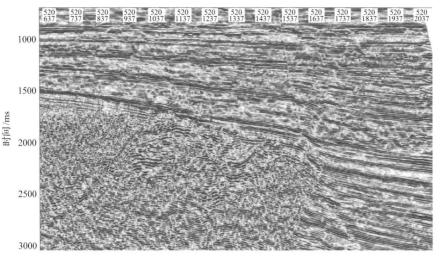

图 4.27 最终叠前时间偏移剖面(Inline520 线局部)

面。采用点、线结合进行全三维追踪对比,以达到精细解释的目的。利用主测线、联络线进行层位解释,应用连井线、任意线、环形线剖面与时间切片相结合验证解释结果,以确保解释层位闭合。③采用块体移动技术进行多线观察类比,保证对比层位统一。④采用放大监视窗口、自动追踪等功能,准确拾取地震反射波的最大峰值。

2. 断层精细解释技术

地震精细构造解释是准噶尔盆地石炭系地震资料解释中的关键环节,是贯穿于整个解释过程的一项工作,一般需要反复修改以趋于完善。在构造解释过程中,断层的解释、组合存在多解性,三维数据体能反映规则网格的真实反射特地震道的反射特征与其附近的地震道的反射特征存在差异时,反射特征波形的相似性发生变化,导致地震道征,即当某些在局部产生不连续性,表明在此区域可能存在断层。因此,通过检测相邻地震道的相似程度,可以判断、解释断层。利用三维相干数据体、曲率体识别断层及组合断层,可减少人为等其他因素的干扰,减少多解性,提高工作效率。

断层解释要遵循如下原则:发生相位错断、上下盘出现明显的地层产状变化、出现断面反射特征、断层上下盘波组一致性、正断层上升盘地层厚度必须小于等于下降盘地层厚度、断层延伸组合符合地质规律。有时在局部地区发生火成岩侵入等情况,干扰断层正常识别,要结合地质特征,井震结合,精细落实断层在解释剖面的断点位置,去伪存真,进行断层精细解释。断层解释是构造解释的关键,其精确性和合理性直接影响构造成果的精度。在解释过程中主要采用以下方法和措施。

(1)对相干数据体进行浏览,初步了解断层的展布规律。

(2)借助相干数据体技术、图分析技术判断和指导断层的解释。

(3)直接利用地震剖面进行大断层解释。

(4)综合实钻地层及油水关系的变化确定断层。

(5)分析地层倾角的变化确定小断层。

(6)多剖面连续观察解释小断层。

(7)采用大比例、变密度剖面解释小断层。

(8)利用相干水平切片、任意折线剖面、椅状显示剖面等反复验证。

(9)纯波与成果剖面联合使用解释断层。

例如，DC207 井区及车 43 井区间为西部小拐断裂，断层下盘石炭系终止点特征明显，上下盘地震波产状变化明显，断层向上至侏罗系西山窑组结束，断层解释可靠。断层的平面组合是构造解释的重要工作，通过相干分析指导断层合理组合。图 4.28 为车 43 井区石炭系顶面相干图断层叠合前后对比图，红色线为断层线，解释断层(图 4.29)与相干图基本一致，显示断层组合可靠。

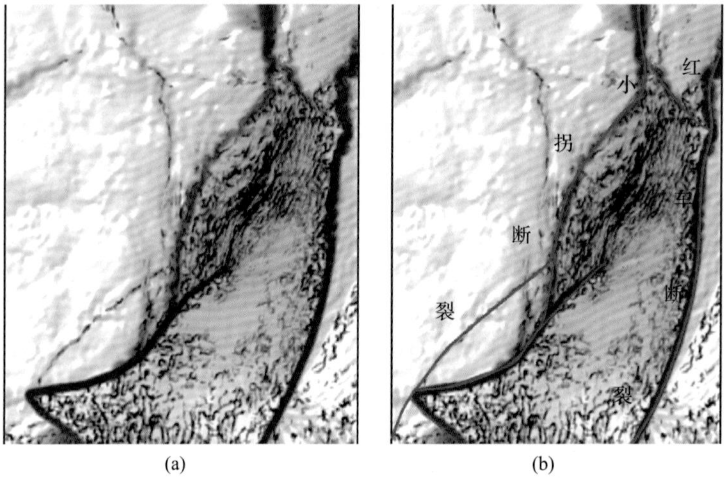

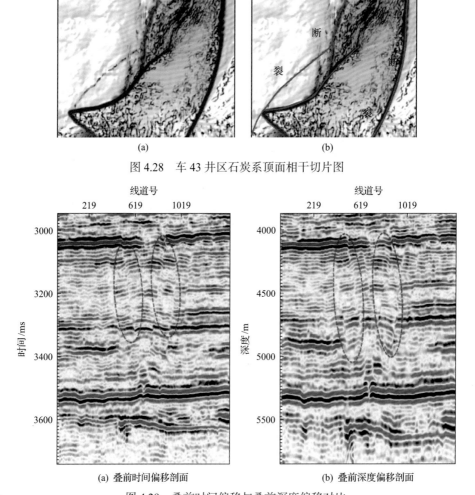

图 4.28 车 43 井区石炭系顶面相干切片图

(a) 叠前时间偏移剖面

(b) 叠前深度偏移剖面

图 4.29 叠前时间偏移与叠前深度偏移对比

4.2　复杂岩性油气藏储层预测技术

伴随着全球经济快速发展，石油天然气资源的开发利用逐渐增多，常规油气藏的勘探开发难度也日益增大，非常规开采的巨厚低孔低渗砂砾岩储层及火山岩储层逐渐成为油气勘探开发的新领域。作为复杂裂缝-孔隙双重介质的油气储层，基质储层及裂缝预测技术研究成为该类油藏高效开发的关键。

储层识别及预测技术是油气藏勘探开发的关键技术，通过综合地质、测井、钻井、地震等资料，运用储层反演技术手段描述储层及裂缝的空间展布，为精细描述储层优势岩性、岩相及圈闭预测奠定基础，同时为探井部署及开发方案的编制提供可靠的依据。

4.2.1　储层预测难点及技术对策

1）储层预测难点

准噶尔盆地石炭系火山岩油气藏地下地质条件复杂，具有岩性和岩相复杂、横向变化快、储层非均质性极强、裂缝识别困难、地震反射特征杂乱等特点，在储层预测中存在以下难点。

(1)火山岩储层是多期次、多个火山口爆发形成的，造成火山岩相在纵向上和横向上变化大，岩性复杂，难以寻找规律，火山岩体内部储层横向预测难度大；

(2)地层埋藏深，导致地震反射能量弱，信噪比低，成像质量较差，火山岩内部反射结构在地震剖面上特征不明显且地震轴反射杂乱无章；

(3)准噶尔盆地石炭系火山岩储层裂缝发育，为典型的基质-裂缝型储层，裂缝分布复杂且非均质性极强，发育特征及地球物理响应特征认识不清。

2）储层预测对策

针对复杂岩性储层预测中存在的难点，通过不同的反演方法进行对比试验，其中递推反演和稀疏脉冲反演均直接从地震剖面中提取反射信息，严重到受噪声、不良的振幅保持和地震资料带限的影响。而基于模型反演方法在地质解释的基础上，结合测井资料构造反演初始模型，然后将初步反演结果与实际地震资料比较，不断更新改进模型参数，反复迭代直至与地震资料吻合。通过试验认为基于模型的地震反演方法更多应用了测井资料信息与地质模型的精细建立，因此针对石炭系储层预测，将采用基于模型的地震反演方法，重点强调了"钻井-地震紧密结合"的方法。具体来讲，在利用地震资料开展储层预测的过程中，在充分发挥地震资料横向分辨率的同时，侧重纵向高精度的钻井、测井资料的处理与应用，强化合成地震记录标定环节和钻井储层参数提取的准确性等。

实际应用表明，基于模型的地震反演方法能够适应复杂地质模型的反演计算，反演结果精度高，具有较宽的频带，适用范围广，可用于少井或多井地区的勘探开发。该方法具有较强的抗干扰能力，能够适应含噪声的地震资料。

3）裂缝识别对策

针对准噶尔盆地石炭系裂缝预测的技术难点，综合研究区野外露头、钻井、测井、录井等资料,对石炭系储层裂缝发育特征进行总结。在此基础上,首先开展对裂缝宏观统计规律的分析并结合裂缝成因研究确定裂缝发育主控因素,其次建立裂缝段的测井、地震响应特征,最后以地震资料为基础、依靠多尺度-多信息相干分析、多属性分析和叠前 AVAz 裂缝预测等技术,结合成像测井、岩心、薄片等,开展准噶尔盆地石炭系储层裂缝预测研究,形成准噶尔盆地石炭系储层综合裂缝预测技术。

4.2.2 火山岩油气藏精细雕刻技术

针对火山岩油气藏地震地质特征,应用火山岩"三相多属性"识别技术,创新形成了火山岩气藏的甜点预测技术和火山岩古潜山油藏的精细雕刻技术。对于火山岩气藏,创新形成了基于火山岩优势频率多属性体融合方法,科学融合均方根振幅比频率体、单频振幅体、高亮体(high light volume)、纹理属性体,定量预测出了火山岩气藏丰度的空间分布(富气甜点区),并在此基础上设计定向侧钻轨迹,使克拉美丽气田 40%开发井由低效井、失利井变成高效开发井。对于火山岩古潜山油藏,首次提出利用上覆标志层充填厚度法恢复古地貌特征,发现了一大批"隐蔽"的古潜山。并通过对金龙 10 古潜山油藏的精细雕刻,发现了"古地貌、岩性、风化壳"三因素控藏机理,增加了单位面积内可布开发井密度。火山岩油气藏的发现相对容易(30%成功率),但对于评价井要求 90%成功率、开发井要求 100%成功率的来说,火山岩油气藏的评价控制和开发动用是难上加难,几乎是不可能的,在这种情况下,火山岩气藏的检测技术、火山岩古潜山油藏的雕刻技术对于火山岩油气藏的建产稳产无疑是非常关键的实用技术。

1. 火山岩"三相多属性"识别技术

火山岩岩性、岩相复杂,石炭系火山岩主要岩相类型有以下四种:溢流相、爆发相、火山沉积相及火山通道相。

溢流相形成于火山喷发旋回的中期,是含晶出物和同生角砾的熔浆在后续喷出物推动下及自身重力的共同作用下,在沿着地表流动过程中,熔浆逐渐冷凝固结而形成。溢流相在酸性、中性、基性火山岩中均可以见到,一般可分为下部亚相、中部亚相、上部亚相、顶部亚相。

爆发相主要形成于酸性火山岩浆的活动期,由于岩浆中含有的大量气体对围岩产生巨大压力,产生岩浆(包括围岩)爆炸,形成各种粒级不同的火山碎屑物质堆积,形成的火山岩主要为熔结凝灰岩、凝灰岩和含火山弹与浮岩块的熔结角砾岩、火山角砾岩、晶屑凝灰岩。

火山沉积相是经常与火山岩共生的一种岩相,可出现在火山活动的各个时期,碎屑成分中含有大量火山岩岩屑,主要为火山岩体之间的碎屑沉积体,具韵律层理、水平层理。岩性主要为玄武质、安山质和流纹质的沉凝灰岩和沉火山角砾岩。

火山通道相位于火山机构下部,特征岩性是花岗岩、玢岩和斑岩、熔岩和角砾、凝灰熔岩及熔结角砾岩、凝灰岩。特征构造:筒状、层状、脉状、枝叉状、裂缝充填状、环状或放射状节理。

对于保存较完整的火山口，各个岩相分布和特征在地震剖面上较易识别(图 4.30)。

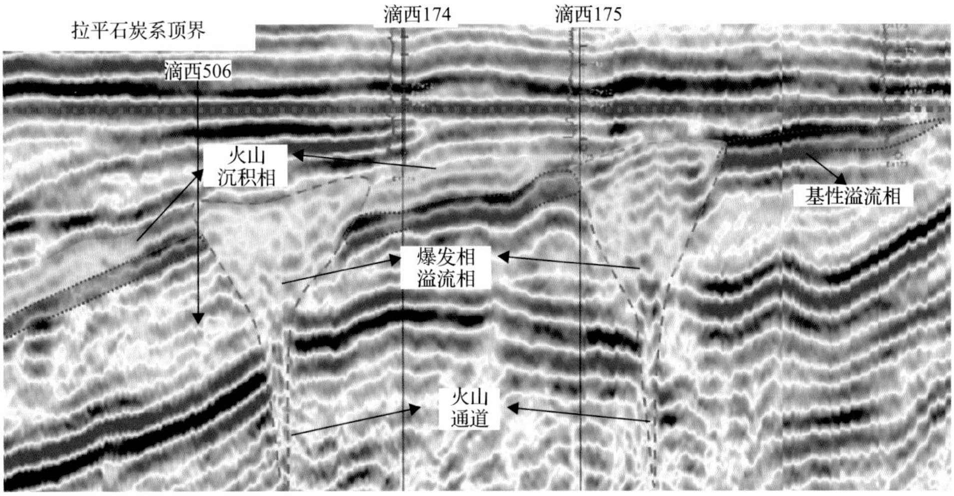

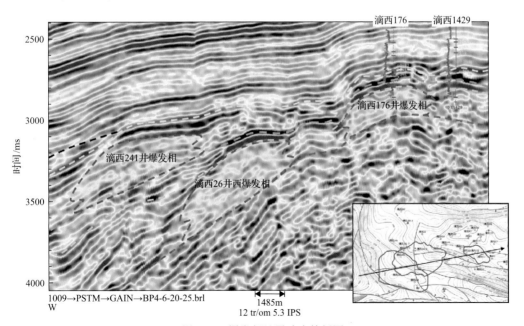

图 4.30　过滴西 174—滴西 175 井火山口地震剖面(拉平石炭系顶界)

事实上，绝大部分火山岩体都经过了后期的改造作用，必须通过井震结合，依托地质建模、地震属性对火山岩相进行分布预测研究，因此提出了测井相、地震相、岩相+地震多属性识别的工作对策与思路，简称"三相多属性"识别技术。

1)火山岩相识别

A. 火山岩爆发相

地震标志：本区爆发相在地震上表现为丘状外形，顶部中弱振幅，主体部位低频、强振幅、平行-亚平行连续反射，边缘空白杂乱反射，现今多表现为局部构造(图 4.31)。

图 4.31　爆发相地震响应特征图

测井标志：爆发相内部测井响应差异较大，整体呈现顶底低岩性密度（RHOM）、高声波时差（AC）、低深电阻率（RT），曲线齿化严重，中部高 RHOM、低 AC、高 RT，曲线平直的特点，一般为箱形。具体表现为：①空落亚相具低 RHOM、高 AC、低 RT，曲线齿化严重；②热基浪亚相则表现为高 RHOM、低 AC、高 RT、曲线平直的特点；③热碎屑流亚相测井响应特征为高 RHOM、低 AC、高 RT，曲线平直；④溅落亚相则为低 RHOM、高 AC、低 RT，曲线齿化严重（图 4.32）。

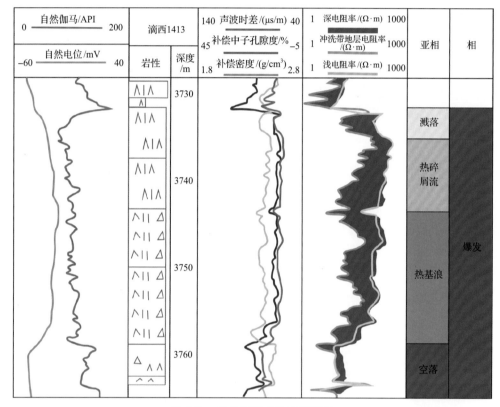

图 4.32　爆发相测井响应特征图

岩性标志：主要为含晶屑、玻屑、浆屑、岩屑的熔结凝灰岩（热碎屑流亚相）、凝灰岩（热基浪亚相）和含火山弹与浮岩块的集块岩、角砾岩、晶屑凝灰岩（空落亚相），近火山口发育（图 4.33）。

B. 火山岩溢流相

地震标志：溢流相在本区的地震响应特征主要表现为席状-楔状外形，中低频，强振幅，强连续平行-亚平行反射结构，由高部位向低部位呈现披覆特征（图 4.34）。

测井标志：本区溢流相内部测井响应差异较大，除顶部亚相外，总体测井响应特征为低 AC，高 RT，曲线平直。具体表现为：①下部亚相表现为 AC 相对较高、低 RT、曲线弱齿化的特点；②中部亚相表现为高补偿密度（DEN）、低 AC、高 RT、曲线平直的特点；③上部亚相表现为 DEN 较低、低 RT、曲线中等齿化的特点；④顶部亚相则表现为高 AC、低 RT、曲线强烈齿化的特点（图 4.35，图 4.36）。

图 4.33　爆发相火山角砾岩薄片

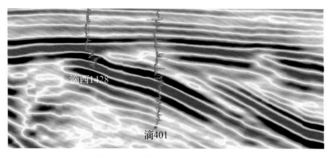

图 4.34　溢流相地震响应特征

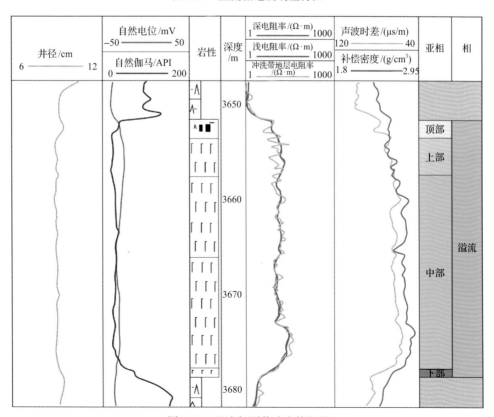

图 4.35　溢流相测井响应特征图

3654.80   3654.85   3654.90   3654.95

图 4.36　溢流相玄武岩岩心

C. 火山岩沉积相

地震标志：在该区地震剖面所见的是火山下旋回与上旋回之间的沉积夹层，地震响应特征为弱振幅、中频、中差连续、平行-亚平行反射结构。滴西 171 井区发育火山沉积相的沉凝灰岩和沉火山角砾岩，在地震剖面上表现为连续性中等—差、弱反射强度、亚平行结构。

测井标志：在测井上整体表现为低 RHOM 和低 RT，自然伽马(GR)随着火山碎屑物质化学成分的变化差异很大，当火山碎屑物质化学成分为玄武质时表现为低 GR，当火山碎屑物质化学成分为流纹质时表现为高 GR，整体具韵律特征，成像测井上显示为很强的成层性(图 4.37)。

岩性标志：火山岩沉积相主要发育玄武质、安山质和流纹质的沉凝灰岩和沉火山角砾岩(图 4.38)。

D. 火山岩浅成侵入相识别

地震标志：地震响应特征为楔状外形，内幕弱振幅、杂乱反射，边界为中等连续强反射，边缘弱振幅差连续反射(图 4.39)。

远离火山口的溢流相与爆发相薄互层同样表现为席状外形、中—高振幅平行或亚平行较连续反射相，其测井响应与火山岩相同，但在地震声阻抗反演剖面上表现出高阻抗。

测井标志：测井响应为顶部高 AC、低 RT，曲线尖峰刺刀状；中部低 AC、高 RT，曲线微齿状平滑(图 4.40)，一般为箱形。

岩性标志：浅成侵入相主要发育花岗斑岩和二长玢岩。

2) 火山岩油气藏目标识别

不同类型火山岩目标具有不同的表征，通过对不同类型火山岩(相)地质、地震、岩性电性特征的研究，形成针对火山岩"三相多属性"的预测描述技术。

A. 近火山口相复合岩体目标识别

未经过后期改造、保存较好的近火山口相复合岩体，地震特征较为明显，可通过正演模拟技术、层拉平数据体切片、地震属性识别此类油气藏。近火山口相复合岩体外形

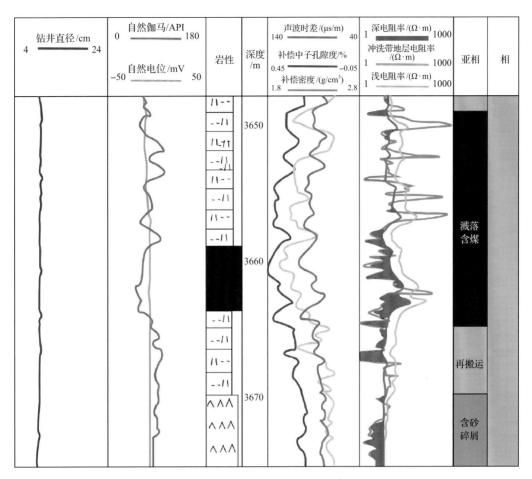

图 4.37　火山沉积相测井响应特征

图 4.38　沉积相沉凝灰岩岩心

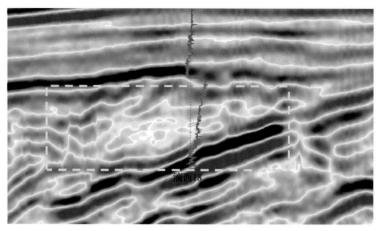

图 4.39　侵入相地震响应特征图

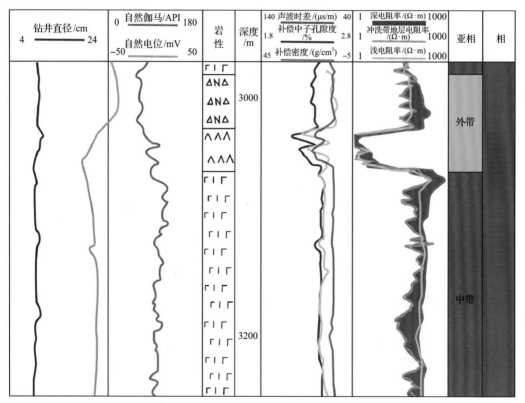

图 4.40　侵入相测井响应特征图

整体呈伞状，呈杂乱反射或弱反射，通道相呈漏斗状，由上到下变细，通道两侧地层明显错断，上部为火山蘑菇云结构，向两翼延伸为火山岩溢流相和火山岩沉积相的层状较连续强反射(图 4.41)。

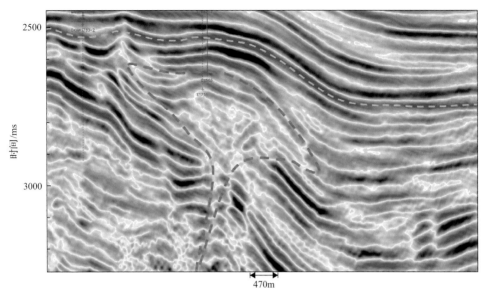

图 4.41　滴西 174 西火山口

通过层拉平技术沿不整合面生成层拉平地震数据体，在新数据体上沿层由浅到深切得一系列切片，可以看出火山口近圆形，与四周地层产状明显不同，由浅到深火山口面积逐渐变小(图 4.42)。将层拉平地震数据体转化为层拉平振幅体，在振幅体属性切片上，近火山口相特征更好识别，由于近火山口岩相、岩性复杂，呈块状分布，波阻抗差异较小，没有连续的强反射界面，一般呈杂乱弱反射或空白反射特征，切片上会形成圆形或椭圆形的弱能量反射区(图 4.43)。

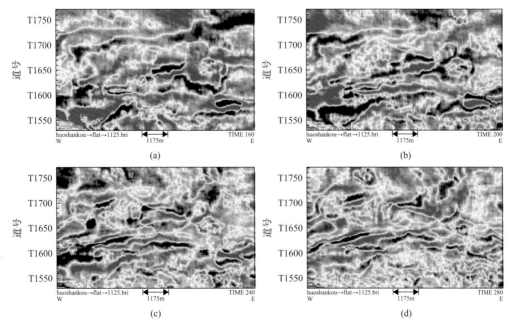

图 4.42　层拉平数据体识别火山口

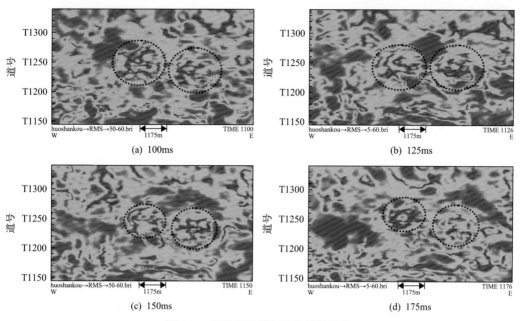

图 4.43　层拉平地震振幅体属性切片

近火山口相复合岩体如果后期受到较强的改造作用，单利用地震特征较难识别，油气藏边界较难刻画，一般呈三角状，内幕为较杂乱弱反射，与周围地层呈角度不整合关系。通常需要与钻井资料、地质模式综合来刻画评价。

B. 大型浅成侵入体目标识别

浅成侵入体岩性分为基性侵入岩和酸性侵入岩，测井上除自然伽马值差异较大外，其他特征相近，以斑岩为例，在测井曲线特征上表现为高伽马（90～160API）、高电阻（200～1200Ω·m）、低声波时差（57～76μs/ft）、中密度（2.40～2.55g/cm³）。

浅成侵入体岩性单一，呈块状，厚度大，速度、密度较高，与围岩波阻抗差异大，距离不整合面较近，地震呈空白或弱反射，侧向、顶底与周围的沉积岩形成较连续的强反射边界，因速度差异，在侵入体之间的沉积岩一般为下拉的较强的连续反射。

C. 火山岩古潜山目标识别

由于风化差异作用，古潜山岩性以硬度较大、抗风化剥蚀能力较强的岩性为主，在国内发现的潜山油气藏岩性主要为熔岩、次火山岩和角砾岩。在国外乍得发现了侵入岩（花岗斑岩）型潜山。古潜山一般被沉积岩覆盖，在地震剖面上沉积地层的上超现象比较明显，古潜山发育部位沉积地层地震反射同相轴减少，具有明显变薄的趋势（图 4.44）。

将地震数据体沿火山岩与沉积岩之间的不整合面拉平制作一个层拉平数据体，然后等时切时间切片，形成一系列的沿层切片。从沿层切片来看，古潜山特征比较明显，边界较清晰。前两个切片主要切到波谷位置，潜山位置类似两个岩体，边界比较清楚。后两个切片切到波峰位置，边界也比较清楚（图 4.45）。

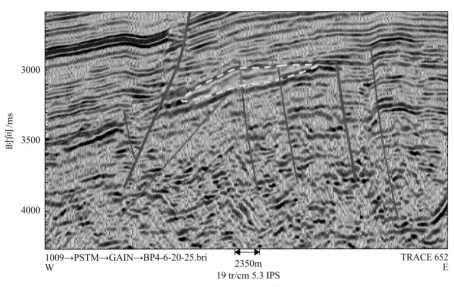

图 4.44　古潜山地震剖面

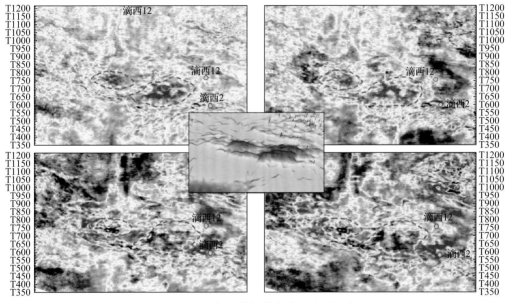

图 4.45　层拉平数据体古潜山沿层切片

D. 地层不整合圈闭目标

地层不整合圈闭目标岩性一般为玄武岩，玄武岩横向连续分布，速度、密度较大，地震剖面上会与围岩形成连续的强反射界面，与上下沉积岩形成平行、亚平行结构，接近不整合面或暴露于不整合面的部分因地层厚度变化或波阻抗差异，地震反射同向轴没有远离不整合面连续，但总体上表现为强反射。平面上沿不整合面的振幅属性可较好反映其分布范围，玄武岩地层因逐层向高部位削蚀，在平面上一般呈多个带状分布，强反射区为玄武岩的出露不整合面范围(图 4.46)，因为风化淋滤一般会影响到不整合面以下 200m 左右的储层，所以优质储层的分布一般要比出露不整合面范围大一些。玄武岩地层与上覆地层角度越大，形成的不整合风化淋滤带越小，反之越大。玄武岩地层不整合油气藏精细预测的最大难度是顶底板尖灭点的识别，目前受限于地震地质采集条件，火山岩地层中一般地震主频较低，地震同相轴尖灭位置不能代表地层真实尖灭位置。在油气藏地震刻画中，一般根据实际地层倾角、地层速度、地层密度和地震主频，建立正演模型，预测尖灭点的外延距离，更准确地刻画油气藏边界。

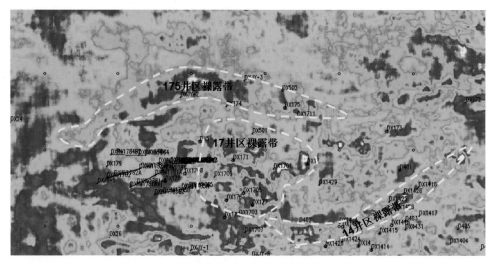

图 4.46　火山岩顶面均方根属性图

2. 隐蔽性古潜山油气藏精细雕刻技术

随着油气资源紧缺，古潜山油气藏越来越受到重视，但历经多年持续勘探，古潜山油气藏勘探成果呈现不均衡性，规模大、埋藏浅、类型简单、易识别的潜山勘探程度较高，而规模小、埋藏深、常规方法难以识别的隐蔽型潜山勘探程度仍较低。隐蔽型潜山占据了相当大的油气储量规模，勘探潜力大，已经成为潜山油气勘探的主要方向。由于该类圈闭具有很大的隐蔽性，用常规圈闭识别技术寻找此类圈闭十分困难，需要更加符合地质模式的理论和方法提供指导与支持。

1) 技术原理

上覆标志层沉积前已形成的潜山在未经构造运动改造前构造幅度较大，潜山面积较大，易于识别[图 4.47(a)]；受后期构造活动的影响，其基岩块体翘倾，根据现今构造形态做的常规潜山顶面构造图显示的潜山圈闭面积变小[图 4.47(b)]，常常被认为是不具备勘探价值而忽略，甚至有的潜山在潜山顶面构造图上无影可寻，而成为隐蔽型潜山。

由于古潜山在后期构造变形或差异升降中形态发生了较大的变化，现今构造下难以准确刻画古潜山的大小及真实的构造幅度，后期改造的古潜山圈闭常规方法难以精细刻画。基于拉平上覆标志层，利用上覆层充填厚度法标注出潜山圈闭范围，利用古潜山上覆标志层沉积前古地貌恢复精细雕刻古潜上的形态、规模，定量分析古潜山幅度与规模，因古潜山在后期会发生构造变形，需编制潜山构造的现今构造形态，以确定潜山构造圈

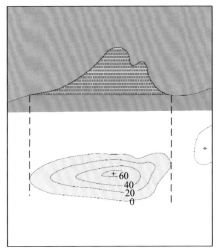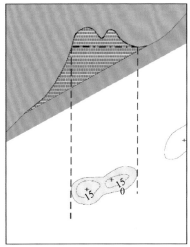

(a) 上覆标志层沉积前潜山构造形态   (b) 地层掀斜后潜山构造形态

图 4.47 潜山形成及后期掀斜构造识别示意图(单位: m)

闭的最高埋深点和最深埋深点,从而精细确定古潜山圈闭的构造幅度,落实古潜山圈闭大小与储量规模。

2)技术方法实现

针对因构造掀斜后难以有效识别的隐蔽型古潜山精细雕刻技术通过以下步骤得以实现:

(1)通过合成记录精细标定与单井模型正演落实古潜山顶界及上覆标志层顶界地震响应特征,井震结合统一地震-地质层位。首先在工区选取钻遇地层全、测井曲线完整、平面上均匀分布的探井、评价井,其次提取这些井的井旁地震道进行频谱分析,利用井旁地震道子波制作人工合成记录,标定上乌尔禾组顶面和石炭系顶面地震反射层,并建立标定连井剖面,使地质分层与地震更加匹配,解释更加准确。

(2)根据标定确定潜山顶面及其上覆层顶界的地震反射特征,在厘定层位的基础上对潜山顶面及上覆标志层顶面开展层位精细解释,为提高潜山构造精度,要求解释密度达到 1cdp×1cdp。

(3)井震结合编制潜山上覆标志层地层厚度图,制作潜山上覆标志层沉积前古地貌图,圈出古地貌高点。利用上覆标志层沉积地层厚度法恢复潜山的古地貌特征,上覆标志层顶面距离潜山顶面是最近的一个等时界面,上覆标志层沉积地层厚度在一定程度上能反映潜山当时的地形起伏变化。制作古地貌图的具体做法为:利用研究区探井、评价井的时深关系建立准确速度场,再用速度模型做时深转换,过时深转换的两个层相减得到的数值为上覆标志层地层厚度,井震结合编制上覆标志层地层厚度图,并标注出地貌高点。

(4)利用地震剖面拉平上覆标志层,平剖结合在潜山圈闭内确定圈闭溢出点,落实潜山圈闭面积。

(5)利用研究区探井、评价井的时深关系建立准确速度场,再用速度模型做时深转换,编制潜山顶面构造图,并将圈出的古潜山圈闭面积与潜山顶面构造图叠合,以确定潜山构造圈闭的最高埋深点和最深埋深点,确定潜山圈闭的构造幅度,落实古潜山圈闭的面积、闭合度、高点海拔。

4.2.3 火山岩属性体融合气层检测技术

地震反射波来自地下地层,地下地层特征的横向变化将导致地震反射波特征的横向变化,进而影响地震属性的变化,因此,地震属性中携带有大量地下地层信息,这是利用地震属性体预测油气藏储层分布及进行油气检测的物理基础。准噶尔盆地火山岩油气藏相变快和块状分布特征,使得基底油气藏地震振幅、频率和地震反射能量的差异较大,因此,与振幅、地震反射能量及频率有关的地震属性体通常对气层响应程度明显。为了做到火山岩储层信息提取有方向、有目标,从算法开始,分析了目前常用各属性所表达地震响应特征的意义,明确地震属性变化特征与油气储层含油性的关系,优选几种对油气藏储层反应较为敏感的地震属性体,通过地震属性体差异融合技术进行火山岩油气藏油气检测,厘定油气富集区。

1. 方法原理

火山岩属性体融合气层检测技术是一种综合利用与火山岩油气含量相关的地震特征属性数据体(如优势频带体、高亮体、纹理属性体等),通过对火山岩油气藏综合标定,分析油气藏地震频率、能量响应特征,优选几种对油气藏储层反应较为敏感的地震特征属性数据体,将优选出的多种地震特征属性数据体分别与钻井、试采结果做统计相关分析,统计每个井点处地震特征属性数据体值与含油气产量值,对全部井点的统计结果做相关度分析,确定每个地震特征属性数据体权重系数,根据权重系数进行体加权融合处理得到合成多属性融合体特征体,其公式如下:

$$XR=A\times T1+B\times T2+C\times T3$$

式中,XR 为合成多属性融合特征体,$T1$、$T2$、$T3$ 为优选敏感属性体;A、B、C 为加权系数。

2. 技术实现

1)典型井火山岩油气藏地震响应特征分析

准噶尔盆地火山岩油气藏相变快且呈块状分布,准确得到火山岩油气藏储层的各项地震响应特征的基本参数,为多属性地震处理解释研究提供客观理论依据。选取典型探井建立石炭系火山岩地质模型,通过地震全波场正演模拟地震波通过火山岩储层每个小层后的地震波形变化特征,在三维地震数据体中准确标定火山岩储层。

图 4.48 是滴西 17 井区石炭系地质模型地震全波场正演综合图,从图中可以看出地震波依次通过每个岩性界面的波形变化,全部岩性地震正演结果与叠前时间偏移剖面基本吻合,玄武岩气藏对应波峰下部反射,整套 90m 火山岩体对应完整峰谷反射。目的层地震主频为 14Hz 左右,响应时窗为 60ms。

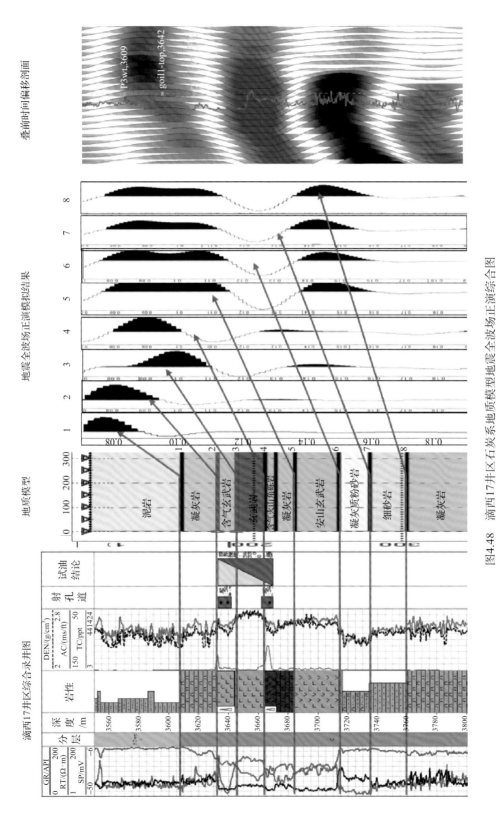

图4.48　滴西17井区石炭系地质模型地震全波场正演综合图

GR-自然伽马；RT-深电阻率；SP-自然电位；AC-声波时差

参考正演基础上得到的火山岩油气藏响应特征，进一步对标定好的储层段地震反射做频谱、波形和能量分析，为地震属性体优选及参数确定奠定基础。典型井地震频谱分析结果表明：产气高的井(滴西18井区)优势频率在7~14Hz，低频能量强；低产气井(滴西1823井区)高频能量强。典型井之间在低频段(1~5Hz)、高频段(14~22Hz)有明显的差异(图4.49)。

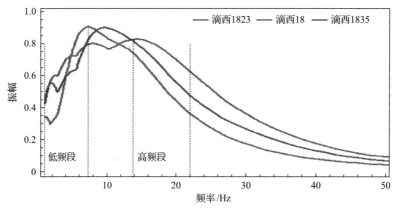

图4.49　某工区典型开发井气层段地震频谱分析图

本区气层段的波形同样差异明显，产气高的井(滴西18井区，图4.50中的1号波形曲线)表现为复合宽峰窄谷组合，低产气井(滴西1823井区，图4.50中的3号波形曲线)表现为窄峰窄谷组合(图4.50)。

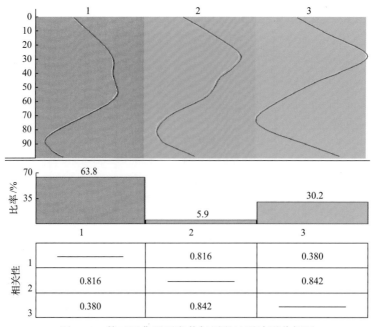

图4.50　某工区典型开发井气层段地震波形分析图

本区气层段的能谱分析结果表明：气层段的能量差异明显，产气高的井(滴西18井区)能量较弱,占比小于 35%;低产气井(滴西 1823 井区)能量相对较强,占比介于 40%~50%(图 4.51)。

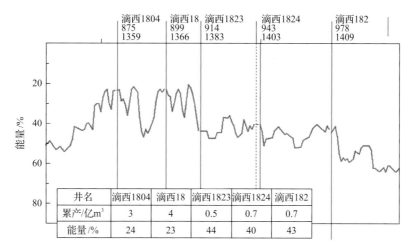

图 4.51　某工区典型开发井气层段频能谱分析图

综上所述,本区火山岩油气藏表现低频、弱振幅、弱能量特征,优势频带在 5~28Hz。通过地震敏感属性优选,优势频率单频体、高亮体和纹理属性体比较适合基底火山岩储层预测及油气藏检测。

2)地震特征多属性差异融合体计算

A. 优势频带单频体

分析滴西 14 井区实际钻井火山岩储层的频谱响应特征(图 4.52)可知,本区产气高的井(滴西 1416 井区)优势频率主频在 13Hz 左右,与低产气井(滴西 1413 井区)优势频率主频在 10Hz 左右有明显差异。

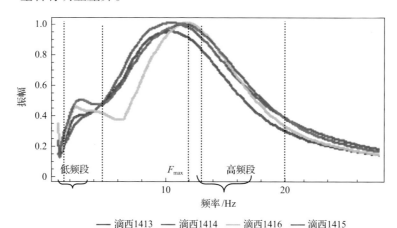

图 4.52　滴西 14 井区典型开发井气层段频谱分析图

通过频谱分解得到时频体,选取 13Hz 单频体作为本区优质火山岩储层进行识别研究。从优势频带体剖面(图 4.53)上可以看出火山岩体特征清楚,高产气井表现为低能量值(红色)特征。

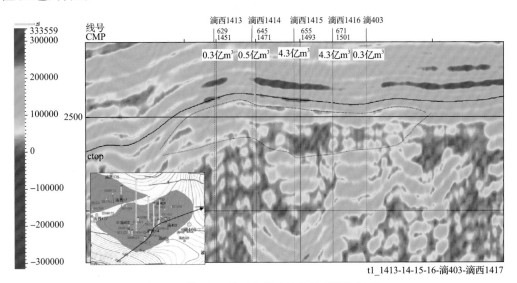

图 4.53　滴西 14 井区气藏连井优势频带体剖面

通过对单频体剖面岩体的追踪，提取层段属性准确刻画本区火山岩储层的平面展布特征(图 4.54)，优质火山岩储层发育在西部和中部两个条带上。

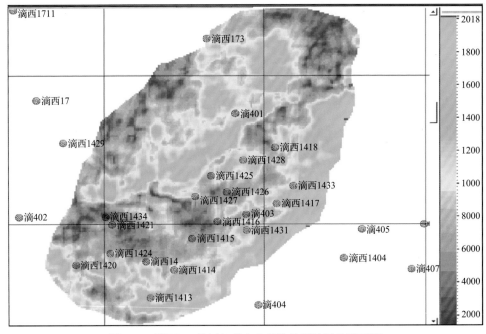

图 4.54　滴西 14 井区气藏火山岩体单频体属性平面图

B. 高亮体

频谱特征属性是 Marfurt 等在谱分解的基础上计算的一系列瞬时频率属性体，常被用来描述储层的细节变化和流体分布。

谱峰值属性是频谱的一阶近似，包括峰值振幅(peak amplitude)、峰值频率(peak frequency)、峰值相位(peak phase)和高亮体。

研究表明，峰值振幅体产生的结果与通常所说的振幅体并没有显著的不同。为了生成"高于平均值的峰值振幅体"，先计算每个样本的振幅谱的平均值，并把它从峰值振幅中减去，这使得解释人员能区分真正振幅异常的区域和峰值振幅代表在其他平坦谱上的一个局部高峰区域。

谱峰值属性能够清晰地反映地层的地质特征，属性不同反映的是地质现象的不同方面，峰值频率主要反映地层的厚度变化，高峰值频率对应着薄层而低峰值频率对应着厚层；峰值相位对横向边界比较敏感，如岩性边界、断层等；峰值能量会受到地震反射能量高低的影响，具有反映储层细节变化的作用。

通过分析滴西 18 井区实际钻井火山岩储层的频谱响应特征(图 4.55)可知，本区高产气井(滴西 18 井区)优势频率在 7~14Hz，低频能量强；低产气井(滴西 1823 井区)高频端能量强。

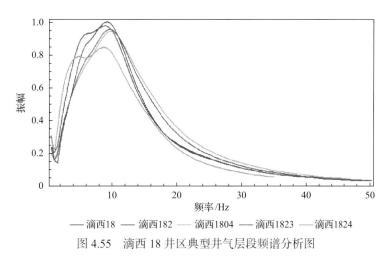

图 4.55　滴西 18 井区典型井气层段频谱分析图

从高亮体剖面(图 4.56)中可以看出火山岩体特征清楚，高产气井表现为低能量值(红色)特征。

C. 纹理属性体

纹理是一种反映图像中同质现象的视觉特征，它体现了物体表面具有缓慢变化或者周期性变化的表面结构组织排列属性。纹理具有三大标志：某种局部序列性不断重复、非随机排列、纹理区域内大致为均匀的统一体。纹理不同于灰度、颜色等图像特征，它通过像素及其周围空间邻域的灰度分布来表现，即局部纹理信息。局部纹理信息不同程度的重复，即全局纹理信息。

信号处理类的纹理特征主要是利用某种线性变换、滤波器或者滤波器组将纹理转换到变换域，然后应用某种能量准则提取纹理特征。

体共生矩阵地震纹理属性分析是一个基于三维体纹理单元的数据体处理技术，不仅能够获得常规地震属性的地震特征，而且包含地震地层学的信息，具有更高的分辨率，可以用来描述特殊岩体的分布、储层沉积环境、构造变化特点等。

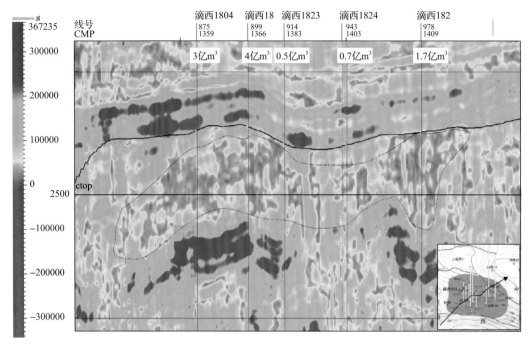

图 4.56　滴西 14 井区气藏连井高亮体体剖面

分析滴西 14 井区实际钻遇火山岩储层的典型井剖面特征(图 4.57)和频谱特征可知，本区火山岩储层表现为低能弱振幅地震相，对叠前时间偏移数据实行频域变换之后，再提取保持相对平稳的特征值，以此特征值表示区域内的一致性以及区域间的差异性。

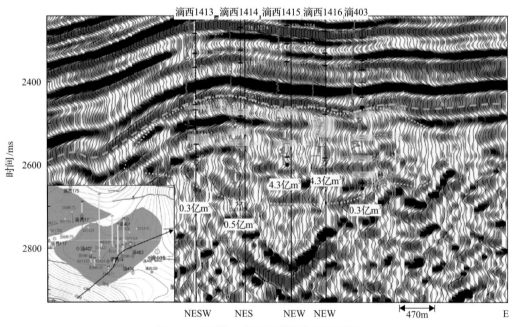

图 4.57　滴西 14 井区气藏连井地震剖面

　　图 4.58 为经过频域变换处理得到的一条连井结构纹理属性体剖面，从剖面上可以看出火山岩体特征较清楚，高产气井表现为低能量值(红色)特征，与已钻井试油累产量吻合关系较好。通过对结构纹理属性体剖面岩体的追踪，提取层段属性准确刻画本研究区火山岩储层的平面展布特征。

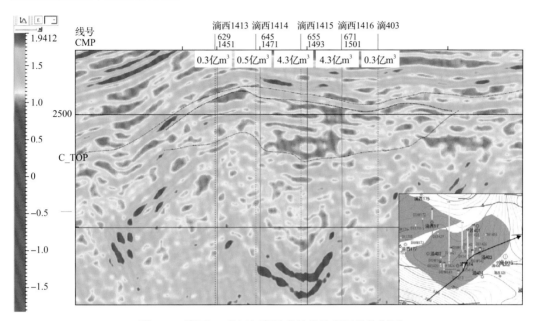

图 4.58　滴西 14 井区气藏连井结构纹理属性体剖面

3. 技术应用效果

　　通过地震多属性体差异融合体油气检测技术连续攻关及广泛推广应用，快速推动准噶尔盆地多个火山岩油气藏研究区内的气藏勘探进程，取得了丰硕成果。

　　克拉美丽气田通过地震多属性体差异融合体油气检测技术应用，精确刻画了油气富集区，在油气富集区通过体剖面调整和设计钻井轨迹实施钻探，取得了很好的效果。通过引导 10 余口失利井、低效井向油气富集区侧钻，利用这些老井新建产能占总产量的 1/4。克拉美丽气田 2011～2017 年老井侧钻成果表见表 4.1。

表 4.1　克拉美丽气田 2011～2017 年老井侧钻成果表

井号	侧钻前		侧钻时间	侧钻后			
	投产时间	累产气 /万 m^3		投产时间	新增产能 /($10^4 m^3$/d)	目前日产气 /$10^4 m^3$	累产气 /万 m^3
滴西 1824	2009.1.13	1637	2011.5.1	2011.12.26	8	6.7	12869
滴西 1414	2009.9.1	426	2012.10.11	2012.12.28	8	5.2	10637
滴 403	2008.12.13	882	2013.8.19	2013.11.13	8	8.1	10921
滴西 1823	2008.12.11	2257	2013.10.17	2013.12.2	5	5.1	6939

井号	侧钻前		侧钻时间	侧钻后			
	投产时间	累产气/万 m³		投产时间	新增产能/(10⁴m³/d)	目前日产气/10⁴m³	累产气/万 m³
滴西 1828	2008.12.11	1860	2014.9.16	2014.11.18	5	4.6	5045
DXHW142	2010.5.22	1675	2014.11.27	2015.4.4	5	5.2	4339
滴西 1701	2013.2.18	268	2015.9.26	2016.1.13	5	5.9	2947
滴西 1826	—	0	2016.7.7	2016.9.29	7	6.7	2502
滴西 1427	2011.12.25	105	2016.10.26	2016.12.26	5	5.2	1381

以滴西 1824 井为例，地震剖面[图 4.59(a)]无法解释火山岩气藏横向含气的差异，油气检测结果[图 4.59(b)]直井位置含油气丰度较低，结合地震多属性体差异融合体油气检测剖面[图 4.59(c)]建议向北侧油气丰度高的部位侧钻设计井轨迹，钻探前原直井累产气

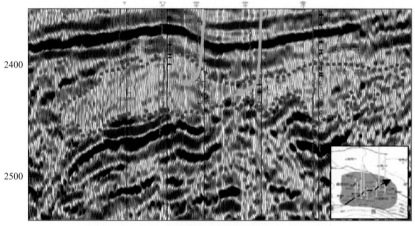

滴西1804 滴西18 滴西1823 滴西1824 滴西182

(a) 开发区连井地震剖面

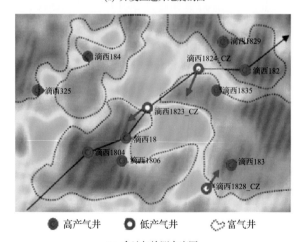

(b) 含油气检测丰度图

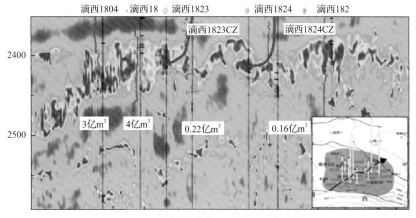

(c) 地震多属性体差异融合体油气检测剖面

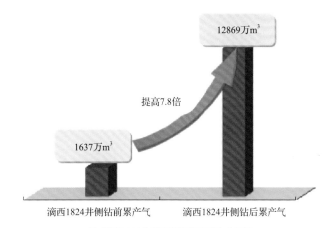

(d) 滴西1824井增产实施前后对比分析图

图 4.59　滴西 18 井区老井增产实施综合图

1637 万 m³，产能枯竭；实施钻探后侧钻已经累产气超过 1 亿 m³，达到 1.29 亿 m³ 左右，产量提高 7.8 倍，至今依然稳产。

通过近几年地震多属性体差异融合体油气检测技术连续攻关，在克拉美丽气田区新增探明天然气地质储量 2.03×10^8t；车 210 井区新增探明地质储量 5237×10^4t；西泉 103 井区石炭系油藏新增探明已开发石油地质储量 2010.15×10^4t；金龙 2、金龙 10 井区新增探明地质储量 7004.75×10^4t，准噶尔盆地累计新增各类储量油气当量约 3.4×10^8t，可采储量油气当量 2.1×10^4t，约合经济效益 5800 亿元。

该技术系列直接推动了新疆油田油气储量的快速增长和产能的大幅提高，为新疆油田的发展夯实了资源基础，为边疆社会稳定和经济发展做出了重要贡献。

4.3　测井精细解释技术

4.3.1　火山岩气藏测井解释难点及对策

准噶尔盆地石炭系火山岩岩性复杂多样，安山玄武岩、火山角砾岩、凝灰岩、凝灰质砂岩、沉凝灰岩、变质岩等均有分布，不同的岩性电性特征不同，即便是相同的岩性，在不同区带，其电性特征也有一定差异，并无放之四海而皆准的储层识别标准，储层识别难度较大，是测井解释的一大难点。在不同的区带各岩性分布规律不同，整体看各种岩性均含油气，但含油气性好坏程度不尽相同。例如，在红山嘴地区的红 018 井区安山岩含油性较好，在红车转换区的车 210 井区火山角砾岩及凝灰质砂岩含油性较好，在车排子地区的车 471 井区火山角砾岩含油性较好。因此针对不同目标区，做好储层分类与识别，才能做到有的放矢，准确识别有效储层。

在准噶尔盆地石炭系，测井解释的另一大难点就是裂缝识别。一般裂缝识别的技术手段对张开度较大的裂缝识别较为有效，对张开度较小的微裂缝适用性差。而准噶尔盆地石炭系火山岩储层中发育大量的微细裂缝，大裂缝发育程度低，但该区微裂缝含油性好，对储层间的连通起到良好的沟通作用，是该区重要的储集空间。需要将多种技术手段相结合，从而达到准确识别微细裂缝的目的。

火山岩岩性复杂，若是采用单一的图版与参数进行油层识别，准确度低；若是每一种岩性都建立一套油层识别图版，各类化验分析及试油试采资料又会过于分散，导致资料无法得到合理的利用，因此需要针对不同岩性的电性特征进行合理的组合然后再进行识别，能显著提高油层识别的准确度。

4.3.2 细分岩性，有效识别火山岩储层

克拉美丽气田石炭系气藏的岩性较为复杂，为此进行系统的测井岩性识别方法研究。研究中，在环境校正和归一化处理的基础上，岩心标定测井、常规测井与成像测井、ECS 测井相结合识别岩性图版，为岩性分类、储层评价、火山岩体刻画提供了坚实的基础。具体来讲，以滴西地区石炭系火山岩岩性划分方案为基础，通过测井响应特征分析，采用层次分解的二步三细分法开展火成岩岩性识别研究：第一步将火山岩和沉积岩分开；第二步将火山岩岩性分三步进行细分。根据以上思路和方法进行岩心刻度测井，建立火山岩与沉积岩测井岩性识别图版、火山岩常规测井岩性识别图版和细分岩性识别图版。

1）火山岩与沉积岩测井岩性识别图版的建立

综合 14 口井 374 块岩石薄片分析资料，结合成像测井资料建立了火山岩与沉积岩测井岩性识别图版。火山岩与沉积岩测井岩性识别图版显示，沉积岩 RT/AC 一般低于 0.19，GR 介于 42～110API。图 103 显示火山岩大类识别，基性火山熔岩 GR 小于 42API，RT 小于 110Ω·m；中性火山熔岩 GR 介于 42～110API，RT 小于 110Ω·m；酸性火山熔岩 GR 大于 110API，RT 小于 110Ω·m；次火山岩 RT 大于 110Ω·m。

2）火山岩常规测井岩性识别图版的建立

2017 年经过储量复算重新制作了岩性图版。火山岩的 GR 能够有效地反映火山岩的成分，电阻率测井可以定性反映岩石的导电性特点。以此为依据，进行岩心标定测井，建立 GR-RT 交会图岩性大类识别图版。图版中应用了克拉美丽气田石炭系 20 口井 1194

块岩石薄片分析资料。图版横坐标为 GR 测井响应特征值,纵坐标为 RT 测井响应特征值。从横坐标上可将基性岩区(GR<42API)、中性岩区(GR:42~110API)、酸性岩区(GR>110API)区分开来,从纵坐标上可将次火山岩区(RT>110Ω·m,GR<42API)与基性岩区、中性岩区、酸性岩区(RT<110Ω·m)区分开来。

3)细分岩性识别图版的建立

细分岩性识别图版主要是综合常规测井、成像测井、岩石薄片分析资料以及钻井取心资料,建立克拉美丽气田七种产气岩性(玄武岩、安山岩、火山角砾岩、英安岩、流纹岩、熔结凝灰岩、酸性凝灰岩)的岩性识别图版。

AC-补偿中子(CN)交会图可细分基性火山岩。玄武岩补偿中子小于 23%;杏仁状玄武岩补偿中子大于 23%,声波时差小于 73μs/ft;玄武质火山角砾岩补偿中子大于 23%,声波时差大于 73μs/ft。

GR-DEN 交会图可以细分中基性火山岩。安山岩 GR 小于 55API,DEN 大于 2.47g/cm³;熔结凝灰岩 DEN 小于 2.47g/cm³;安山质火山角砾岩 GR 大于 55API,DEN 大于 2.47g/cm³。

DEN-AC 交会图可以细分酸性岩。英安岩 DEN 大于 2.45g/cm³,AC 介于 60~75μs/ft;流纹岩 DEN 小于 2.45g/cm³,AC 小于 75μs/ft;流纹质火山角砾岩 DEN 小于 2.45g/cm³,AC 介于 75~80μs/ft;碎裂流纹岩 DEN 大于 2.45g/cm³,AC 小于 60μs/ft;酸性凝灰岩以 DEN 2.45g/cm³ 为界分为两个区间,当 DEN 大于 2.45g/cm³ 时,AC 大于 75μs/ft,当 DEN 小于 2.45g/cm³ 时,AC 大于 80μs/ft。

4.3.3 多技术、多手段准确划分裂缝段厚度

应用偶极声波和微电阻率扫描成像测井区分天然裂缝和井壁诱导缝,采用工作站应用软件 GeoFrame,通过人工对天然裂缝进行拾取,并采用斯伦贝谢公司的裂缝计算方法对裂缝进行定量计算,提供裂缝长度(FVTL)、裂缝密度(FVDC)、裂缝视孔隙度(FVPA)和裂缝走向等参数,各参数的计算公式如下:

$$FVTL = \frac{1}{2\pi \cdot R \cdot H \cdot C} \sum_i L_i \tag{4.20}$$

$$FVD = \frac{1}{H} \sum_i L_i \tag{4.21}$$

$$FVDC = \sum_i \frac{I_i}{H|\cos\theta_i| + 2R|\sin\theta_i|} \tag{4.22}$$

$$FVPA = \frac{\sum L_i W_i}{2\pi \cdot R \cdot C \cdot H} \tag{4.23}$$

式中,R 为井眼半径,m;C 为 FMI 井眼覆盖率;L_i 为第 i 条裂缝的长度;I_i 为第 i 深度段内裂缝的条数;W_i 为第 i 条裂缝的平均宽度;θ_i 为第 i 条裂缝的视倾角,即裂缝面与

井轴的夹角；H 为评价井段长度，m。

深浅双侧向、微球聚焦电阻率的差异在一定程度上反映了裂缝的发育程度。采用电阻率侵入校正差比法描述裂缝，判别其他井的裂缝发育情况，其计算公式如下：

$$R_{TC} = \frac{R_t - R_{lls}}{R_{lls}} \qquad (4.24)$$

式中，R_{TC} 为深浅电阻率差比值；R_{lls} 为浅侧向电阻率值；R_t 为侵入校正的地层真电阻率。

其计算公式如下：

$$R_t = 2.589R_{lld} - 1.589R_{lls} \qquad (4.25)$$

式中，R_{lld} 为深侧向电阻率值，当地层为裂缝性气层时，$R_t > R_{lls}$，$R_{TC} > 0$；当地层为裂缝性水层或致密地层时，$R_t \approx R_{lls}$，$R_{TC} \approx 0$。

对比发现 FMI 计算的裂缝孔隙度的分辨率比 R_{TC} 的分辨率高，FMI 计算的孔隙度滤波后的曲线与 R_{TC} 对应性较好，利用统计回归即可得到裂缝孔隙度的解释模型，其相关程度较好，相关系数为 0.7369。

裂缝孔隙度：

$$\phi_f = 0.0643 \cdot R_{TC} + 0.0856 \qquad (4.26)$$

式中，ϕ_f 为裂缝孔隙度，%。

从裂缝定量处理结果可看出，克拉美丽气田石炭系裂缝具有多方向性，不同井区裂缝方向不同。滴西 17、滴西 14、滴 405 井区以北西-南东向为主；滴西 323、滴西 18、滴西 185 井区则以北西向、近东西向为主，滴西 18、滴西 185 井区则以近东西向、北东东向为主，滴西 10 井区以北东-南西向为主。自西向东最大水平主应力方向具有左旋扭动的特点，与断裂走向的变化一致。

同时，通过对克拉美丽气田六种主要产气岩性裂缝发育情况的统计结果来看，裂缝的发育情况与岩性也有着重要的关系，次火山岩裂缝最发育，中基性火山熔岩次之（表 4.2）。

表 4.2　不同岩性裂缝发育情况统计表　　　　　　　（单位：%）

岩性	玄武安山岩	熔结凝灰岩	火山角砾岩	正长斑岩、二长玢岩	流纹岩	砂砾岩
裂缝孔隙度	0.26	0.24	0.16	0.39	0.18	0.26

由计算机根据以上确定的成像、常规测井标准自动划分解释裂缝段厚度，各计算单元平均有效厚度采用算术平均、井点控制面积法、有效厚度等值线法分别计算，最终各计算单元有效厚度采用等值线面积权衡确定。

4.3.4　多方法、多参数合理确定气层标准

有效气层厚度的划分是在气层识别的基础上，综合气测、试油等资料对气水界面以

上的储层按基质和裂缝分别进行划分。

1. 气层识别

1) 密度与中子测井曲线重叠识别气层

天然气层常存在"挖掘效应"，可利用密度与中子测井曲线重叠进行气层识别。

2) 核磁孔隙度与密度孔隙度重叠识别气层

密度测井当其探测范围内有天然气存在时，由于流体密度相对较低，其计算的孔隙度相对偏大。核磁测井在用常规的等待时间测井的情况下，将出现极化不完全的现象，从而造成测量孔隙度偏低。以此原理为依据，用核磁孔隙度与密度孔隙度重叠识别气层，取得了较好的效果。

3) 利用偶极横波成像测井处理结果识别气层

理论上，流体不传播横波，地层中流体的传播路径主要为骨架，横波对孔隙流体的变化反应不敏感。在不同的流体中纵波的传播速度差别较大，孔隙内介质的类型对纵波的传播速度有较大的影响。如果孔隙内的介质为天然气，纵波的能量将出现较大的衰减，时差显著增大。但用 DSI 测井资料识别气层有一定的局限性。由其仪器结构和测量原理可知，用 DSI 识别气层的前提是储层的物性较好，储层含气有一定的丰度，且泥浆滤液的侵入深度较浅。滴西 18 井区石炭系为一大套块状花岗斑岩，气藏高度较大，且物性较好，用 DSI 处理结果进行气层识别，效果较好。

2. 有效孔隙度下限的综合判定

工区石炭系火山岩储层为裂缝-孔隙双重介质的非碎屑岩储层，J 函数不适用，气藏的油气显示较弱，难以通过含油岩心的级别判断孔隙度下限，因此采用实验数据经验统计法、压汞数据分析法和测井处理数据统计法，综合判定孔隙度下限。

1) 实验数据经验统计法

实验数据经验统计法是美国岩心公司常用的确定孔隙度下限的方法，该方法对于非均质性储层、无典型下限层的地区较为适用。以低孔渗储层段累积储渗能力丢失较合理时对应的物性值作为物性下限。

首先根据克拉美丽气田所有取心井石炭系储层所用样品的孔隙度、渗透率分析数据，绘制孔隙度直方图，以及孔隙度的累积频率曲线；其次计算累积储能曲线，所谓储能是指孔隙度与样品长度的乘积，当取样密度相同时，可以简化为孔隙度与取样次数的乘积。累积储能丢失率是指对应于某个孔隙度下限，损失的储能占总储能的百分比。由于工区岩性多样，根据不同岩类分别统计孔隙度直方图和累积频率曲线及累计储渗能力丢失曲线。美国岩心公司通常将累积储渗能力丢失界限确定为 5%，考虑不同油气田的情况，一般限定累积频率丢失不超过总累计的 15%，累积储渗能力丢失不超过总累计的 10%。根据累积频率和累积储渗能力丢失的界限可分别确定出孔隙度和渗透率的下限。

工区的统计规律表明，累计储渗能力丢失达到总累积的 10%时，累积频率丢失已超过 25%，即孔隙度样品丢失超过 25%，如果岩样的取样密度相同，相当于厚度丢失 25% 以上（表 4.3）。如何取合适的下限值，还要参考毛管压力曲线。

表 4.3 克拉美丽气田储能－孔隙度对应关系

岩性分类		个数	累计储渗能力丢失 5%		累计储渗能力丢失 10%		累计储渗能力丢失 15%	
			累积频率 /%	孔隙度下限 /%	累积频率 /%	孔隙度下限 /%	累积频率 /%	孔隙度下限 /%
所有岩类		439	17	3.5	25	4.8	34	6.0
侵入岩		63	9	5.0	23	6.8	43	8.5
熔岩类	安山－玄武岩	161	27	3.2	36	4.8	45	6.0
	流纹岩	28	20	5.7	31	7.0	40	7.5
火山碎屑岩类	角砾岩	109	23	5.9	31	7.0	41	8.0
	凝灰岩	78	19	4.0	30	5.0	38	5.8

2）压汞法

滴西 183 井区在石炭系 3696.74～3698.72m、3701.03～3702.94m 密闭取心两筒，得到 4 个含气饱和度数据，对比密闭取心分析得到的含气饱和度与同一深度段样品的最大进汞饱和度可知，最大进汞饱和度+20%约为含气饱和度。以最大进汞饱和度 30%（即含气饱和度为 50%）为界，将岩样分为<30%、≥30%两类，投影到孔隙度-渗透率交汇图上，观察最大进汞饱和度与孔隙度、渗透率的关系，得到满足最大进汞饱和度达到 30% 所需的孔渗下限值，然后再以最大进汞饱和度 40%（即含气饱和度为 60%）为界，得到满足最大进汞饱和度达到 40%所需的孔渗下限值（表 4.4）。

表 4.4 石炭系最大进汞饱和度－孔隙度对应关系

岩性分类		最大进汞饱和度 ≥30%		最大进汞饱和度 ≥40%	
		孔隙度下限 /%	渗透率下限 /mD	孔隙度下限 /%	渗透率下限 /mD
侵入岩		3.3	0.01	5.5	0.01
熔岩	安山－玄武岩	6.3	0.07	6.5	0.07
	流纹岩	7.0	0.07	7.0	0.07
火山碎屑岩	凝灰岩	8.5	0.04	10.0	0.09
	角砾岩	6.0	0.01	6.0	0.02

3）孔隙度下限的确定

根据最大进汞饱和度与孔隙度的关系，结合经验统计结果，在满足最大进汞饱和度≥30%，即含气饱和度≥50%的条件下，优选储能损失较少的孔隙度下限方案，最终确定各类储层的有效孔隙度下限值(表 4.5)。

表 4.5　石炭系孔隙度下限表

岩性分类		孔隙度下限 /%	最大进汞饱和度 /%	渗透率下限 /mD
侵入岩		5.5	≥40%	0.01
熔岩	安山 – 玄武岩	6.3	≥30%	0.07
	流纹岩	7.0	≥30%	0.07
火山碎屑岩	角砾岩	6.0	≥30%	0.02
	凝灰岩	8.5	≥30%	0.04

3. 含气饱和度下限

对于火山岩储层来说,电阻率受岩性的影响较大,应用以往的电阻率-孔隙度交会图确定含气饱和度下限存在很大的难度。含气饱和度下限的确定是在气藏含气饱和度准确计算的基础上,综合试油结果和气层识别结果,按照不同的岩性制作含气饱和度-孔隙度交会图,确定各类火山岩含气饱和度下限。

根据克拉美丽气田基性火山岩试油层的处理饱和度及处理孔隙度按不同的结论点绘制基性火山岩含气饱和度-孔隙度交会图,最终确定克拉美丽气田石炭系火山岩含气饱和度下限。综上所述,克拉美丽气田石炭系气藏有效厚度下限划分标准如表 4.6 所示。

表 4.6　石炭系有效厚度下限表

岩性分类		孔隙度下限 /%	电阻率下限 /(Ω·m)	含气饱和度下限 /%
次火山岩	正长斑岩、二长玢岩	5.0	38	50
火山熔岩	酸性火山岩	8.5	20	50
	中性火山岩	8.5	30	50
	基性火山岩	9.0	21	50
火山碎屑岩	火山角砾岩	12.0	19	55
	凝灰岩	7.0	16	50

4.4　火山岩气藏有效开发技术

4.4.1　火山岩内幕结构识别及逐级解剖技术

在前期研究的基础上,从火山岩成因机理出发,以"源控"理论为指导,建立相控火山岩机构模式及识别标志,基于地质、测井、地震和试气试采动态特征,发展基于火山岩喷发机构的"点-线-面-体"火山岩气藏内幕结构识别及逐级解剖技术(图 4.60),定量表征改造型复杂火山岩气藏内部各级次结构单元的形态、规模及叠置关系,为气藏开发层系划分、储层地震反演和地质建模奠定基础。

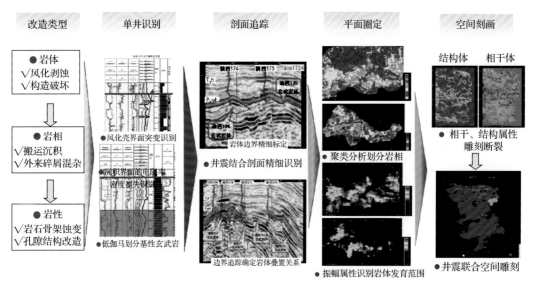

图 4.60　火山岩内幕结构识别及逐级解剖技术流程

1. 建立相控火山岩机构模式

准噶尔盆地陆梁隆起带的断裂因其断至基底，形成岩浆从岩浆囊到地表这个阶段的通路，使大部分火山口沿此断裂分布，滴南凸起西端为自东向西倾伏的大型鼻状构造，有利火山岩体表现为一系列的低幅度背斜或鼻状构造，有利火山岩体分布与构造和断裂密切相关，主要沿凸起的边界断裂成串珠状结构分布形式，受控于主断裂带及其次级断裂的结合部位，各有利火山岩体表现为正向凸起形态火山机构，受强烈剥蚀，形成该区的中心式喷发和裂隙式喷发两种火山喷发模式，火山喷发方式为以中心式喷发为主、裂隙式喷发为辅。

火山机构是一定地质时限内同源或来自相对稳定的同一火山口源区的火山喷发物的总和，其构成包括火山口、火山通道及火山喷发物三大要素。克拉美丽气田火山机构为古火山机构，火山口因风化、剥蚀及后期充填等，多残缺不全，结合已探明气藏解剖、火山喷发机制及平面优势相带，总结火山机构的识别标志及地震相识别模式（表 4.7，图 4.61）。

表 4.7　火山机构识别标志表

识别对象	典型岩性			测井相应特征			地震反射特征			
	岩石类型	岩石组合形态	结构构造	值域	主要形态	光滑度	波形	振幅	频率	连续性
火山口	火山碎屑岩环状分布，夹表生碎屑沉积岩	近平行互层状	集块结构、火山角砾结构、凝灰结构、层理	高、低互层	指形	齿状—锯齿状	局部层状、弧形凹陷或地堑式下拉	强	高	好
	侵出岩穹或岩体	蘑菇状、云朵状	块状构造、流纹构造	高 RT、高 DEN、低 AC	箱形	平滑—微齿状				

续表

识别对象		典型岩性			测井相应特征			地震反射特征			
		岩石类型	岩石组合形态	结构构造	值域	主要形态	光滑度	波形	振幅	频率	连续性
火山通道	火山颈	熔岩、熔结角砾岩、次火山岩、捕房体	近直立的柱状	柱状节理、自立流纹结构、斑状结构	中高 RT、中高 DEN、中低 AC	箱形、钟形+漏斗组合形	平滑—微齿状	伞状、漏斗状、柱状、线状	中|弱	高	差
	爆角砾岩	隐爆角砾岩	碎裂的枝杈状、不规则脉状	隐爆角砾结构、自碎斑状结构、碎裂结构	中低 RT、中低 DEN、中高 AC	箱形+漏斗组合形	齿状—锯齿状				
围斜构造	火山口带	集块岩、角砾岩、熔结角砾岩、气孔熔岩	楔状、透镜状、块状	火山集块结构、角砾结构、气孔结构	RT、DEN、AC 中值	钟形、箱形	平滑—微齿状	杂乱，向上收敛	弱|中	低	差
	火山口带	凝灰岩、小气孔熔岩夹火山沉积岩	层状	凝灰结构、流纹构造、层理	中低 RT、中低 DEN、中高 AC	箱形、指形	微齿—齿状	似层状	中|强	高	较好
外部包络面		岩性界面、地层产状变化面、不整合面			常规测井 GR、DEN、RT 突变，全井眼地层微电阻率扫描成像测井产状变化			不整合界面反射			

滴西171

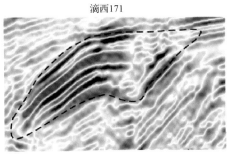

(a) 溢流体(中强振福、中、低频反射，连续性中等)

滴404

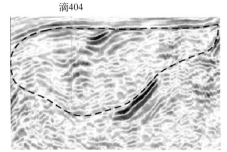

(b) 沉积岩体(平行、亚平行结构，中弱振幅、中低频反射，连续性较好)

滴西8

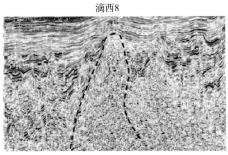

(c) 火山通道(边界较为明显、顶部有冲起、内部反射杂乱或无反射)

滴西18

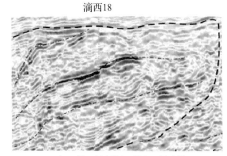

(d) 侵入体(边界特征明显，弱反射。岩体发育期次明显)

图 4.61　滴西地区典型火山机构地震相识别模式图

结合滴西地区多种喷发形式的交叉或叠合的火山喷发特征，依据火山机构的地质、测井、地震识别标志，以及火山活动和火山岩分布的特点，建立了准噶尔盆地"中心式为主、裂隙式为辅，多火山口、多期次喷发"的岛弧型复合火山岩体机构模式，指导火山岩内幕解剖。

滴西 17 井区表现为中—低频、强振幅、连续性好、平行-亚平行的地震反射结构，为火口喷溢型盾状火山机构，多个溢流相岩体围绕局部熔岩锥呈叠置状分布，具宽阔顶面和缓坡度侧翼，有利储层为溢流相的玄武岩、玄武质角砾熔岩等；滴西 14 井区为高频、杂乱、中—弱反射、连续性差的地震反射结构，为岩浆喷发形成的复合火山锥，火山口喷出物相互叠加，结构复杂，翼部发育溢流相火山岩建造，岩相以爆发相和溢流相为主，有利储层为爆发相的角砾岩，溢流相的流纹岩、玄武岩等；滴西 18 井区为顶底强反射，具有内部弱振幅、断续、杂乱的特点，以次火山岩体侵入为主，属厚层块状次火山岩体与沉火山岩交互型建造，有利储层为次火山岩相的正长斑岩(图 4.62)。

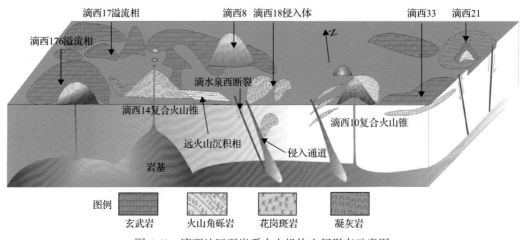

图 4.62　滴西地区石炭系火山机构空间形态示意图

2. 相控火山机构指导下岩体内幕刻画技术

地质、测井、地震、动态相结合，以火山机构为研究单元，采用"单井识别—剖面追踪—平面圈定—空间刻画"的解释方法，借鉴振幅、波形、正演模拟多种手段，先易后难，先局部后整体，识别、追踪、解剖、刻画火山岩体内幕结构特征，落实已开发火山岩气藏有利火山岩体内幕结构形态、规模及叠置关系，刻画岩体界面与新井实钻误差由 8‰减小到 5‰以下。

1) 裂隙式喷发溢流相岩体内幕刻画技术

滴西 17 井区 C_2b 为火山口喷溢型盾状火山机构，滴西 17 南断裂为溢流相主体喷溢通道，各个溢流相玄武岩体之间叠置关系明显，与下部流纹岩体在垂向上被一套碎屑岩隔开，平面上盾状火山熔岩堆砌特征明显(图 4.63)。主要刻画有利火山岩体 6 个，各火山岩体纵向上相互叠置，或被沉积岩分割成为独立的岩体圈闭，各火山岩体参数见表 4.8，有利相带为溢流相岩体顶部气孔玄武岩、角砾熔岩。

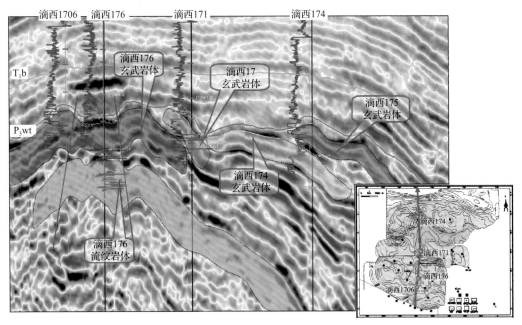

图 4.63　裂隙式喷发溢流相岩体内幕刻画

表 4.8　滴西 17 井区火口喷溢型火山岩体解释成果表

序号	长/km	宽/km	厚/m	面积/km²	岩性
滴西 17 玄武岩体	东西 3.3	南北 1.5	50～80	2.9	气孔玄武岩、角砾熔岩
滴西 176 玄武岩体	南北 4.3	东西 3.1	50～160	13.1	气孔玄武岩、角砾熔岩
滴西 5 玄武岩体	东西 1.5	南北 1.4	50～80	2.2	气孔玄武岩、角砾熔岩
滴西 174 玄武岩体	东西 5.6	南北 1.4	50～90	5.5	气孔玄武岩、角砾熔岩
滴西 175 玄武岩体	东西 6.7	南北 1.4	50～130	11.2	气孔玄武岩、角砾熔岩
滴西 176 流纹岩体	南北 2.6	东西 1.9	80～160	3.6	流纹岩、玄武岩

2) 中心式喷发爆发相复合岩体内幕刻画技术

滴西 14 井区为岩浆喷发形成的复合火山锥,石炭系顶面整体表现为以滴西 14 井区为构造高点的背斜构造,为多锥型复合火山机构,滴西 14 井区和滴 403 井区附近可能存在两个火山喷发通道,主体形成复合火山锥,以爆发相为主,翼部发育溢流相火山岩体,有利岩体位于构造高部位(图 4.64)。主要包括 5 个火山岩体,成为独立的岩体圈闭,各火山岩体参数见表 4.9,其中滴西 14 复合火山岩锥体为近火山口爆发相为主的火山岩形成的背斜,形态为近东西向椭球体,面积 6.67km²,最大厚度 280m 左右。

3) 浅成侵入相次火山岩体内幕刻画技术

滴西 18 井区岩浆沿断裂运移至近石炭系顶附近发生顺层侵入,形成两个次火山岩相侵入体,围岩局部发育火山岩体(图 4.65,表 4.10)。滴西 18 井区侵入岩体平面形态为不规则椭圆状,东西方向呈透镜体状,南北方向为楔状,向其他方向尖灭。滴西 18 井区次

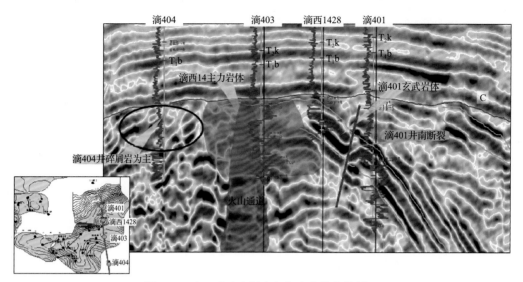

图 4.64　中心式喷发爆发相复合岩体内幕刻画

表 4.9　滴西 14 井区中心式喷发型火山岩体解释成果表

序号	长/km	宽/km	厚/m	面积/km²	岩性
滴 401 火山岩体	东西 3.11	南北 2.55	83	6.75	玄武岩、流纹岩
滴 402 上火山岩体	东西 2.07	南北 1.26	50	2.29	玄武岩
滴 402 下火山岩体	东西 2.39	南北 1.07	100	2.37	玄武岩
滴西 14 复合火山岩体	东西 2.93	南北 2.74	300	6.47	火山角砾岩、熔结凝灰岩
滴西 1421 火山岩体	东西 1.14	南北 0.76	70	0.45	玄武岩

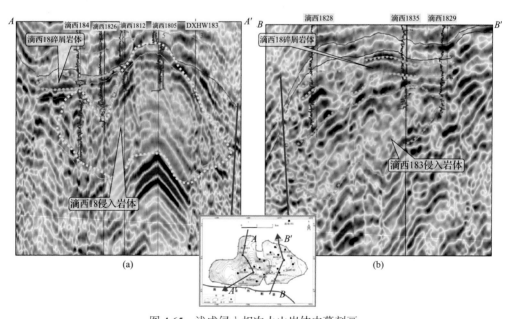

图 4.65　浅成侵入相次火山岩体内幕刻画

表 4.10　滴西 18 井区浅成侵入型火山岩体解释成果表

序号	长/km	宽/km	厚/m	面积/km²	岩性
滴西 18 碎屑岩体	东西 3.56	南北 2.43	80	5.72	安山质熔岩、火山碎屑岩
滴西 18 侵入岩体	东西 3.75	南北 2.15	500	6.79	正长斑岩
滴西 183 侵入岩体	东西 2.14	南北 3.42	600	5.95	正长斑岩

火山岩体位于滴水泉西断裂上倾方向，靠近断裂处厚度大，远离断裂逐渐减薄，由块状演变为与凝灰岩指状互层。滴西 183 侵入岩体顶部存在厚度约 100m 的凝灰质泥岩作为盖层，滴西 181 井区的凝灰质泥岩、滴西 1829 井区未侧钻前钻遇的凝灰岩在其他方向共同形成侧向封挡。滴西 18、滴西 183 次火山岩体顶面均表现为似背斜特征，滴西 18 次火山岩体面积相对较大，为 7.03km²，最大厚度约 500m，滴西 183 次火山岩体面积相对较小，为 3.98km²，最大厚度约 700m。

4.4.2　火山岩储层识别及分类预测技术

1. 改造型火山岩气藏有效储层识别技术

1）火山岩常规测井岩性解释技术

火山岩岩性按照"成分+结构、构造+成因"的分类原则，可分为 7 大类、28 亚类、161 种岩石类型。克拉美丽气田石炭系火山岩发育有 6 大类（次火山岩、火山熔岩、火山碎屑熔岩、熔结火山碎屑岩、正常火山碎屑岩和火山碎屑沉积岩）、18 亚类、86 种岩石类型（表 4.11）。

表 4.11　克拉美丽气田石炭系火山岩分类与命名

成分	次火山岩		火山熔岩		火山碎屑熔岩		熔结火山碎屑岩		正常火山碎屑岩		火山碎屑沉积岩			
	主名	次名	主名	次名	主名	次名	主名	次名	主名	次名	主名	次名	主名	次名
酸性			流纹岩	碎裂	集块熔岩		熔结集块岩		集块岩		沉集块岩		凝灰质砾岩	
			英安岩		角砾熔岩	英安质流纹质	熔结角砾岩	英安质流纹质	火山角砾岩	流纹质、英安质、凝灰质	沉火山角砾岩	英安质	凝灰质砂岩	
					凝灰熔岩	英安质含角砾	熔结凝灰岩	流纹质、英安质、含角砾	凝灰岩	流纹质、英安质、含角砾	沉凝灰岩		凝灰质泥岩	含角砾
中性	正长斑岩	碎裂	安山岩	碎裂玄武	集块熔岩	安山质	熔结集块岩		集块岩		沉集块岩		凝灰质砾岩	
	二长斑岩	碎裂	粗面岩		角砾熔岩	安山质	熔结角砾岩	安山质	火山角砾岩	安山质	沉火山角砾岩	安山质	凝灰质砂岩	
			粗安岩		凝灰熔岩		熔结凝灰岩	安山质	凝灰岩	安山质、角砾、含角砾	沉凝灰岩		凝灰质泥岩	

续表

成分	次火山岩		火山熔岩		火山碎屑熔岩		熔结火山碎屑岩		正常火山碎屑岩		火山碎屑沉积岩			
	主名	次名	主名	次名	主名	次名	主名	次名	主名	次名	主名	次名	主名	次名
基性			玄武岩	蚀变、碎裂、安山	集块熔岩		熔结集块岩		集块岩		沉集块岩		凝灰质砾岩	
					角砾熔岩	玄武质	熔结角砾岩	玄武质	火山角砾岩	玄武质	沉火山角砾岩		凝灰质砂岩	
					凝灰熔岩		熔结凝灰岩		凝灰岩		沉凝灰岩		凝灰质泥岩	

结合克拉美丽气田石炭系实际岩石特征，以突出岩石分类主要因素，反映特征因素，兼顾开发影响因素为原则，依据岩石薄片分析、成像测井识别火山岩的结构，根据成分分类分析典型岩性测井响应特征和分布区间(表 4.12)。采用层次分解法的思想，利用测井交会图逐级、逐次对研究区复杂火山岩性在多维空间进行表征，建立克拉美丽气田火山岩常规测井岩性层次识别图版(图 4.66，图 4.67)。

表 4.12　火山岩测井响应范围分布表

岩性	CAL/in	GR/API	RT/(Ω·m)	DEN/(g/cm³)	CNL/%	AC/(μs/ft)
凝灰质泥岩	12.3～12.5	94.3～105.6	5.4～19.4	2.4～2.7	23.4～29.6	78.7～88.3
凝灰质砂岩	12.0～14.3	42.3～75.0	2.4～56.3	1.7～2.6	11.3～43.3	67.2～92.5
正长斑岩	8.1～9.4	43.8～110.8	101.7～697.1	2.3～2.5	4.4.2～14.3	57.3～71.9
玄武岩	8.5～9.4	22.8～52.7	15.9～60.3	2.4～2.8	16.8～26.6	61.8～77.9
安山岩	8.2～8.9	70.8～119.5	8.7～78.5	2.1～2.5	11.1～23.5	62.2～91.5
凝灰岩	8.3～9.9	47.2～98.7	5.6～138.4	2.2～2.50	9.7～34.2	62.0～81.7
英安岩	8.5～8.9	111.2～178.5	9.9～58.9	2.4～2.6	9.0～25.3	62.4～78.3
流纹岩	7.2～9.2	102.8～188.2	13.3～191.2	2.3～2.6	4.0～18.2	56.9～81.7

注：CAL-井径；GR-自然伽马；RT-深电阻率；DEN-密度；CNL-补偿中子；AC-声波时差；1in=2.54cm。

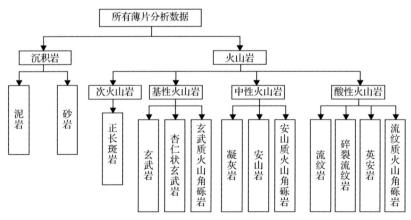

图 4.66　火山岩性常规测井识别层次

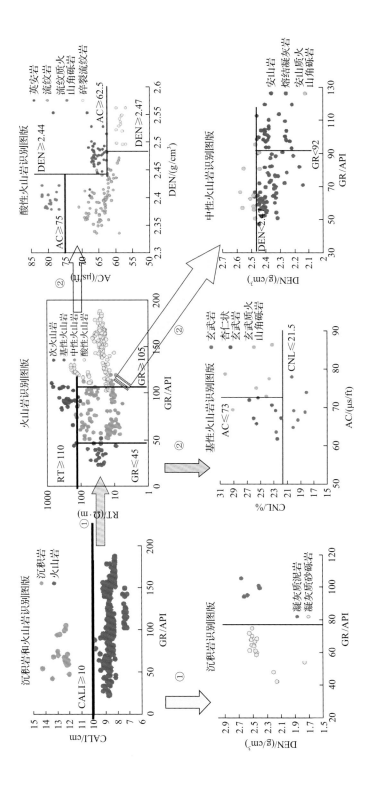

图4.67　火山岩常规测井岩性层次识别图版

与岩石薄片岩性鉴定结果对比，火山岩常规测井岩性层次识别图版综合识别总正判率在93%，可有效识别火山岩岩性。

2)改造型火山岩有效储层识别技术

在火山岩岩性等识别的基础上，以不同类型有效储层的成因机理为依据，考虑风化淋滤、异地搬运和蚀变充填三种改造作用的影响，采用定性分析与定量解释相结合的方法，识别火山岩有效储层，形成克拉美丽气田改造型火山岩有效储层识别技术。

A. 定性识别

根据有效储层成因和改造作用机理，以岩性、岩相、储集空间特征为依据，通过成像测井和常规测井响应特征分析，综合应用岩心、薄片和测井资料，定性识别准噶尔盆地蚀变充填型、异地搬运型、风化淋滤型有效储层(表4.13)。

表 4.13 火山岩有效储层地质及测井特征

储层类型	典型气藏	成因机制		地质特征			测井响应特征			
		影响机理	蚀变矿物	特征岩性	特征岩相	主要储集空间	声电成像测井	常规测井		
								曲线值	形态	光滑度
蚀变充填型	滴西17、滴西10	次生矿物充填作用	绿泥石、沸石、硅化物	火山熔岩	溢流相	残留气孔	黄色块状结构，不规则形态的黑色斑点均匀分布	电阻率、体积密度、声波时差、中子孔隙度中等	钟形、漏斗形	微齿—齿状
异地搬运型	滴西14、滴西10	水流搬运、沉积	低温方解石	火山碎屑岩	爆发相	粒间孔	黄色—红色块状结构，火山角砾有磨圆，偶见水平层理，不规则黑色斑点呈不均匀状分布	中低电阻率、中低密度、中高声波时差、中高中子孔隙度	箱形、钟形、漏斗形	齿状—微齿状
风化淋滤型	滴西18	风化、淋滤	方解石、高岭土	正长斑岩	次火山岩相	溶蚀孔	红色—深红色块状结构，不规则黑色斑块局部发育	中高电阻率、中高密度、中低声波时差、中低中子孔隙度	箱形、钟形-漏斗形组合	平滑—齿状

(1)蚀变充填型火山岩有效储层主要发育于滴西17井区玄武岩气藏中，气孔多被绿泥石、沸石、硅化物等次生矿物充填，形成残留气孔；在成像测井图上具有黄色块状结构，均匀发育不规则形态的黑色斑点；在常规测井曲线上，该类储层的电阻率、体积密度、声波时差、中子孔隙度等曲线为中等幅值，曲线形态多呈微齿—齿状钟形和漏斗形。

(2)异地搬运型火山岩有效储层主要发育于滴西14井区凝灰质角砾岩气藏中，由于被水流冲刷或被沉积物充填，火山角砾有一定磨圆，局部发育水平层理等；在成像测井图上多为黄色—红色块状结构，不规则黑色斑点呈不均匀状分布；在常规测井曲线上，该类储层多具有中低电阻率、中低密度、中高声波时差、中高中子孔隙度特征，曲线形态多呈齿状—锯齿状箱形、钟形和漏斗形。

(3)风化淋滤型有效储层主要发育于滴西18井区次火山岩气藏中，以溶蚀孔为主要储集空间；在成像测井图上表现为红色—深红色块状结构，局部发育不规则黑色斑块；在常规测井曲线上表现为中高电阻率、中高密度、中低声波时差、中低中子孔隙度特征，

· 128 ·

曲线形态多呈平滑—齿状箱形、钟形-漏斗形组合形态。

　　B. 定量识别

　　参照火山岩油藏的储层分类标准，综合利用岩心实验、测井解释和地质描述的成果，考虑改造作用的影响，采用双变量交会图方法(图 4.68)，建立了工区火山岩气藏分类的地质、测井等综合评价标准(表 4.14)，主要分类参数包括：孔隙度、渗透率、密度、声波时差、电阻率等，定量识别准噶尔盆地改造型火山岩有效储层。

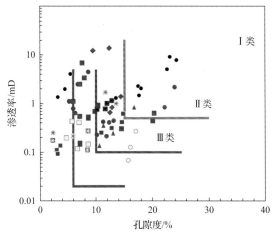

图例：
- ● Ⅰ类工业气层(自然高产)——酸性火山岩
- ◆ Ⅰ类工业气层(自然产能)——中性火山岩
- ■ Ⅱ类工业气层(自然中产)——正长斑岩
- ■ Ⅱ类工业气层(压后高产)——正长斑岩
- ■ Ⅱ类工业气层(压后高产)——基性火山岩
- ■ Ⅱ类工业气层(压后高产)——酸性火山岩
- ■ Ⅲ类工业气层(压后中产)——正长斑岩
- ▨ Ⅲ类工业气层(压后中产)——基性火山岩
- ▲ Ⅲ类工业气层(压后中产)——凝灰质砂岩
- ● Ⅲ类工业气层(压后中产)——酸性火山岩
- ◆ Ⅲ类工业气层(压后中产)——中性火山岩
- ＊ 非工业气层(自然低产)——基性火山岩
- □ 非工业气层(压后低产)——正长斑岩
- ○ 非工业气层(压后低产)——酸性火山岩

图 4.68 火山岩储层分类标准

表 4.14 准噶尔盆地改造型火山岩储层综合分类表

储层类型	物性参数标准		电性标准		岩性、岩相特征		孔隙特征		产能标准
	孔隙度/%	渗透率/mD	声波时差/(μs/ft)	密度/(g/cm³)	火山岩相	岩石类型	储渗组合	孔隙结构	
Ⅰ类	次火山岩：≥12	≥1	≥71	<2.41	次火山岩相外带、溢流相顶部亚相、溢流相上部亚相、爆发相溅落亚相、爆发相空落亚相	正长斑岩、气孔熔岩、角砾熔岩、凝灰质角砾岩、火山角砾岩	晶间溶孔+裂缝型、气孔+裂缝型、气孔+溶孔+裂缝型、气孔+溶孔型、粒间孔+溶孔+裂缝型	Ⅰ、Ⅱ型为主	自然高产
	喷出岩：≥15		酸性：≥72 中性：≥75 基性：≥76	酸性：<2.35 中性：<2.37 基性：<2.45					
	火山沉积岩：≥18		≥90	<2.33					
Ⅱ类	次火山岩：9～12	0.2～1	65～71	2.41～2.46	次火山岩相中带、溢流相上部亚相、爆发相空落亚相、溢流相下部亚相、爆发相热碎屑流	正长斑岩、气孔熔岩、凝灰质角砾岩、熔结碎屑岩、火山角砾岩	晶间溶孔+裂缝型、气孔+裂缝型、气孔型、粒间孔+裂缝型、粒间孔+微孔+裂缝型	Ⅱ型为主，Ⅰ型和Ⅲ型次之	压后高产
	喷出岩：10～15		酸性：64～72 中性：66～75 基性：69～76	酸性：2.35～2.44 中性：2.37～2.49 基性：2.45～2.57					
	火山沉积岩：13～18		80～90	2.33～2.43					

续表

储层类型	物性参数标准		电性标准		岩性、岩相特征		孔隙特征		产能标准
	孔隙度/%	渗透率/mD	声波时差/(μs/ft)	密度/(g/cm³)	火山岩相	岩石类型	储渗组合	孔隙结构	
Ⅲ类	次火山岩：5.5~9	0.02~0.2	57~65	2.46~2.52	次火山岩相中带、溢流相下部亚相、溢流相中部亚相、爆发相热基浪流、火山沉积相再搬运	正长斑岩、二长斑岩、火山熔岩、熔结凝灰岩、晶屑凝灰岩、沉火山岩	晶间溶孔型、气孔(发育程度低)型、粒间孔+溶孔型、粒间孔+微孔型、粒间孔+微孔+裂缝型	Ⅲ型为主Ⅱ型、Ⅳ型次之	压后中、低产
	喷出岩：6.5~10		酸性：59~64 中性：60~66 基性：64~69	酸性：2.44~2.50 中性：2.49~2.57 基性：2.57~2.65					
	火山沉积岩：8~13	0.04~0.2	70~80	2.43~2.53					

(1)有效储层分类标准。由于充填作用和交代作用的次生矿物以高岭土、绿泥石、蒙脱石、硅化物或沉积碎屑为主，三种改造作用使准噶尔盆地火山岩的喉道变细、孔隙结构变差、导电性变好。因此，与松辽盆地原生型火山岩储层分类标准相比，准噶尔盆地改造型火山岩储层的产能标准和渗透率标准基本一致，但孔隙度标准则高 3%~5%，声波时差标准高出约 6μs/ft，岩石密度标准约降低 0.03g/cm³，电阻率下限标准明显降低。

(2)储层参数测井解释。改造型火山岩储层的物性和电性特征受复杂岩性和改造作用影响大。因此，以岩石物理实验为基础，采用岩心刻度测井的方法，综合利用核磁测井、成像测井和常规测井，分岩性、分基质和裂缝(图 4.69)，考虑改造作用影响(图 4.70)，建立储层参数解释的理论模型和统计模型，解释孔隙度、渗透率和饱和度参数，形成克拉美丽气田改造型火山岩储层参数解释技术，提高解释精度，为定量识别改造型火山岩有效储层奠定基础。

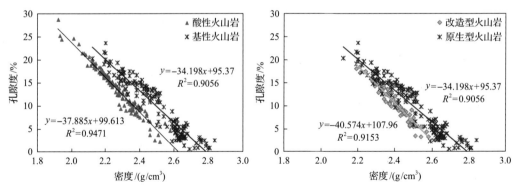

图 4.69　分岩性建立储层参数解释模型　　图 4.70　考虑改造作用影响建立储层参数解释模型

(3)有效储层定量识别。以改造型火山岩有效储层下限及分类标准为依据，综合利用岩心、实验、测井曲线和储层参数解释成果，对克拉美丽气田 57 口井进行了储层类型的解释，并将岩性识别成果、孔渗饱解释成果、FMI 裂缝图像及裂缝参数解释成果、气测解释成果、试油成果和测井解释成果进行了集成，作为单井储层评价的数据平台，定量识别Ⅰ、Ⅱ、Ⅲ类有效储层。分井区对储层类型的分布进行统计分析:滴西14井区以Ⅱ和Ⅲ类储层为主,Ⅲ类储层占所有储层的40%;滴西17井区以Ⅰ类和Ⅱ类储层为主,Ⅲ类储层比例相对较小,占所有储层的21%;滴西18井区以Ⅲ类储层为主,占所有储层的86%,Ⅰ类和Ⅱ类储层分布较少(图4.71)。

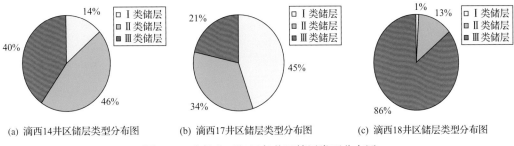

(a) 滴西14井区储层类型分布图　　(b) 滴西17井区储层类型分布图　　(c) 滴西18井区储层类型分布图

图4.71 克拉美丽气田各井区储层类型分布图

2. 火山岩体控属性反演储层分类预测技术

基于体控地震属性反演的火山岩气藏有效储层分类预测技术,提高了储层预测精度。在地震反演的基础上,利用孔隙度、密度及波阻抗体分析火山岩储层平面物性特征,根据分类标准提取分类储层有效厚度。

1) 火山岩储层测井、地震响应敏感参数确定

在精细标定的基础上,利用测井资料及井旁道地震资料分析火山岩储层测井、地震响应特征。从火山岩储层自然伽马与纵波阻抗的双变量交会图中(图4.72)可以看出,波阻抗、伽马与储层孔隙度相关,是火山岩储层的敏感参数。因此,综合利用波阻抗、声波时差、密度与储层孔隙度划分储层类型,开展火山岩储层分类预测研究。

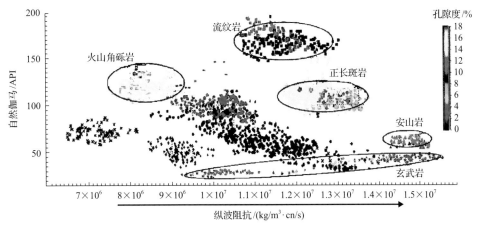

图4.72 火山岩储层参数交汇图

2) 基于体控波阻抗的储层分类预测技术

利用地震反演体以协同克里金为基础的序贯高斯模拟方法可以较好发挥测井垂向分辨率高和地震横向连续性好的特点,以确定研究区火山岩储层的物性分布特征,进而进

行储层类型的预测。

研究区岩性复杂，但单一火山岩体中岩性相对单一，因此分岩体利用井的波阻抗和孔隙度做交汇图，发现两者相关系数普遍大于 0.85，分析表明地震波阻抗剖面同井上波阻抗值对应情况较好，可以利用波阻抗进行火山岩体孔隙度的反演(图 4.73)。

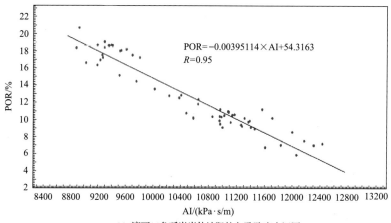

POR=−0.00395114×AI+54.3163
R=0.95

(a) 滴西14角砾岩岩体波阻抗与孔隙度交汇图

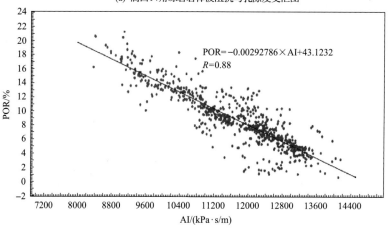

POR=−0.00292786×AI+43.1232
R=0.88

(b) 滴西183正长斑岩岩体波阻抗与孔隙度交汇图

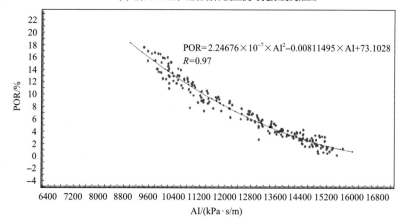

POR=2.24676×10⁻⁷×AI²−0.00811495×AI+73.1028
R=0.97

(c) 滴西17玄武岩岩体波阻抗与孔隙度交汇图

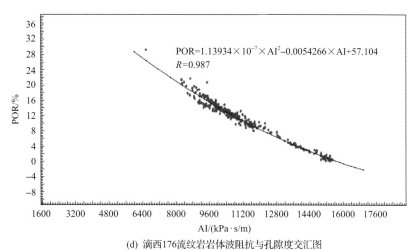

(d) 滴西176流纹岩岩体波阻抗与孔隙度交汇图

图 4.73　典型岩体波阻抗与孔隙度交汇图

POR-孔隙度，%；AI-波阻抗，kPa·s/m；R-相关系数

　　研究发现由于地震反演垂向分辨率较低，虽然反演趋势较好，但较难实现孔隙度的准确预测(图 4.74)。采用测井约束序贯高斯模型配合克里金法，将地震反演储层参数数据体作为第二变量，对模拟计算进行加权和条件约束，使测井数值的插值与地震数据体的数据分布特征相近似，以此来得到测井约束波阻抗模拟孔隙度三维数据体(图 4.75)。

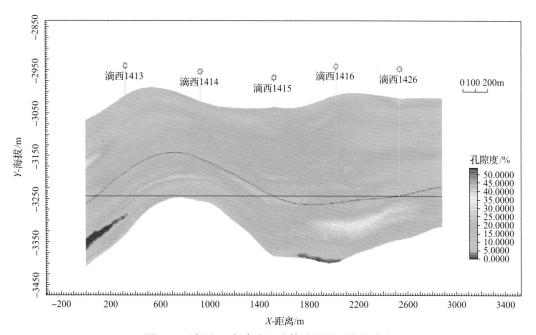

图 4.74　滴西 14 复合火山岩体波阻抗反演孔隙度

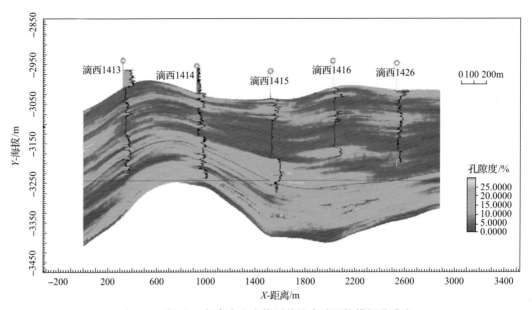

图 4.75　滴西 14 复合火山岩体测井约束波阻抗模拟孔隙度

根据储层类型划分标准进行储层类型的划分，预测Ⅰ、Ⅱ、Ⅲ类储层类型的分布，分析发现地震约束下储层类型的预测结果与单井解释的储层类型具有比较高的符合率，基本可以反映岩体内储层的分布特征，加密新钻井验证符合率达到 80% 以上(图 4.76)。

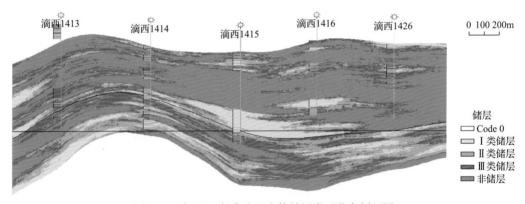

图 4.76　滴西 14 复合火山岩体储层类型分布剖面图

3. 火山岩储层及隔夹层分布表征技术

A. 储层分布表征

利用单井储层评价的数据平台、典型测井解释剖面与地震约束预测储层模型共同表征火山岩储层Ⅰ、Ⅱ、Ⅲ类储层分布特征。以滴西 14 井区滴西 14 复合火山岩体为例进行论证分析。

从图 4.77 典型储层类型分布剖面可知，滴西 14 井区总揭穿地层厚度为 200~400m，其中储层的总有效厚度为 0~170m，储层类型以Ⅱ类储层和Ⅲ类储层为主。

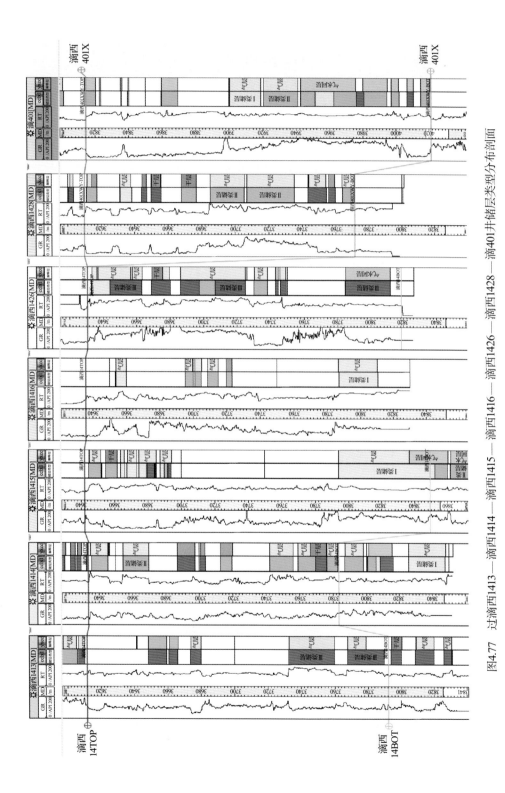

图4.77　过滴西1413—滴西1414—滴西1415—滴西1416—滴西1426—滴西1428—滴西401井储层类型分布剖面

Ⅰ类储层厚度最大 73m，主要分布于滴西 14 井区和滴西 1415 井区；Ⅱ类储层厚度最大 160m，主要分布于滴西 1414 区、滴西 1428 井区和滴 401 井区；Ⅲ类储层单井厚度最大 63m，于滴西 1413 井区和滴西 1426 井区厚度较大。

平面上储层类型预测三维数据体表征各类储层分布特征，可以提取气水界面之上的储层厚度进行平面成图预测总有效厚度及Ⅰ、Ⅱ、Ⅲ类有效储层厚度。滴西 14 复合火山岩体总有效厚度南部最厚，西北最薄，其中滴西 14 井区和滴西 1414 井区附近厚度最大，总体以Ⅱ类和Ⅲ类储层为主，Ⅰ类储层厚度相对较小。其中Ⅰ类储层有效储层厚度于西北和东南部较厚，滴西 14 井区和滴西 1415 井区附近厚度较大；Ⅱ类储层有效储层厚度于岩体南部最大，北部厚度偏小，滴西 14 井区、滴西 1414 井区和滴西 1424 井区附近厚度较大；Ⅲ类储层有效储层在全区皆有分布，于滴西 1413 井区、滴西 1426 井区附近局部富集(图 4.78)。

B. 隔、夹层分布表征

隔、夹层的发育状况直接影响气井产能和边、底水上窜速度，研究隔、夹层分布特征可以为优选气藏开发方式提供依据。

隔、夹层可以分为岩性隔夹层和物性隔夹层两大类。岩性隔、夹层以沉火山岩、细粒沉积岩或黏土岩为主，含有较多束缚水，在常规测井曲线上具有"中高伽马、高声波时差、高中子、低密度、低电阻率、大井径"的特点(图 4.79)；FMI 成像图上颜色较深；在核磁测井 $T2$ 谱上，峰值的 $T2$ 时间小于 $T2$ 截止值，大于 $T2$ 截止的包络面积小于下限。

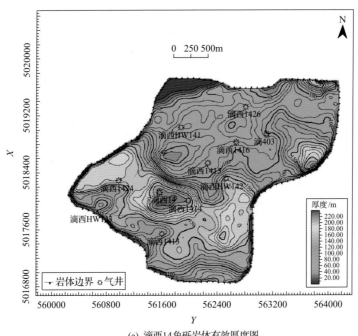

(a) 滴西14角砾岩体有效厚度图

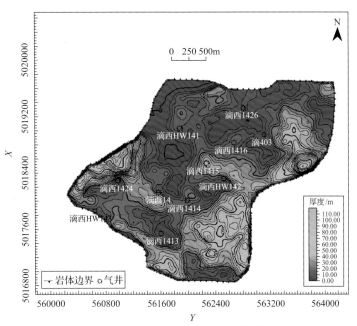

(b) 滴西14角砾岩体Ⅰ类储层有效厚度图

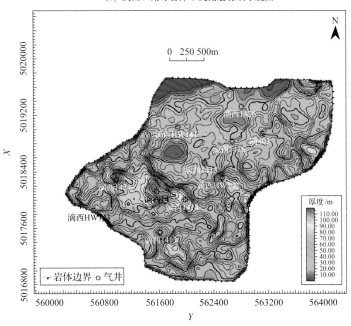

(c) 滴西14角砾岩体Ⅱ类储层有效厚度图

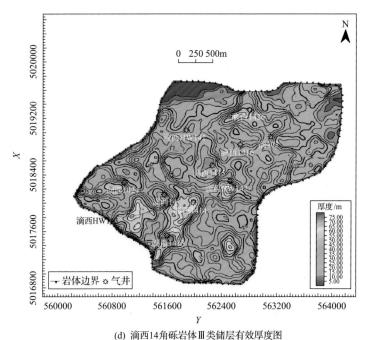

(d) 滴西14角砾岩体Ⅲ类储层有效厚度图

图 4.78　滴西 14 复合火山岩体储层有效厚度图

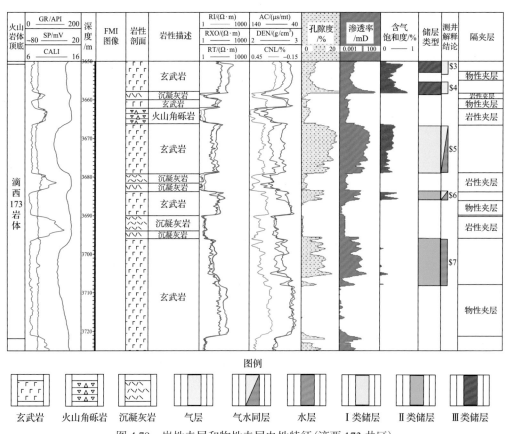

图 4.79　岩性夹层和物性夹层电性特征（滴西 173 井区）

岩性隔层纵向厚度和平面分布范围都较大，在地震上具有"界面振幅强但内部较弱、中高频、层状、可连续追踪"的特点，易于识别。物性隔、夹层以各种致密火山岩为主，物性较低，在常规测井曲线上具有"高电阻率、高密度、低声波时差、低补偿中子孔隙度"的特点，自然伽马高低与岩性有关；在 FMI 成像图上表现为黄色—白色块状结构；在核磁测井 $T2$ 谱上峰值低，大于 $T2cutoff$ 的包络面积小于下限；物性隔、夹层具有局部发育的特征。

利用单井储层评价的数据平台，结合单井测井解释成果，从隔、夹层岩性，厚度，物性，夹层发育频率、密度、裂缝发育特征等方面表征隔、夹层分布特征，借助储层类型预测三维数据体表征空间分布。

克拉美丽气田石炭系火山岩气藏隔层以凝灰质沉积岩和沉凝灰岩为主，属于岩性隔层。隔层平均孔隙度 4.5%，物性差；裂缝以斜交裂缝为主(约占 76.6%)，发育程度低，裂缝段约占隔层总厚度的 18.5%。夹层物性相对较好，平均孔隙度 5.0%；裂缝以斜交裂缝为主(约占 58%)，较发育，裂缝段占夹层总厚度的 50.6%。火山岩夹层类型多，以沉凝灰岩夹层(岩性夹层)最发育，约占 29.1%；致密玄武岩和花岗斑岩次之，分别占 15.6% 和 15.9%。不同类型的夹层其物性和裂缝特征不同。

滴西 17 井区发育明显隔层，C_2b 火山沉积岩地层为该区稳定隔层，将下部流纹岩气藏和上部玄武岩气藏分为 2 套独立气藏，在滴西 17 井区处，隔层厚度大于 200m，隔层中裂缝较发育。各区块中滴西 17、滴西 14 井区夹层比较发育，滴西 18 井区夹层欠发育(图 4.80～图 4.82，表 4.15)。

不同井区各岩体夹层发育特征差异较大。如滴西 176 玄武岩体内部夹层以致密玄武岩和凝灰质砂岩夹层为主(厚度约占 86%)，夹层密度为 0.12m/m，夹层频率约为 0.03 层/m，夹层裂缝较发育；该岩体下部滴西 176 流纹岩体夹层以致密英安岩和致密安山岩夹层为主(厚度约占 77%)，夹层密度为 0.25m/m，夹层频率约为 0.03 层/m，夹层裂缝较发育。

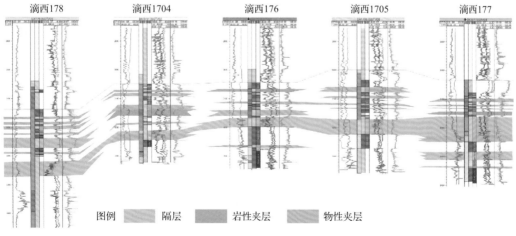

图 4.80　滴西 17 井区石炭系火山岩气藏隔、夹层分布

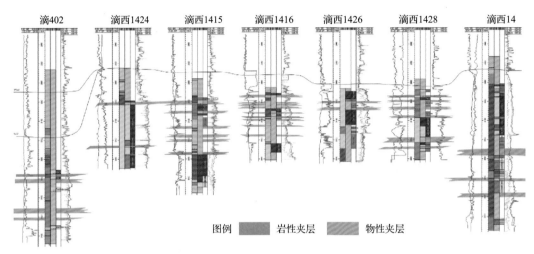

图 4.81 滴西 14 井区石炭系火山岩气藏隔、夹层分布

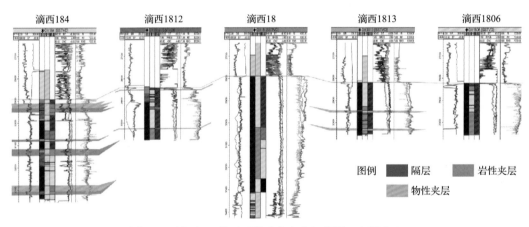

图 4.82 滴西 18 井区石炭系火山岩气藏隔、夹层分布

表 4.15 已开发气藏火山岩储层隔夹层特征综合表

井区	隔层岩性	隔层厚度/m	夹层岩性	夹层频率/(层/m)	夹层密度/(m/m)	夹层裂缝发育程度	孔隙度/%
滴西 17	碎屑岩、火山碎屑沉积岩	27~137.8	致密玄武岩、致密安山岩、凝灰质泥岩、沉凝灰岩	0.06	0.46	裂缝较发育	<6.5
滴西 14	—	—	凝灰质角砾岩、流纹质安山岩、沉凝灰岩	0.046	0.44	裂缝较发育	<6.5
滴西 18	—	—	正长斑岩	0.01	0.03	裂缝发育	<5.5

4.4.3 完善改造型复杂火山岩气藏气、水层识别技术

1. 改造型复杂火山岩气藏气、水层识别技术

气、水层识别是天然气藏储层含气性评价、储量计算和流体分布模式研究的重要依据。克拉美丽气田石炭系火山岩岩性复杂，储集空间类型及孔缝组合方式多，普遍受到异地搬运、蚀变充填和风化淋滤作用影响，改变了火山岩储层的孔隙结构和渗流特征及气、水层分布，使改造型火山岩气藏的含气性特征和导电机理更加复杂，气、水层识别难度更大。

1)改造作用对火山岩含气性和导电性的影响机理

改造作用不直接改变、影响流体性质，但由于对岩性、物性等的影响，电性曲线会发生变化，不同改造方式对火山岩骨架影响机理、火山岩气水分布和导电性影响不同（表4.16，图4.83）。

表 4.16　改造作用对火山岩岩性的影响分析表

改造方式	典型气藏	热液性质	成岩作用	骨架影响/次生矿物	主要影响机理	次生孔隙度/%
风化淋滤型	滴西18	弱碱性	溶蚀、交代	方解石、高岭土、绿泥石	溶蚀易溶组分	3~5
异地搬运型	滴西14	中性—弱碱性	水流冲刷、充填、交代	方解石	冲刷火山灰、充填沉积物	1~2
蚀变充填型	滴西17	中性—弱酸性	交代、充填	绿泥石、沸石、硅化物、方解石	交代原有矿物、充填原生孔洞缝	<1

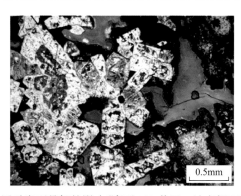

图 4.83　蚀变作用对岩石骨架的影响(滴西 182 井区，蚀变粗面岩，充填绿泥石)

风化淋滤以弱碱性水溶蚀作用为主，主要起着改善储层储渗能力、缩短导电路径的作用，改善程度取决于风化淋滤作用的强弱、火山岩中易溶组分的含量和分布。风化淋滤作用主要发生在滴西18井区，岩性为正长斑岩，随风化淋滤作用增强，三孔隙度增高，电阻率降低，成像测井呈不规则深色斑点、斑块、片状。随深度增加，风化淋滤作用减弱，反映电阻率、密度由岩体顶部向下逐渐升高，中子、声波测井值由岩体顶部向下逐渐降低。

异地搬运以水流作用方式，通过冲刷火山灰、溶蚀易溶组分、充填沉积物等方式改造火山岩储集空间，改善储层储渗能力，缩短导电路径。沉积物或次生矿物的充填、交代作用则使火山岩储渗能力变差、导电路径增长，异地搬运作用主要发生在滴西14井区，岩性主要为火山角砾岩。

蚀变充填主要以次生矿物交代原有矿物、充填储集空间的方式改造火山岩储集空间，使火山岩储渗能力和含气性变差，导电路径增长，蚀变充填作用主要发生在滴西17井区，主要岩性为玄武岩，随蚀变充填增强，电性三孔隙度增高、电阻率降低，成像测井呈规则深色斑点(图4.83)。

该区石炭系火山岩改造作用的充填物和交代矿物以高岭土、绿泥石、蒙脱石、硅化物或沉积碎屑为主，通常使火山岩储层储渗能力、含气性变差，导电性则变好。因此，在测井曲线上表现为电阻率降低、中子孔隙度增大、岩石密度减小的特点，其中电阻率变化率可达73.3%(图4.84)。

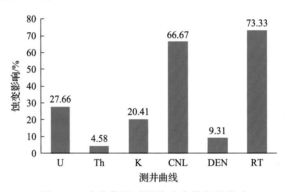

图4.84　改造作用对测井响应特征的影响

2)改造型火山岩气、水层识别技术

以改造作用对火山岩含气性和导电性的影响机理为依据，建立了"地质理论指导、多种信息综合、多种方法验证"的指导思想，采用钻井显示、地质录井、地层测试、测井解释等多手段综合使用的方法，分岩性建立气层识别图版，发展了基于岩性和蚀变特征的火山岩气、水层识别技术，气、水层识别符合率由76%提高至92%。

以气、水层的导电性、中子减速特性、声波传播特性、氢核弛豫特征差异为依据，考虑改造作用的影响，分析火山岩气、水、干层的常规测井响应特征(表4.17)，综合利用核磁测井、声波测井、阵列感应测井和常规测井，采用T2谱分析、差谱法、移谱法、波形分析、曲线交会、曲线重叠等方法，识别火山岩气、水层(图4.85，图4.86)。

表4.17　火山岩气、水、干层的常规测井响应特征表

储层类型	电阻率值/(Ω·m)	深浅电阻率差异/(Ω·m)	密度/(g/cm^3)	中子孔隙度/%	声波时差/(μs/ft)
气层	中高	正差异	低	中低，挖掘效应	高，周波跳跃
水层	低	负差异	中等	高	中等
干层	高—极高	无差异或差异小	高	低	低

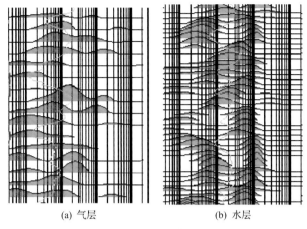

图 4.85 核磁测井 T2 谱识别气、水层

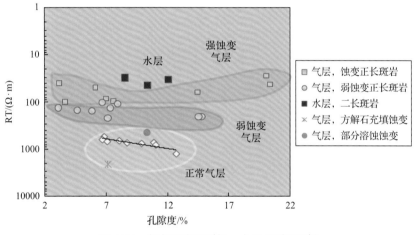

图 4.86 考虑影响识别气、水层(正长斑岩)

火山岩储层岩性复杂，不同岩性的测井响应差异大，分岩性建立识别火山岩气、水层识别图版，提高气、水层解释的精度。以试气、试采资料为基础，综合考虑不同岩性火山岩气、水层的声波时差、密度、电阻率及含气饱和度范围，完善解释模型，分岩石类型分别制作有效储层识别图版，确定不同岩性有效储层孔隙度、电阻率等下限值(图 4.87，表 4.18)，综合评价气、水层识别符合率由 76%提高至 92%。

2. 火山岩气藏气水分布及水体评价技术

1)气水界面划分及气水分布模式

A. 气水界面划分

火山岩气藏气水界面划分应以单井气、水层识别结果为基础，以多级次火山岩格架模型为约束，综合气、水层识别，内幕结构解剖及试气、试采动态特征，对气田 45 口井进行气水界面划分，获得各区块气水界面位置海拔分布参数，为气藏剖面绘制和气藏驱动类型分析提供基本参数依据(表 4.19，图 4.88~图 4.90)。

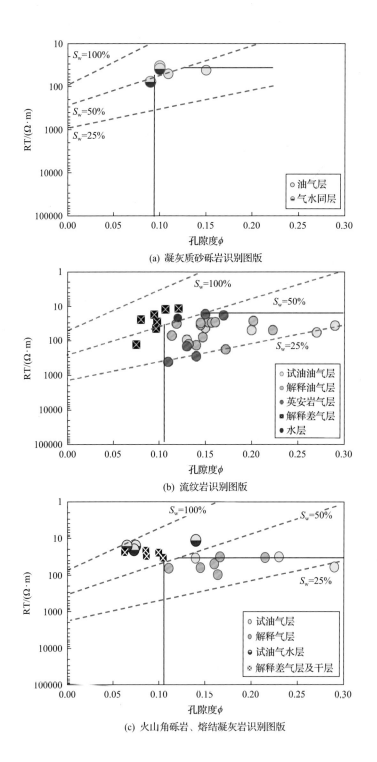

(a) 凝灰质砂砾岩识别图版

(b) 流纹岩识别图版

(c) 火山角砾岩、熔结凝灰岩识别图版

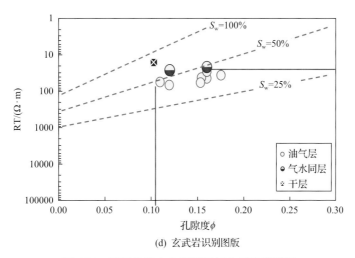

(d) 玄武岩识别图版

图 4.87 不同类型火山岩储层气水层识别图版

S_w - 含水饱和度

表 4.18 克拉美丽气田火山岩储层有效厚度电性及含气性下限标准

岩类	岩性	声波时差/(μs/ft)	密度/(g/cm³)	孔隙度/%	电阻率/(Ω·m)	含气饱和度/%
酸性火山岩	流纹岩、英安岩、流纹质熔岩	≥59	<2.50	10.7	18.0	50
中性火山岩	火山角砾岩、熔结凝灰岩	≥60	<2.57	10.5	34.1	50
基性火山岩	玄武岩	≥64	<2.65	10.58	26.5	50
	安山岩			7.3	30	50
次火山岩	正长斑岩	≥57	<2.52	6	167.4	50
火山沉积岩	凝灰质砂砾岩	≥70	<2.53	9.5	38	50

表 4.19 克拉美丽气田石炭系各区块气—水界面测井识别参数表　　　　(单位：m)

区块	井号	层位	补心海拔	试油井段	试油结论	试油证实底界海拔	有效厚度底界	气藏底界取值
滴西 17	滴西 171	$C_2b_3^3$	591.20	3670.0～3690.0	气层	−3098.80	−3187.0	−3204
	滴西 178		575.16	3716.0～3727.0	气水同层	3782.3	−3204.1	
	滴西 1703		590.00	3671.5～3700.5	气层	−3110.50	−3153.3	
	滴西 176	$C_2b_2^2$	592.24	3794.0～3812.0	气层	−3219.76	−3277.9	−3278
	滴西 1705		581.69	3810.0～3820.0	气层	−3238.31	−3286.3	
滴西 14	滴 401	$C_2b_2^2$	616.35	3859.0～3870.0	气水同层	−3253.65	−3247.0	−3250
	滴 403		615.80	3824.0～3840.0	气水同层	−3224.20	−3250.0	
	滴西 1415		605.90	3796.0～3810.0	气层	−3204.10	−3241.0	
滴西 18	滴西 1826	$C_2b_3^2$	630.09	3636.0～3660.0	气水同层	−3029.91	−3090.1	−3090
	滴西 1805		642.90	3400.0～3674.0	气层	−3031.1	−3031.1	
	滴西 183		663.65	3830.0～3840.0	气水同层	−3176.35	−3100	

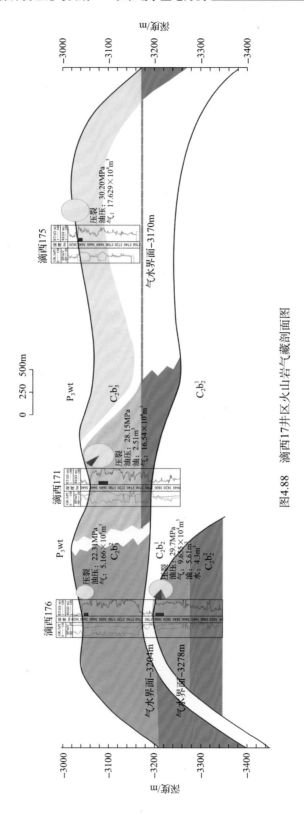

图4.88　滴西17井区火山岩气藏剖面图

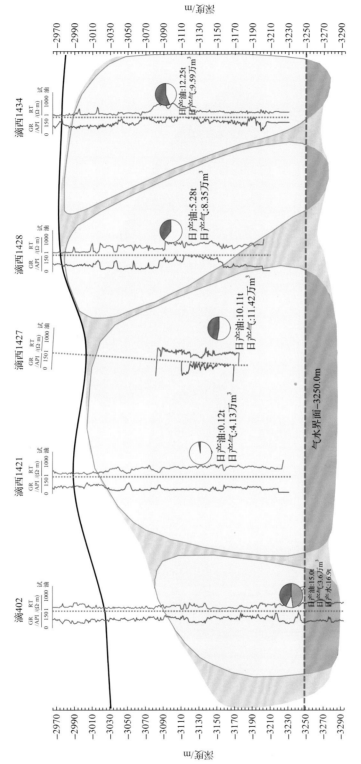

图4.89　滴西14井区火山岩气藏剖面图

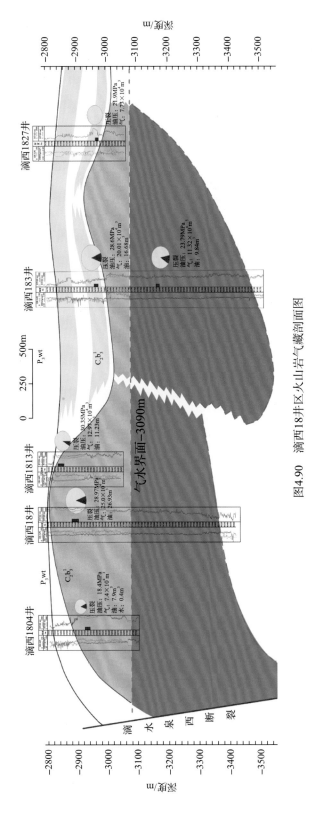

图4.90　滴西18井区火山岩气藏剖面图

B. 气水分布规律

由于重力分异作用，气藏中天然气一般分布在构造高部位，地层水分布在构造低部位，并在气藏内部形成纯气、气水过渡和纯水三个区。火山岩气藏中，由于内幕结构复杂，储层岩性、岩相变化快，非均质性强，形成形态、规模及连通关系不尽相同的储集单元，往往发育多个气水系统。气田火山岩气藏气水分布涵盖以下三种类型。

(1)边水：在含气构造中，天然气聚集高度超过气层厚度，且构造周边的天然气被水层所衬托。例如，滴西 17 井区上部玄武岩气层，储层主要由多期溢流形成的玄武岩构成，水体主要分布在气藏边部，各岩体具有相对独立的气水界面(图 4.88)。

(2)底水：在含气构造中，天然气聚集高度小于气层厚度，且聚集在构造高部位的天然气全部被水层所衬托。例如，滴西 17 井区下部流纹岩气层，气层位于滴西 176 复合火山岩体顶部溢流相流纹岩储层，岩体上部基本不含水，下部发育底水(图 4.89)。

(3)不规则的气水分布。当储气层高度非均质时，就会形成不规则的气水分布。当气藏所处的储集体连通性差时，就会形成不同的压力系统，从而导致气水界面在不同水平面上。例如，滴西 14 井区气水分布主要受多期火山岩储集体控制，在气水界面附近，存在气水过渡带(图 4.90)。

总体上看，火山岩构造高部位为纯气层，构造低部位为气水同层或水层，克拉美丽气田的气水分布与构造紧密相关，为上气下水分布，水体呈现边、底水特征，局部发育夹层水。

C. 气水接触模式

由气水层识别和评价结果可知，克拉美丽气田火山岩气藏气水层分布模式主要有气水层直接接触、气水层间接接触和气水层不接触三种类型。

(1)气水层直接接触：压裂缝与构造缝共同作用沟通底部水层，大压差生产造成气井产水(如滴西 183 井区)。气水层直接接触时，气层物性好，裂缝不发育，试采初期气井产水量小(没有压裂)，后期压差加大，导致产水量增加(滴西 1415 井区)。

(2)气水层间接接触：气水层间隔层裂缝发育，大压差试气压裂缝和构造缝沟通底水，沿裂缝上窜，造成气井产水(滴西 171 井区)。

(3)气水层不接触：气水层有稳定分布的隔夹层，且隔夹层裂缝不发育，气藏生产以弹性驱为主，基本不产地层水(滴西 10 井区)。

2) 气藏水体规模及水体能量评价

A. 水体规模

火山岩气藏的总水体是将该气田内存在的所有水层体积相累加，水体体积倍数是指所有水层地下水体积与所有气层地下天然气体积之比。由于目前滴西 14、滴西 17 和滴西 18 井区火山岩气藏内完钻的井均没有钻穿石炭系火山岩储层，利用静态资料估算水体大小难度较大。

根据含气面积内已完钻井钻遇水体的厚度及目前的地质认识，采用静态法初步估算滴西 14 井区火山岩段水层地下体积为 $0.46 \times 10^8 m^3$，气层地下天然气体积为 $0.36 \times 10^8 m^3$，水体体积倍数为 1.3 倍；滴西 17 井区玄武岩段水层地下体积为 $0.04 \times 10^8 \sim 0.41 \times 10^8 m^3$，气层地下天然气体积为 $0.04 \times 10^8 \sim 0.36 \times 10^8 m^3$，水体体积倍数为 $1.0 \sim 3.0$ 倍；滴西 18 井区滴西 18 正长斑岩岩体水层地下体积为 $0.91 \times 10^8 m^3$，气层地下天然气体积为 $0.32 \times 10^8 m^3$，水体体积倍数为 2.8 倍；滴西 18 井区滴西 183 正长斑岩岩体水层地下体积为 $0.75 \times 10^8 m^3$，气层地下天然气体积为 $0.22 \times 10^8 m^3$，水体体积倍数为 3.4 倍（表 4.20）。

表 4.20 克拉美丽气田各井区水体大小初步估算

区块		水体计算参数				水层地下水体积/$10^8 m^3$	气层地下天然气体积/$10^8 m^3$	水体体积倍数
		A/km^2	h/m	ϕ/f	S_w/f			
滴西 17 井区	滴西 17 玄武岩体	4.00	30	0.125	1	0.15	0.05	3.0
	滴西 5 玄武岩体	2.23	15	0.120	1	0.04	0.04	1.0
	滴西 176 玄武岩体	13.10	25	0.125	1	0.41	0.36	1.1
	滴西 176 流纹岩体	5.30	30	0.140	1	0.22	0.08	2.8
滴西 14 井区		13.00	30	0.120	1	0.46	0.36	1.3
滴西 18 井区	滴西 18 正长斑岩体	6.80	160	0.085	1	0.91	0.32	2.8
	滴西 183 正长斑岩体	6.00	150	0.085	1	0.75	0.22	3.4

注：A-面积；h-深度；ϕ-孔隙度；S_w-含水饱和度。

B. 水体活跃程度及驱动类型评价

火山岩气藏具有边底水特征，在开发过程中若生产压差过大，容易形成水体锥进，所以水体活跃程度受射孔井段和产气速度的影响较大。

各井区测井资料显示都有水层发育，试气获水层 31 层。从测试结果看，地层水产能总体较小，除 5 层测试日产水较大外，其他水层的日产水相对较少，水层自然产能较低，水体自身的能量较弱。火山岩气、水层之间的裂缝可能沟通下部水层，增强水体活跃程度。整体来看，滴西 14 井区水层产能较低，滴西 17 井区次之，滴西 18 井区相对较大。

利用水层的试气资料可以对水体的动态特征进行初步评价，如滴西 1805 井，做出其拟压力、采出程度随累产气的变化曲线，如图 4.91 所示，滴西 1805 井 P_P 曲线偏离直线段时的采出程度 R 约为 5%。滴西 18 井区各产水气井井区水体活跃程度计算汇总结果见表 4.21。滴西 18 井区 6 口产水气井除滴西 1823 井属中等活跃水体外，其余 5 口水体活跃程度均较高。采用产量不稳定法建立滴西 1805 井的动态模型，曲线特征表明气水两相流导致压差增大，实测曲线向下偏离直线的斜率为–1，说明水体能量不足（图 4.92）。

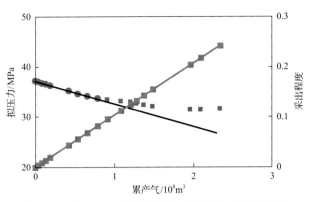

图 4.91　滴西 1805 井水侵量及采出程度变化曲线图

表 4.21　滴西 18 井区产水气井水体活跃程度评价表　　　　　　（单位：%）

井名	滴西 1823	滴西 1804	滴西 1805	DXHW181	DXHW182	滴西 183
P_p 曲线偏离直线段时的采出程度	20	7	5	5	2.5	4
水体活跃程度	中等	高	高	高	高	高

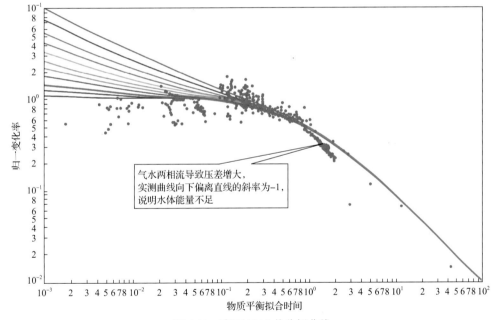

图 4.92　滴西 1805 井分析曲线

由以上的动静态资料综合分析可知，克拉美丽气藏为气驱或弱水驱气藏。

4.4.4　火山岩储层裂缝预测及双重介质三维地质建模技术

1. 火山岩储层裂缝识别技术

以裂缝测井响应机理为基础，通过岩心刻度和测井响应特征分析，采用多种测井资料相互结合的手段来提高测井裂缝识别的准确度，并评价裂缝参数。

1)FMI 定量评价裂缝

在定性识别的基础上，根据裂缝的导电机理建立火山岩裂缝的定量评价模型，主要裂缝参数如下。

（1）裂缝密度(条/m)：指线密度，定义为单位长度内的裂缝条数；在 FMI 成像测井裂缝识别的基础上，通过统计单位长度内的裂缝条数获得。

（2）裂缝长度(m/m²)：通过计算 FMI 成像图上单位面积内的裂缝总长度获得。

（3）裂缝宽度(μm)：有以下两种计算方法。

A. 利用 FMI 成像测井资料计算

$$\varepsilon=aAR_{xo}^b R_m^{1-b} \tag{4.27}$$

式中，ε 为裂缝宽度；a、b 为与仪器有关的常数，其中 b 接近零；A 为由裂缝造成的电导率异常面积，m²；R_{xo}、R_m 分别为侵入带及钻井液电阻率，$\Omega\cdot m$。根据单条裂缝宽度统计单位井段(1m)中裂缝轨迹宽度的平均值，得到平均裂缝宽度。

B. 利用双侧向测井曲线估算

先判断裂缝产状，然后分别计算不同裂缝中的 ε。

$$\begin{cases}高角度裂缝：\varepsilon=2.50\times10^3\times(C_s-C_d)/C_m\\低角度裂缝：\varepsilon=8.33\times10^2\times(C_d-C_b)/C_m\\网状裂缝：\varepsilon=高角度裂缝张开度+低角度裂缝张开度\end{cases} \tag{4.28}$$

式中，C_d、C_s、C_m、C_b 分别为深侧向、浅侧向、泥浆和基岩块的电导率，mS/m。

（4）裂缝张开度的计算。

裂缝张开度的定量计算公式由数值模拟得来，计算公式如下：

$$W=c\cdot A\cdot R_f^b\cdot R_{xo}^{1-b} \tag{4.29}$$

式中，系数 c、b 取决于 FMI 成像测井仪器的具体结构；W 为裂缝张开度，μm；A 为由裂缝造成的电导率异常面积，m²；R_{xo} 为裂缝岩石骨架电阻率，$\Omega\cdot m$；R_f 为裂缝中流体电阻率，$\Omega\cdot m$。

（5）裂缝孔隙度(%)：用常规双侧向和电阻率成像测井计算。

A. 根据岩心及 FMI 成像资料评价裂缝面孔率

裂缝孔隙度定义为1m井壁上的裂缝视开口面积除以1m井段中的岩心表面积或FMI图像的覆盖面积，计算公式如下：

$$\phi_f=\frac{裂缝密度(条/m)\times裂缝长度(cm)\times裂缝宽度(mm)}{3.1416\times1000\times岩心或井眼直井(cm)} \tag{4.30}$$

B. 根据双侧向测井估算裂缝孔隙度

双侧向测井的水槽模型实验表明，裂缝倾角、裂缝张开度及裂缝延伸长度对双侧向电阻率值、深浅侧向电阻率差异及曲线形态等都有一定的影响，根据实验结果得到的裂

缝孔隙度估算模型为

$$\begin{cases} \text{水层：} \phi_f = \sqrt[m_f]{(C_s / K_r - C_d)/(C_m - C_w)} \\ \text{气层：} \phi_f = \sqrt[m_f]{(C_s / K_r - C_d)/C_m} \end{cases} \tag{4.31}$$

式中，C_w 为地层水的电导率，mS/m；m_f 为裂缝的孔隙结构指数，一般取 $1\sim1.3$；K_r 为裂缝对浅侧向电阻率的影响系数，一般取值 $1.1\sim1.3$。

（6）裂缝渗透率（mD）。指裂缝性储层的渗透率，即把含裂缝的岩石作为一个整体，允许流体在其中流动的能力，根据裂缝产状及其组合特点，分以下三种类型计算。

$$\begin{cases} \text{单组系裂缝：} K_f = 8.5 \times 10^{-4} \times R \times d^2 \times \phi_f / m_f \\ \text{多组系垂直缝：} K_f = 4.24 \times 10^{-4} \times R \times d^2 \times \phi_f / m_f \\ \text{网状裂缝：} K_f = 5.66 \times 10^{-4} \times R \times d^2 \times \phi_f / m_f \end{cases} \tag{4.32}$$

式中，K_f 为裂缝渗透率，mD；d 为裂缝宽度，μm；ϕ_f 为裂缝孔隙度；m_f 为裂缝的孔隙结构指数；R 为裂缝的径向延伸系数。当延伸大（>2m）时，$R=1$；当延伸中等（$0.5\sim2$m）时，$R=0.8$；当延伸小（$0.3\sim0.5$m）时，$R=0.4$；当延伸极小（<0.3m）时，$R=0$。

（7）裂缝水动力宽度：所有裂缝轨迹宽度的立方之和开立方。

应用上述模型开展了 28 口井的火山岩裂缝参数定量分析研究，绘制了单井储层裂缝综合图（图 4.93），为火山岩储层研究奠定了基础。

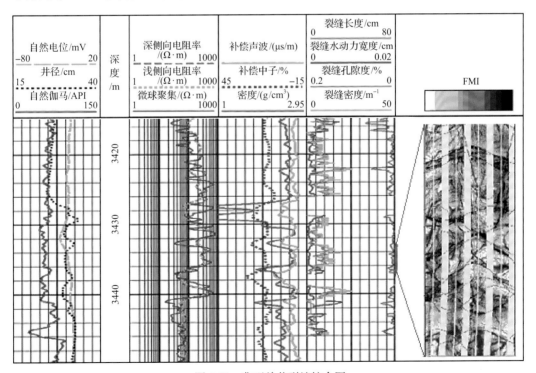

图 4.93　典型单井裂缝综合图

2) 常规测井定量评价

在前期裂缝研究的基础上，筛选出对研究区裂缝敏感度最高的测井曲线，通过综合加权的方法，建立一套适合克拉美丽气田的裂缝判别模型，来判别其他井的裂缝发育情况，实际应用证明该方法具有一定的可行性。

裂缝在双侧向测井曲线上的响应与裂缝的产状、裂缝的宽度与长度、裂缝中的充填物及充填状态、泥浆侵入深度等密切相关。

A. 裂缝倾角判别

根据欧阳健、李善军所构造的裂缝产状判别公式(4.33)，以研究区的 FMI 裂缝识别结果为基础，利用双侧向反演计算判别系数 r，分高角度裂缝、低角度裂缝、斜交裂缝进行统计，其结果见表4.22。

$$r = (R_t - R_i) / (R_t \cdot R_i)^{0.5} \tag{4.33}$$

式中，R_t 为深侧向测井曲线值，$\Omega \cdot m$；R_i 为浅侧向测井曲线值，$\Omega \cdot m$。

表 4.22　裂缝产状的判别系数统计表

裂缝状态	分析角度范围/(°)	分析点数	最大值	最小值
高角度裂缝	74~90	85	0.4212	0.1352
低角度裂缝	0~50	13	0.0021	−0.4125
斜交裂缝	50~74	47	0.1415	−0.0031

从表 4.22 可得到裂缝状态的判别标准：当 $r > 0.13$ 时为高角度（$> 74°$）裂缝；当 $r \leqslant 0$ 时为低角度（$< 50°$）裂缝；$0 < r \leqslant 0.13$ 为倾斜裂缝。

B. 裂缝张开度的计算

Sibbit 和 Faivr(1985)对单条裂缝用二维有限元方法进行了数值模拟计算，得到了利用双侧向测井解释裂缝张开度的方法。计算裂缝张开度 ε 的公式如下。

高角度裂缝：
$$\varepsilon = \frac{(C_i - C_t)}{4C_f} \cdot 10^4 \tag{4.34}$$

低角度裂缝
$$\varepsilon = \frac{(C_i - C_b)}{4C_f} \cdot 10^4 \tag{4.35}$$

式中，C_t 为地层的电导率，为深侧向测井曲线值的倒数，S/m；C_i 为侵入带的电导率，为浅侧向测井曲线值的倒数，S/m；C_b 为基岩块的电导率，S/m；C_f 为裂缝中流体的电导率，S/m。

C. 裂缝孔隙度的计算

深浅双侧向、微球聚焦电阻率的差异在一定程度上反映裂缝的发育程度。采用电阻率侵入校正差比法描述裂缝，其计算公式如式(4.36)所示：

$$R_{TC} = \frac{R_t - R_{lls}}{R_{lls}} \tag{4.36}$$

式中，R_{TC} 为深浅电阻率差比值；R_{lls} 为浅侧向电阻率值；R_t 为侵入校正的地层真电阻率。

从图 4.94 上可以明显看到：FMI 计算的裂缝孔隙度的分辨率比 R_{TC} 的分辨率高，将 FMI 计算的孔隙度滤波，滤波后的曲线与 R_{TC} 对应性较好，利用统计回归即可得到裂缝孔隙度的解释模型(图 4.95)，其相关程度较好，相关系数为 0.7369。当 $R_{TC}>0.2$ 时，裂缝发育程度均比较高，以 0.2 为门槛值，可以确定大部分井的裂缝发育程度。

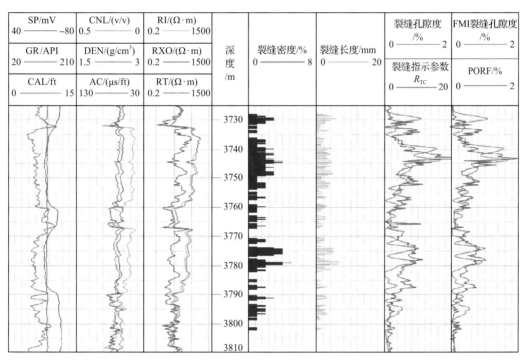

图 4.94　FMI 裂缝孔隙度与 R_{TC} 对比图(滴西 1413 井区)

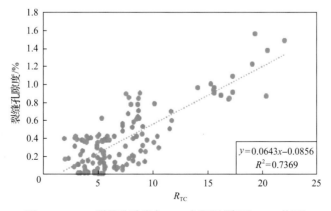

图 4.95　FMI 裂缝孔隙度与 R_{TC} 交汇图(滴西 1413 井区)

电阻率侵入校正差比法对部分火山岩裂缝的解释吻合度有所提高，利用 R_{TC} 与裂缝孔隙度拟合曲线，可以构建新的曲线，可以更精确地描述裂缝发育程度，后期建模过程中使用修正后的裂缝平均水动力宽度曲线构建模型，大大提高了实际钻井情况吻合程度（图 4.96）。

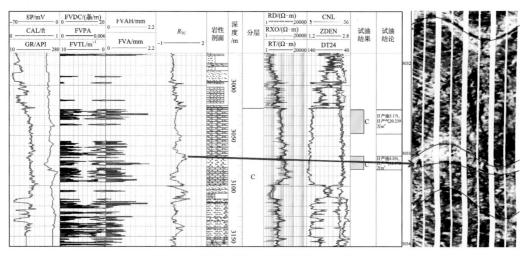

图 4.96　常规测井识别裂缝(滴西 10 井区)

先由 R_{TC} 得到裂缝视孔隙度(FVPA)，再以此得到另外四种裂缝属性曲线，由拟合关系图(图 4.97～图 4.100)可以得出，裂缝宽度(FVA)和 FVPA 与裂缝水平动力宽度(FVAH)相关性很好，但裂缝长度(FVTL)和裂缝密度(FVDC)与 FVAH 的拟合效果相对较差，因此对 FVTL 与 FVDC 的拟合关系进行分析，验证结果是否可靠(图 4.101)，结果显示相关性满足要求。

对重新计算裂缝属性曲线的井进行综合分析，裂缝发育程度与测井解释结果基本吻合(图 4.102)，在后续建模研究中，采用此方法对无裂缝属性曲线的井进行裂缝分析，并将结果应用于离散型裂缝建模中。

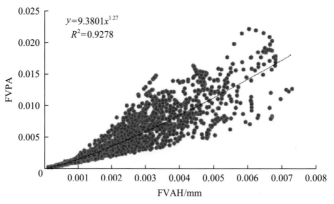

图 4.97　FVPA 与 FVAH 拟合关系式

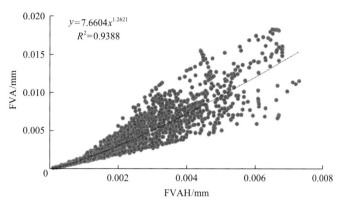

图 4.98　FVAH 与 FVA 拟合关系式

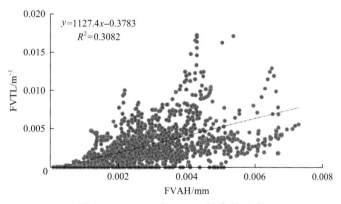

图 4.99　FVAH 与 FVTL 拟合关系式

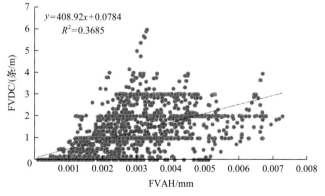

图 4.100　FVAH 与 FVDC 拟合关系式

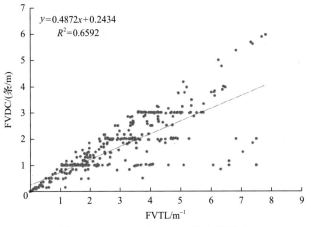

图 4.101　FVDC 与 FVTL 拟合关系式

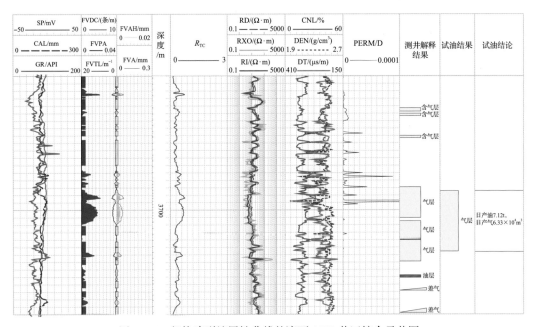

图 4.102　新构建裂缝属性曲线的滴西 1428 井区综合录井图

2. 火山岩储层裂缝预测技术

裂缝发育带往往会引起地震波反射同相轴的振幅、频率、相位等特征出现异常变化，通过检测地震波振幅、频率、相位等属性的异常区域，可达到预测裂缝发育带的目的。在 6 个地震属性数据体中，地震调谐能量分频带衰减属性及分形反演属性与地震属性特征较为一致，可以作为裂缝建模的相控属性(图 4.103)。

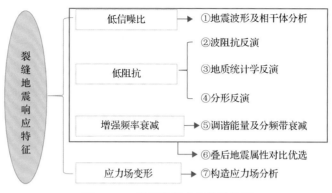

图 4.103　裂缝地震响应特征分析

1) 裂缝建模相控属性分析

A. 分形反演

首先要进行层位标定和子波估算，通过子波反演和层位标定交互迭代获取最佳标定和最佳子波。针对研究区实际地质情况，在岩体内幕结果刻画的基础上，选取分形插值方法建立反演初始模型，分形插值的运算速度较线性插值慢，但在横向上能根据地震振幅的变化控制模型的微观特征，从而把地质、测井、地震等多元地学信息统一到模型上，实现各类信息在模型空间的有机结合，提高反演的信息使用量、信息匹配精度和反演结果的置信度。

分形插值采用设置插值点法，即已知点 x_1 和 x_2 处的函数值为 $f(x_1)$、$f(x_1)$，则 x 处的函数值 $f(x)$ 可用式 (4.37) 计算：

$$f(x)=f(x_1)+(f(x_2)-f(x_1))\cdot\|x-x_1\|/\|x_2-x_1\|+\mathrm{RAN} \tag{4.37}$$

式中，x 为未知点；x_1 为已知点；RAN 为一随机增量，其值为

$$\mathrm{RAN}=\sqrt{1-2^{2H-2}}\|x_2-x_1\|\cdot H\cdot\sigma\cdot G\cdot\mathrm{rate} \tag{4.38}$$

式中，H 为 Hirst 指数；σ 为离差；G 为一高斯随机变量，服从 $N(0,1)$ 分布；$\|x_2-x_1\|$ 为样本距；rate 为标定系数。

通过分形反演，较好地反映出了火山岩体外部形态及内部结构特征，达到了实际期望效果，可以作为裂缝预测相控属性 (图 4.104，图 4.105)。

B. 调谐能量及分频带衰减

在有裂缝发育的情况下，储集体的速度会变低，尤其是含油气以后，储集体的速度会变得更低，在裂缝发育且含油气的储层中，地震波的波长会变短，调谐频率会变小。因此，在同一调谐频率下，储层特征不同的岩石会表现出不同的振幅调谐特征。

通过井的模拟和井旁地震道分频处理结果的解释，可建立储层特征与振幅谱和相位谱的定量关系。图 4.106 为气田目的层段调谐频率处的能量谱及其目的层段频率分布范围，对各岩体频率进行分析后得出频率主要在 5~40Hz，以 5Hz 为步长绘制出气田目的层段指定频率能量谱。

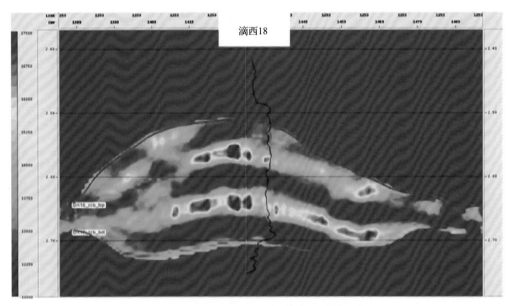

图 4.104　滴西 18 井区火山岩体分形反演剖面图

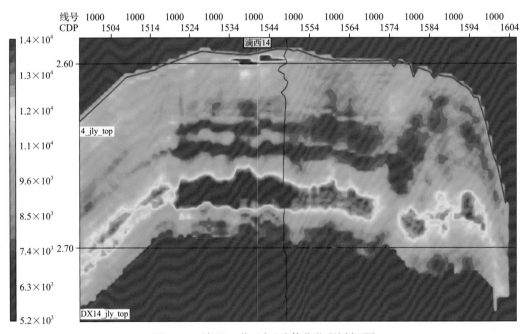

图 4.105　滴西 14 井区火山岩体分形反演剖面图

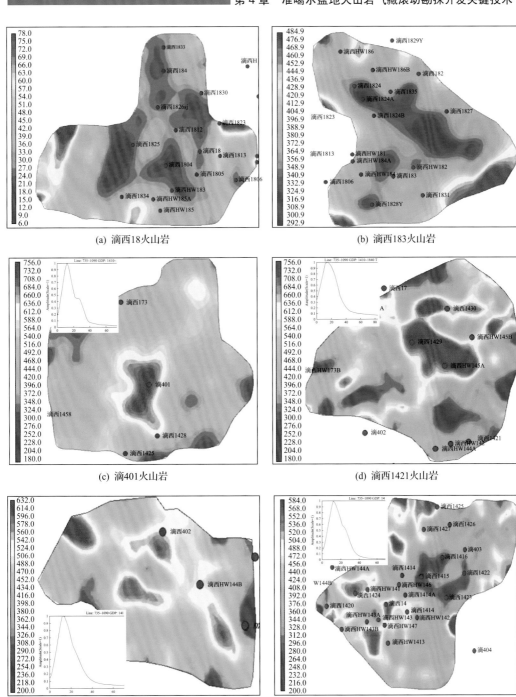

(a) 滴西18火山岩

(b) 滴西183火山岩

(c) 滴401火山岩

(d) 滴西1421火山岩

(e) 滴402上火山岩

(f) 滴西14火山岩

图 4.106　气田各火山岩体调谐能量平面图及目的层段频率分布范围图

综合分析单井目的层段厚度、测井响应特征、裂缝发育程度等，确定各有利火山岩体与实际储层分布特征较为相符的调谐频率，如滴西 14 火山岩体 25Hz 的调谐能量平面分布与实际储层分布情况较为相符（图 4.107，图 4.108）。

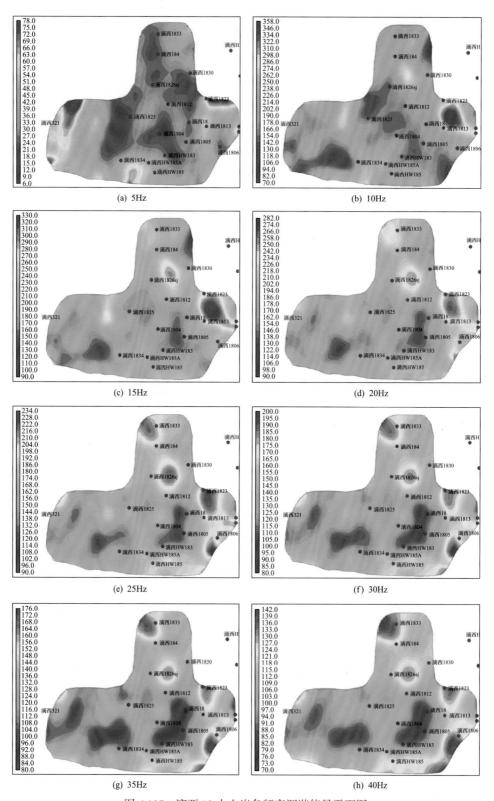

图 4.107　滴西 18 火山岩各频率调谐能量平面图

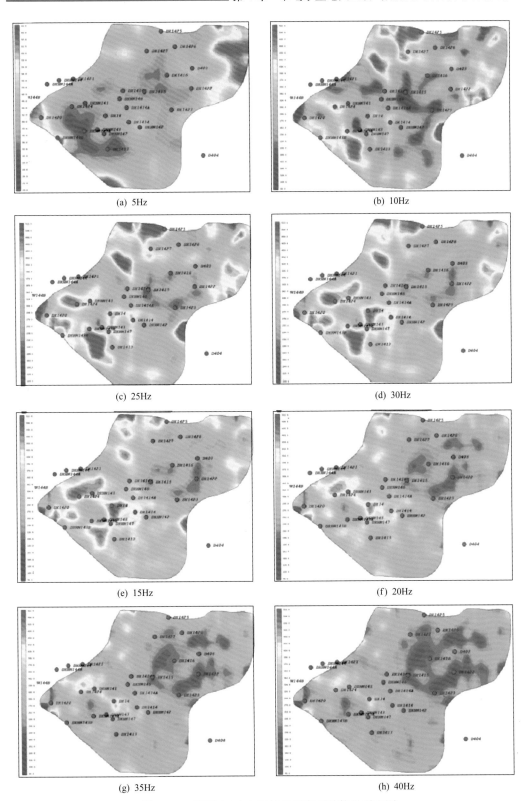

(a) 5Hz

(b) 10Hz

(c) 25Hz

(d) 30Hz

(e) 15Hz

(f) 20Hz

(g) 35Hz

(h) 40Hz

图 4.108　滴西 14 火山岩体各频率调谐能量平面图

2）火山岩储层裂缝预测技术

将地震数据体对裂缝较敏感的属性进行处理，包括瞬时频率、瞬时方差、瞬时倾角、瞬时相位、相干等。处理后通过多种地震属性与单井裂缝发育情况的分析，发现单井裂缝的发育情况与相干体对应情况较好，裂缝发育区地震同相轴存在一定程度的扭动，相干体存在一定的异常。因此，主要采用相干数据体（图4.109）进行裂缝预测，其他属性作为参考。

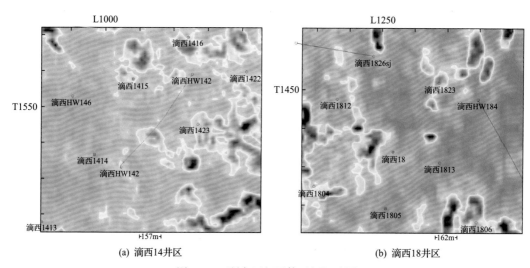

图 4.109　研究区相干体时间切片图

将对该区地震数据、不同火山岩体进行稀疏脉冲反演、地质统计学反演及分形反演得到的数据体进行属性对比分析，从中寻找能够体现裂缝特征的叠后地震属性作为裂缝建模过程中的相控属性。对比发现各有利火山岩体分形反演属性与地震属性特征较为一致，与试气结论相符，可以用于裂缝建模的相控属性（图4.110，图4.111）。

例如，由滴西18火山岩体叠后地震属性对比分析可得，该层段东部裂缝较为发育。结合试气产能及裂缝特征分析得出，在多个反演数据体中，分形反演属性与地震属性特征较为一致，与试气结论相符（图4.110）。由滴西14火山岩体叠后地震属性对比分析

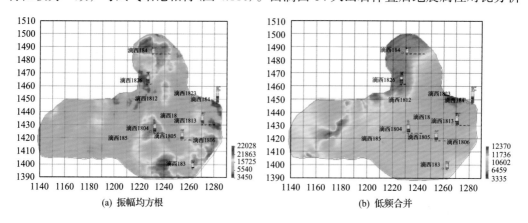

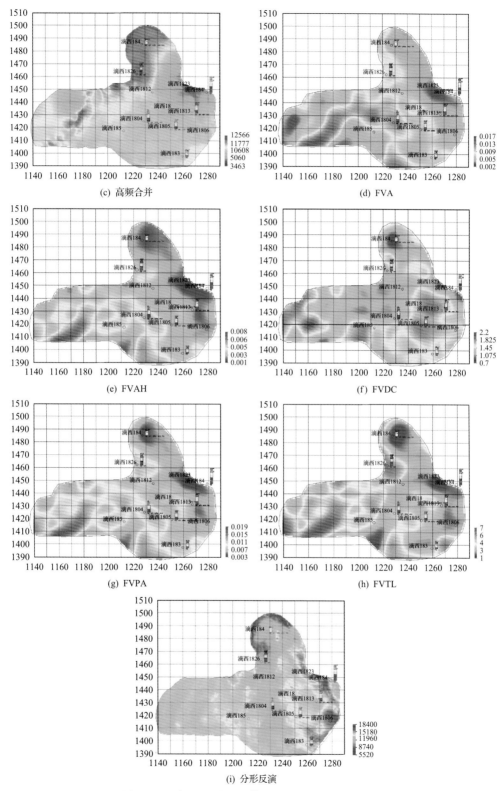

图 4.110　滴西 18 火山岩体叠后地震属性对比分析图

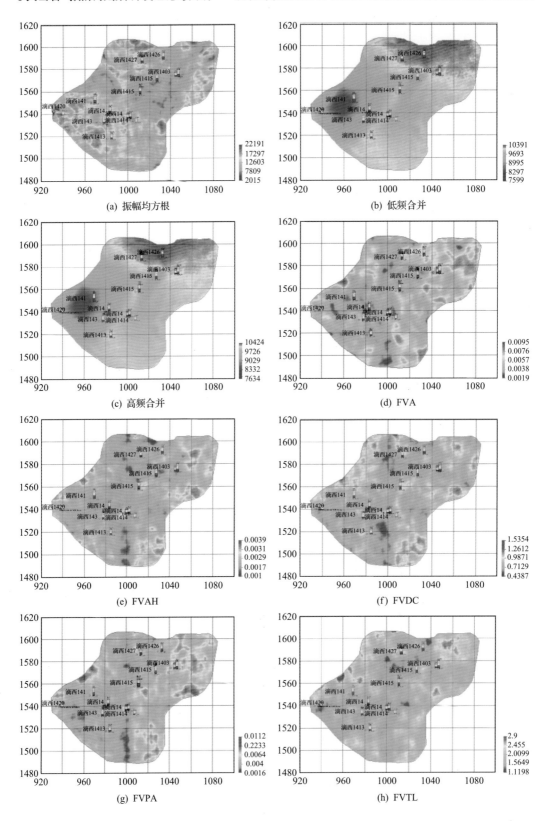

(a) 振幅均方根

(b) 低频合并

(c) 高频合并

(d) FVA

(e) FVAH

(f) FVDC

(g) FVPA

(h) FVTL

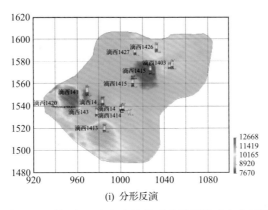

(i) 分形反演

图 4.111 滴西 14 火山岩体叠后地震属性对比分析图

(图 4.111)可得，该层段在西南部裂缝较为发育，呈北西-南东向分布。结合试气产能及裂缝特征分析得出，在多个反演数据体中，分形反演属性与地震属性特征较为一致，与试气结论相符。

3. 火山岩体离散双重介质三维地质建模技术

1) 离散双重介质三维地质建模

结合克拉美丽气田火山岩气藏地质特点及建模难点，在充分利用岩心、测井、录井及生产动态等井点资料的基础上，井间以火山喷发旋回、火山机构、火山岩体、火山岩相等内部结构为约束条件，以地震属性体及反演参数体为协同约束条件，建立火山岩气藏构造、储层格架、储层属性及流体分布模型，已经形成了基于体控、相控、震控的改造型火山岩气藏三维地质建模技术，在此基础上，将裂缝测井解释结果及可预测裂缝成因的地震属性资料转换成裂缝强度等参数，建立了火山岩离散型储层裂缝属性模型(图 4.112)，并与原有基质三维地质模型共同构建反映复杂火山岩气藏内幕结构及多重介质储层的三维地质模型，为水平井轨迹设计、数值模拟及开发指标预测等奠定了基础。

裂缝属性建模采用相控条件下的序贯高斯模拟方法，基本思路是首先根据条件数据建立模拟网格的累计条件概率分布函数，其次对该函数进行随机模拟，即从该函数中随机提取分位数得到模拟实现，参数设置与序贯指示相类似，区别在于连续变量的序贯高斯模拟要进行数据变换使模拟的储层参数符合高斯分布，从而可以应用高斯方法进行建模，建模后再进行反变换。在应用高斯随机模拟过程中，应检验正态分布变换后样品数据是否符合双元正态性，如果符合则可使用该方法，否则应考虑其他随机模型。

具体步骤如下：

(1)曲线加载。建模采用的孔隙度和渗透率数据来源于测井解释，然后按照井曲线类型加载到 Petrel 工区。

(2)曲线离散化。属性和相一样，在建模前模型区域被产生的三维网格分割。每一个网格单元格会根据每一种属性拥有一个单一的值。通常网格单元比起测井曲线的采样间隔要大许多，所以孔隙度和渗透率数据也需要先进行离散化，也就是粗化。

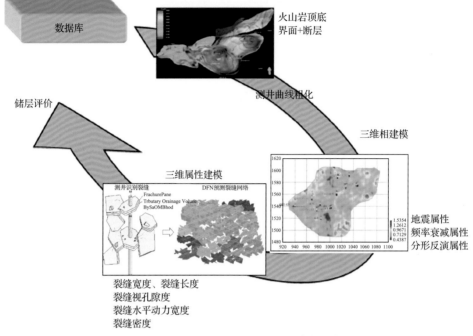

图 4.112　火山岩离散型裂缝三维地质建模技术流程

(3)变差函数分析。离散后的孔隙度和渗透率数据也需要做变差函数分析，由于在相图趋势的约束下，变差函数的影响不明显，孔隙度和渗透率建模采用在属性模拟时设置变差函数。

(4)属性模拟。储层属性建模重点在于模拟计算孔隙度、渗透率等参数。

裂缝储层的孔隙性相对单纯的孔隙型砂岩储层类型要复杂得多，双重孔隙介质是指储层有裂缝孔隙和基质孔隙两种形式。

孔隙度模型主要以测井曲线解释孔隙度为基础数据，利用变差函数，通过数据统计，进行变差函数分析，得到孔隙度之间的空间相关性，采用序贯高斯模拟方法，分岩体对孔隙度进行模拟，建立各岩体孔隙度模型(图 4.113，图 4.114)。

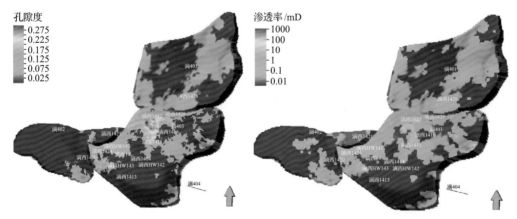

图 4.113　滴西 14 井区基质孔隙度模型　　　　图 4.114　滴西 14 井区基质渗透率模型

渗透率是储集层特性中的关键参数，具有较强的空间敏感性。根据孔隙度与渗透率的相关性，采用确定性方法与随机模拟方法相结合的思路，利用序贯高斯模拟方法协同孔隙度模型建立研究区的渗透率模型(图4.115，图4.116)。

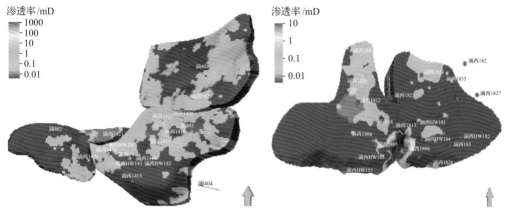

图 4.115 滴西 14 井区基质渗透率模型　　　图 4.116 滴西 18 井区基质渗透率模型

在裂缝数据分析结果的基础上，采用分形反演属性作为裂缝建模过程中的相控属性，以离散到网格的裂缝属性曲线为基础，应用 Petrel 软件裂缝建模模块，分别模拟了裂缝宽度、裂缝水动力宽度、裂缝视孔隙度、裂缝密度、裂缝长度五种裂缝属性模型，裂缝建模的成果与 FMI 解释成果吻合程度较高，可以达到 90%以上。

滴西 18 井区侵入岩体裂缝属性模型表明，该区整体裂缝发育程度较高，整体裂缝密度变化不太显著，裂缝宽度、裂缝水动力宽度、裂缝视孔隙度、裂缝长度变化明显，火山岩体构造高部位裂缝发育。

滴西 14 井区火山岩体裂缝属性模型表明，该区整体裂缝发育程度低于滴西 18 井区，整体裂缝密度、裂缝视孔隙度变化细微，裂缝宽度、裂缝长度变化明显，滴西 14 火山岩体构造高部位裂缝发育(图 4.117)。

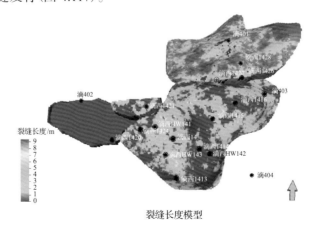

裂缝长度模型

图 4.117 滴西 14 井区火山岩体裂缝属性模型

结合裂缝建模平面属性结果，统计分析不同火山岩体裂缝发育情况，如滴西 14 火山岩体共发育 18 条规模较大的裂缝,主要发育方向为北西-南东向,滴西 18 火山岩体共发育 10 条规模较大的裂缝,主要发育方向为北东-南西向,平面分布情况如图 4.118、图 4.119 所示,裂缝详细参数如表 4.23 所示。

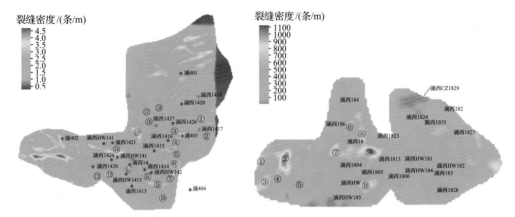

图 4.118　滴西 14 火山岩体裂缝平面分布图　　　图 4.119　滴西 18 火山岩体裂缝平面分布图

表 4.23　典型岩体裂缝信息统计表

岩体	裂缝条数	裂缝编号	裂缝方向	裂缝平面延伸长度/m	裂缝平面延伸宽度/m	钻遇井
滴西 14 火山岩体	18	①	北西-南东	484.9	85.4	
		②	北西-南东	262.5	99.6	
		③	北西-南东	400.7	95.5	
		④	北东-南西	583.3	85.4	滴 403
		⑤	北西-南东	389.2	32.4	
		⑥	北西-南东	387.3	86.6	
		⑦	北东-南西	281.9	90.0	
		⑧	近东西向	375.7	101.8	DXHW142
		⑨	近东西向	598.6	70.0	
		⑩	北西-南东	203.0	81.5	
		⑪	北西-南东	234.8	108.2	滴西 14
		⑫	北西-南东	324.9	81.5	
		⑬	北西-南东	240.7	77.7	
		⑭	近东西向	451.7	76.0	
		⑮	北西-南东	383.1	113.9	
		⑯	北西-南东	279.7	68.5	
		⑰	近东西向	613.4	90.0	
		⑱	北东-南西	896.9	81.5	

续表

岩体	裂缝条数	裂缝编号	裂缝方向	裂缝平面延伸长度/m	裂缝平面延伸宽度/m	钻遇井
滴西 18 侵入岩体	10	①	北东-南西	494	65	
		②	北东-南西	505	222.8	
		③	北东-南西	408	194.8	
		④	北西-南东	354.6	85	
		⑤	北西-南东	440.7	146.5	
		⑥	北东-南西	535.2	94.5	滴西 1826
		⑦	北东-南西	309.0	123.1	
		⑧	北西-南东	590.3	126.0	
		⑨	近东西向	1050.0	164.3	滴西 18
		⑩	北东-南西	419.5	143.7	

总体认为滴西 14 井区裂缝发育情况较滴西 18 井区略差，滴西 18 井区共发育 16 条方向以北东向和北西向为主的两组规模较大的裂缝，滴西 14 井区共发育 37 条方向以北西西向为主的裂缝，同时部分发育北东向的裂缝。

2) 建模成果验证

裂缝建模成果与 FMI 解释成果、单井生产动态特征等吻合程度较高。没有 FMI 测井的钻井处，单井产能高低与裂缝的发育程度较为吻合，且与周边邻井的产能较为一致。

滴西 1804 井在石炭系 3562～3578m 井段射孔后直接生产，初期产能较高，日产气基本维持在 $7\times10^4\text{m}^3$ 左右，且产量较为稳定，表现生产层段裂缝较为发育，其试气井段的 FMI 成像成果也证实该井段裂缝发育，同时从滴西 18 井区裂缝宽度的平面图和裂缝剖面上也可以看出，试气井段裂缝较为发育，与 FMI 裂缝解释成果较为吻合(图 4.120)。后期由于裂缝沟通边底水，水气比快速上升，积液关井。

模型不仅与已有钻井吻合，与新增井的吻合程度也高达 85%以上。滴西 1417 井位于滴西 14 火山岩体上，在目的层段范围内共存在三段较为发育的裂缝，建模结果与成像测井解释结果(图 4.121)对比可知吻合度很好。

3) 水侵通道识别

滴西 18 井区侵入岩体厚度大、裂缝发育、夹层欠发育，该气藏水侵比较严重，分析主要为边底水，其从气水边界及断层处运移至横向裂缝发育区，导致水气比上升比较快。从滴西 18 火山岩体地层水与裂缝匹配关系示意图及水气比的平面规律(图 4.122)可以看出：滴西 18 火山岩体可能存在两条地层水运移通道，即位于滴西 18 火山岩体的中部近东西走向(⑦号裂缝+⑨号裂缝)的地层水运移通道(图 4.123)，以及位于滴西 18 火山岩体的南部近东西走向(⑩号裂缝)的地层水运移通道(图 4.124)。

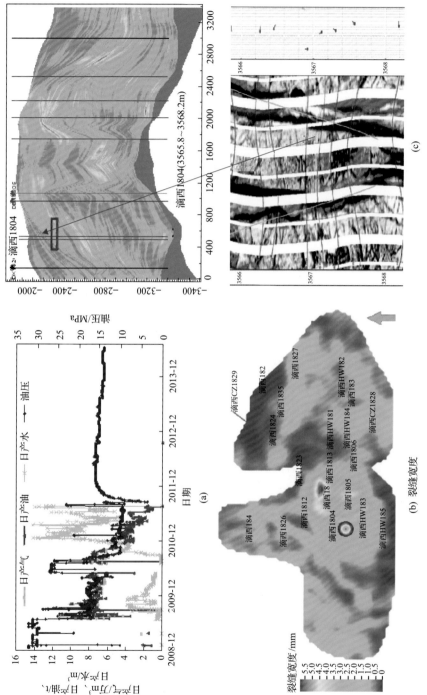

图4.120 滴西1804井裂缝建模与裂缝解释成果对比图

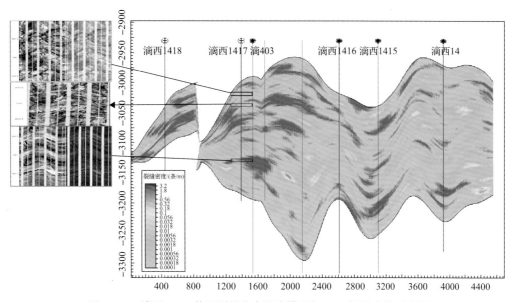

图 4.121　滴西 1417 井区裂缝发育长度模型与 FMI 解释成果对比图

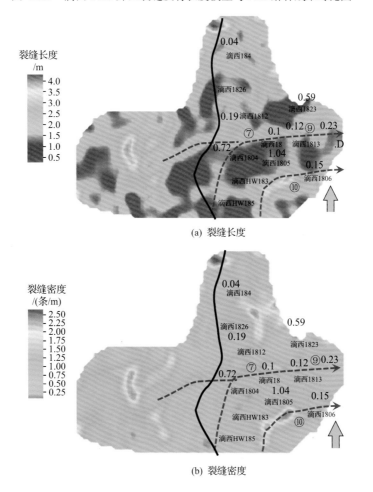

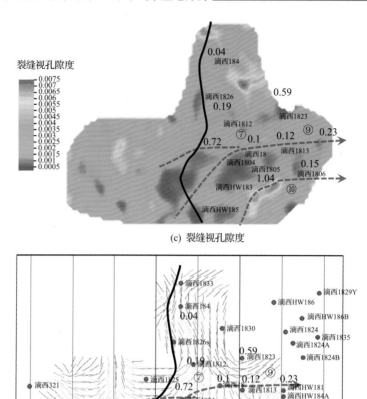

(c) 裂缝视孔隙度

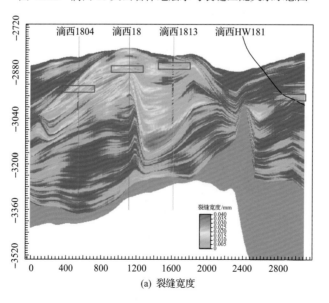

(d)

图 4.122 滴西 18 火山岩体地层水与裂缝匹配关系示意图

(a) 裂缝宽度

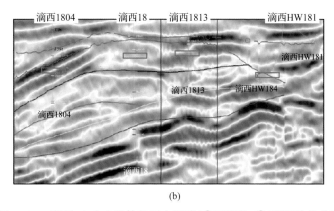

(b)

图 4.123　滴西 18 火山岩体地层水运移(⑦号裂缝+⑨号裂缝)连井图

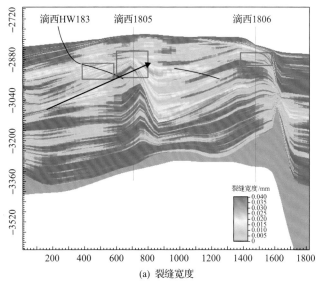

(a) 裂缝宽度

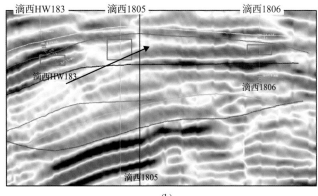

(b)

图 4.124　滴西 18 火山岩体地层水运移(⑩号裂缝)线连井图

4.4.5 火山岩气藏滚动评价关键技术

1. 火山岩内幕结构识别及逐级解剖技术

以火山岩气藏"源控—断控—高控—相控—体控"成藏模式为指导，依托开发三维地震，以"源控"理论为指导，利用各种地震属性，结合钻井的岩相分析，优选石炭系优势相带，结合火山岩喷发模式，采用"点、线、面、体"火山岩气藏内幕结构识别及逐级解剖技术，基于火山岩地震相、测井相识别模式，井震结合，对有利目标岩体包络面进行识别和追踪，精细刻画有利火山岩内幕结构，落实有利岩体圈闭特征。

2010年在滴西17井区南部新发现玄武岩体，实施评价井滴西176井，该井2011年4月2日完钻，完钻井深3935.00m，石炭系发育两套气层。该井2011年5月21日~6月9日在石炭系巴山组C_2b_2层3794.0~3812.0m井段压裂试气，5mm油嘴获油压29.7~24.8MPa，日产气$9.655\times10^4m^3$，日产油5.61t，从而新发现滴西176井石炭系巴山组C_2b_2流纹岩气藏；2011年6月26日上返至石炭系巴山组C_2b_3玄武岩气藏3640.0~3648.0m井段试气，射孔后直接投产，4mm油嘴获油压22.31MPa，日产气$5.166\times10^4m^3$，日产油2.67t，向南扩大了石炭系巴山组C_2b_3玄武岩气藏含气范围(图4.125)。

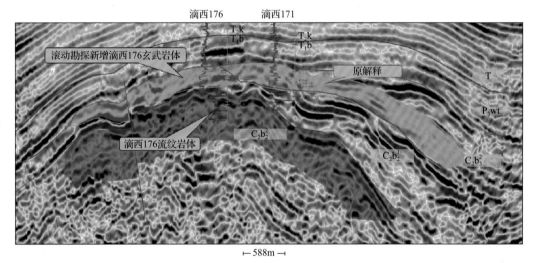

图4.125 过滴西176—滴西171井连井地震剖面图

2013年在滴西17井区北部新发现滴西17北火山岩体圈闭(表4.24，图4.126)。2013年在该岩体圈闭实施滴西175评价井，该井2013年9月17日~10月13日在石炭系巴山组C_2b_3玄武岩3632.0~3640.0m井段压裂试气，5mm油嘴获油压32.56MPa，日产气$9.663\times10^4m^3$，日产油9.13t，向北拓展滴西17井区石炭系巴山组C_2b_3含气范围，在远离滴水泉西断裂北部区域新发现滴西175井高产气藏，向北扩展评价范围。

2014年在滴西175岩体西部构造有利位置实施滴西174井，该井石炭系巴山组钻遇上、下两套玄武岩储层，研究表明滴西174井石炭系钻遇的上部玄武岩属于滴西175玄武岩体圈闭，下部形成独立的滴西174玄武岩体圈闭，部署实施滴西501井，该井实施

表 4.24　滴西 17 井区石炭系北火山岩体圈闭要素表

圈闭名称	层位	圈闭类型	高点海拔/m	闭合高度/m	圈闭面积/km²	落实情况
滴西 17 北火山岩体圈闭	$C_2b_3^2$	构造-岩性	−3070	100	11.17	落实

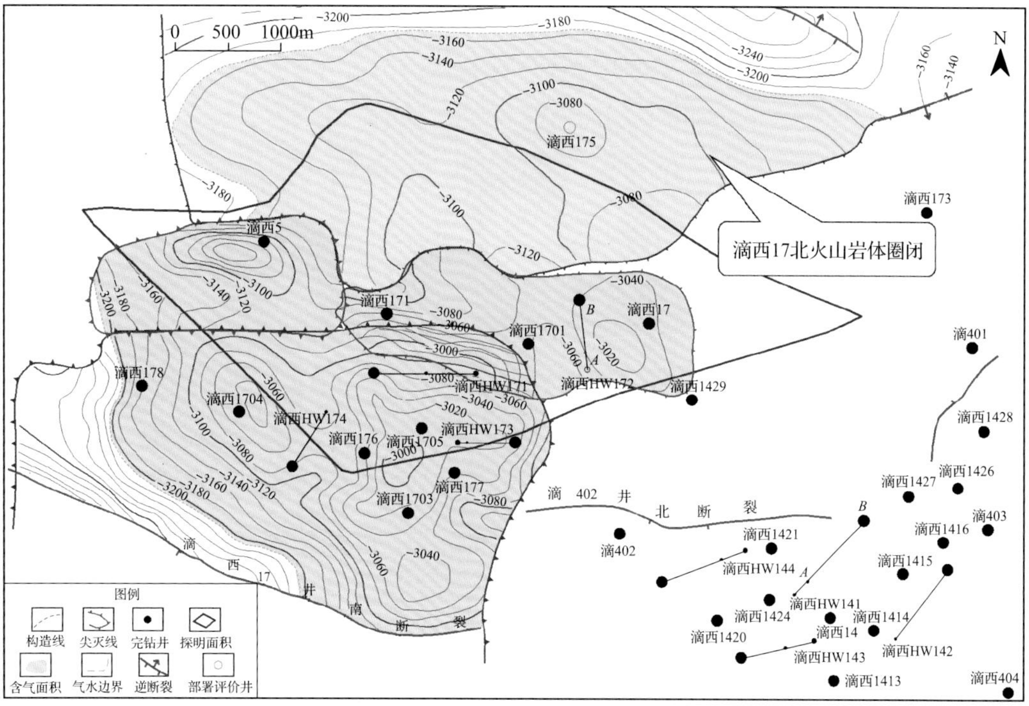

图 4.126　滴西 17 北岩体圈闭顶面构造及滴西 175 评价井部署图

后，结合滴西 178 井新开发三维地震资料，井震结合解释滴西 174 玄武岩体与滴西 17 玄武岩体为同一岩体(图 4.127)。

2. 火山岩储层预测及甜点区识别技术

在识别有利岩体圈闭的基础上，采用基于体控波阻抗的储层预测技术，预测有利岩体圈闭火山岩储层分布特征，结合各种地震属性特征来分析和检测地层可能含油气的能力，识别岩体圈闭甜点目标区，指导评价及扩边部署。

以滴西 175 玄武岩体为例开展体控波阻抗的储层预测及甜点属性识别。

1) 体控波阻抗的储层预测

外围新区火山岩体钻井数量较少，采用地质统计学反演方法进行岩体预测可靠程度较低，通过基于测井资料和地震资料共同约束的波阻抗反演具有较强的代表性和较为可靠的效果。

首先将地震数据进行分析及测井曲线标准化，分析认为该目的层段地震数据频带宽度 9~36Hz，在 32Hz 以上能量衰减迅速，主频在 18Hz 左右，有效带宽内能量比较均衡，没有振幅异常点和畸变，地震数据可以满足反演的需求。其次进行岩石物理分析，利用

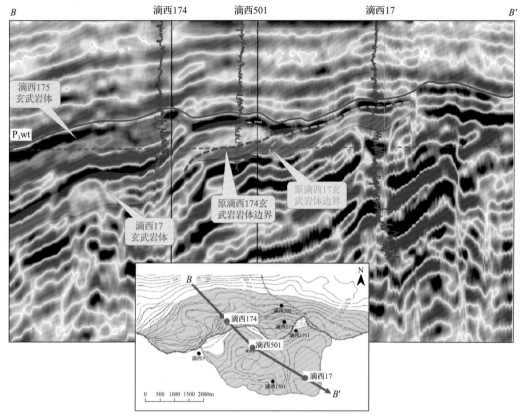

图 4.127　过滴西 174—滴西 17 连井地震剖面

岩性、物性、电性曲线交汇图进行分析，对该区三种岩性进行识别，认为密度和自然伽马能有效区分玄武岩和流纹岩，并得出岩性划分标准(图 4.128)，为使测井信息与地震信息有效结合，利用 GR 曲线与波阻抗曲线进行交汇分析，玄武岩可利用单一波阻抗值进

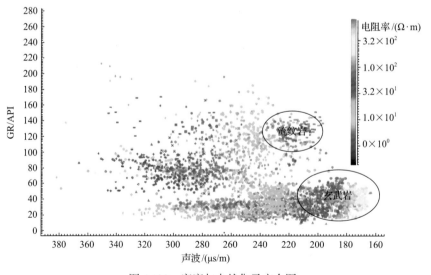

图 4.128　密度与自然伽马交会图

行区分(图 4.129)，得到玄武岩反演岩性识别标准——P-imp＞12000g/cm^3×m/s，以玄武岩岩性划分标准为门槛值来转化岩性约束曲线，为岩性反演提供基础数据。

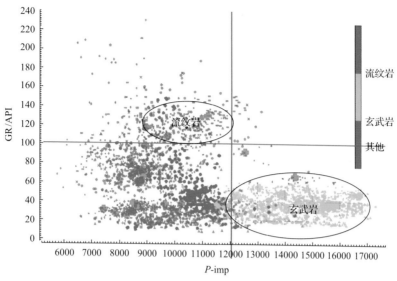

图 4.129　波阻抗与自然伽马交会图

玄武岩岩性划分标准：根据 GR＜60API、160μs/m＜DT＜220μs/m、2.45g/cm^3＜DEN＜2.86g/cm^3 分别提取玄武岩体过井的平均波阻抗剖面，与井上纵波阻抗吻合较好，波阻抗剖面横向变化自然，与岩体分布趋势相同，具有较高的分辨率(图 4.130)。

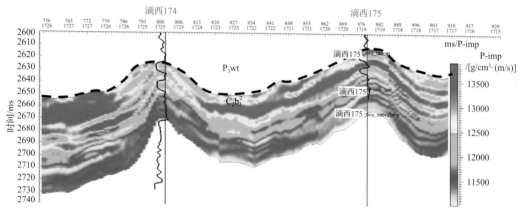

图 4.130　过滴西 174—滴西 175 井波阻抗反演对比剖面

利用波阻抗反演预测滴西 175 玄武岩体南部高部位岩体储层厚度为 16～40m(图 4.131)，滴西 17 玄武岩体南部高部位储层厚度为 20～40m(图 4.132)。

2)地震属性甜点分析

地震属性主要包括常规的振幅、频率、相位等，也包括非常规的复地震道(统计)属性、层序(统计)属性、谱(统计)属性、相关性(统计)等。根据滴西 17 井区玄武岩体地震反射的总体特征，结合完钻井滴西 175 井和滴西 174 井的地震资料，选取了频率、振幅、

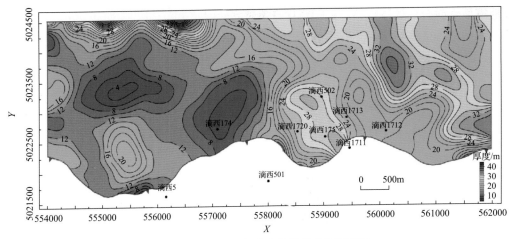

图 4.131　滴西 175 玄武岩体预测岩体厚度图

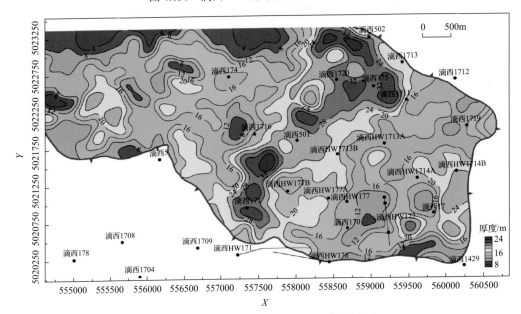

图 4.132　滴西 174 玄武岩体预测岩体厚度图

波形等参数，分析滴西 175 玄武岩体已知出气井与地震属性之间的对应关系。通过地震主频(18Hz)所对应的频率振幅切片，可有效识别出滴西 175 玄武岩体发育情况；频率属性可以估计地震波在地下介质中的衰减变化，通常油气的存在会引起高频成分的衰减。频率、振幅、波形 3 种属性间的匹配关系较好，中频、中强振幅区对应的波形聚类中的黄色和绿色区为玄武岩体有利储层区；滴西 17 井正落在有利储层范围内，有利属性特征区与试气情况相符(图 4.133，图 4.134)。

　　地震多属性融合可提高单一属性预测储层的准确性。首先，结合测井资料选择对储层比较敏感的属性。选取的原则是分析地震属性，选出对储层最敏感的一些属性，且同一类型的地震属性只选其中效果最好的一种；一般选择 3～6 种属性进行融合，同时还要保证有 1～2 种属性用于验证。其次，因为不同地震属性具有不同的特性和变化范围，所以地震属性融合前要进行地震属性优化及地震属性的相关性分析。

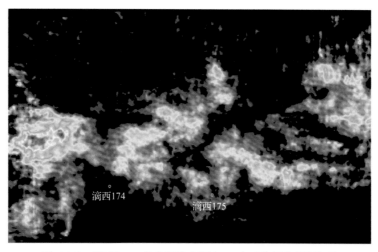

图 4.133　滴西 175 玄武岩体主频(18Hz)对应频率振幅切片

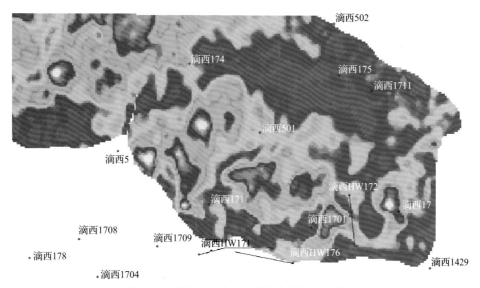

图 4.134　滴西 17 玄武岩体均方根振幅属性图

利用 Seino 软件提取滴西 14 井区开发三维地震资料的平均瞬时频率(检测含气饱和储层的衰减地震高频能力)、均方根振幅(检测气体和流体累积量、总岩性、变化的层序地层)和平均 Q 值(Q 值小表示频率吸收慢，Q 值大表示频率吸收快)属性，对各属性的主次顺序进行优先排序及融合[也称色彩模型(RGB)属性融合]，然后对整个融合结果进行分级和简单粗化(图 4.135)，最终得到优化的融合结果。

通过平均瞬时频率+均方根振幅+平均 Q 值的多属性融合成果对研究区目的层的含油气性进行预测并识别甜点区，通过分析滴西 17 井区各井石炭系玄武岩气藏的试气成果，将属性融合识别的甜点区与气井试气结果叠合，统计发现其符合率达 85%(图 4.136 中的暖色部分)。

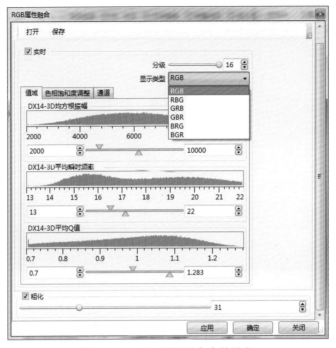

图 4.135　RGB 属性融合参数设定

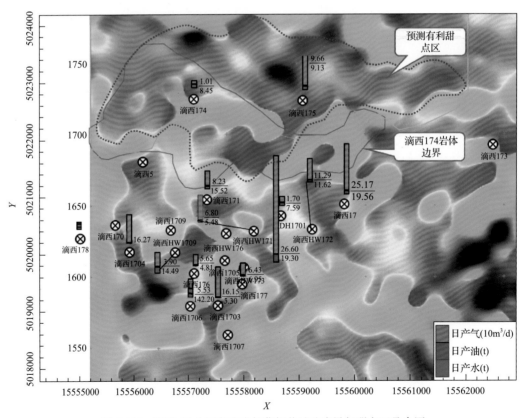

图 4.136　滴西 17 井区玄武岩气藏气井试油成果与甜点区叠合图

以火山岩储层预测及甜点区识别技术为指导，对滴西 17 井区北部扩边区进行整体部署、分批实施，滴西 175、滴西 17 玄武岩气藏整体部署 7 口开发井，其中水平井 2 口，新建产能 $1.15×10^8m^3$（图 4.137），为克拉美丽气田接替稳产奠定了基础。

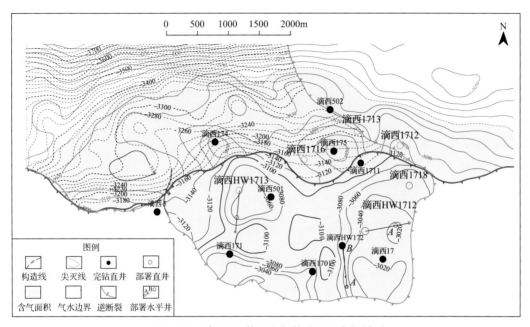

图 4.137 滴西 17 井区北部扩边区开发部署图

第 5 章

火山岩气藏滚动勘探开发应用实例

5.1 滴西 14 井区石炭系复合火山岩气藏实例

5.1.1 勘探开发历程及开发难点

滴西 14 井区石炭系火山岩气藏发现井为滴西 14 井，该井于 2006 年 9 月射开石炭系 3652～3674m，压裂改造后试气获天然气 $9.14×10^4m^3/d$、凝析油 6.41t/d，从而发现滴西 14 井区石炭系气藏。

2008 年 12 月，在新增 4 口评价井的基础上，按照整装块状火山岩气藏提交探明含气面积 $19.67km^2$，天然气地质储量 $353.87×10^8m^3$（图 5.1）。

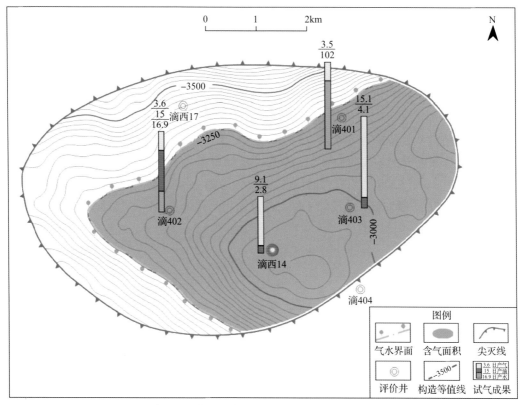

图 5.1　滴西 14 井区石炭系气藏 2008 年探明储量含气面积图

气藏采用"整体部署，分批实施，井间接替"的开发模式，在 2008～2012 年共计部署实施产能井 18 口，设计年产规模 $3.34×10^8m^3$，实际 2012 年产气量为 $1.76×10^8m^3$，仅达到方案设计的 53%左右，产能综合递减高达 20.3%，产能建设远未达到方案设计要求，气藏稳产形势严峻。

气藏开发主要有以下难点。

1）岩性、岩相复杂，井间连通性差

受内部多个火山口多期次喷发影响，气藏岩性、岩相分布非常复杂，岩相以爆发相、溢流相、火山沉积相交替杂乱分布，岩性多达 17 种，其中含气岩性 12 种（图 5.2）。储层储集空间复杂，储层厚度在 16～152m，发育 19 种孔缝类型，气层平均孔隙度为 14.4%，平均渗透率为 0.844mD，渗透率极差在 1.02～7562，井间压力差异大，基本不连通，为非均质性极强的中孔、低渗储层。

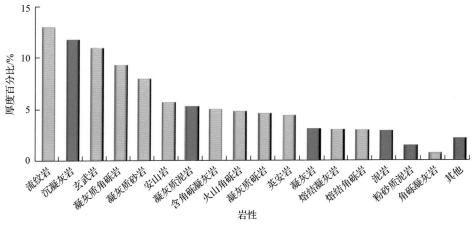

图 5.2　滴西 14 井区石炭系地层岩性统计图

2) 井控储量小，储量动用程度低

受岩性分布差异的非均质性影响，单井井控储量差异较大，井控动态储量在 $0.3 \times 10^8 \sim 8.8 \times 10^8 m^3$（图 5.3），平均井控储量仅为 $3.3 \times 10^8 m^3$，气藏合计动态储量 $46.4 \times 10^8 m^3$，储量动用程度仅为 13.11%，井控储量低、储量动用不充分是该区产能建设效果差、产能递减快的主要原因。

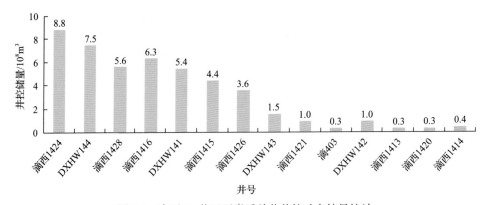

图 5.3　滴西 14 井区石炭系单井井控动态储量统计

5.1.2　复合岩体储层特征及剩余储量描述

针对气藏岩性、岩相分布复杂、储量动用不充分的难点，开展火山岩体精细刻画，分岩体细化落实开发单元，明确有利储层展布规律，重新复算气藏地质储量，通过动静结合的方法定量描述气藏剩余储量分布，为提高气藏储量动用程度，开展综合治理明确了挖潜方向和目标。

1) 井震结合精细岩体刻画，分岩体核实地质储量规模

火山岩体在成因上为火山一次集中喷发堆积形成，在地质上表现为成分接近、具有韵律性结构的岩性组合体，同一岩体内部储层岩性相近，不同岩体地震反射特征和测井响应特征均存在一定差异，井震结合可进一步精细刻画岩体分布特征。

滴西 14 井区主要发育爆发相与溢流相，爆发相储层在测井相上主要表现为箱状外形，曲线齿化严重，GR 在 100～160API，RT 在 20～120Ω·m，DEN 在 2.18～2.40g/cm³，地震相反射特征为丘状外形，杂乱中—弱反射特征；溢流相储层在测井相上主要表现为箱状外形，曲线较光滑，GR 在 20～170API，RT 在 20～200Ω·m，DEN 在 2.40～2.80g/cm³，地震相反射特征为亚平行层状，连续中—强反射（图 5.4）。

利用岩心、测井资料刻度岩性界面，井震结合建立火山岩地震相识别模式，利用开发三维资料立体追踪岩体边界，将滴西 14 气藏由原来认识的一个岩体精细刻画为 6 个岩体，以主力滴西 14 爆发相角砾岩体为火山中心机构，环周发育 5 个溢流相岩体，西部为溢流相的滴 402 玄武岩体和滴西 1421 玄武岩体，北部为溢流相的滴西 1428 玄武岩体、滴 401 玄武岩体和滴 401 东流纹岩体。气藏类型由原来的厚层整装块状气藏转变为多岩体复合火山岩气藏。按照重新刻画的 6 个岩体复算天然气含气面积为 12.04km²，天然气地质储量为 186.74×10⁸m³，较探明储量含气面积核减 38.79%，天然气地质储量核减 47.23%，通过储量复算进一步核实了气田稳产的基础（图 5.5）。

2) 火山岩分体精细地质建模，落实有利储层空间展布规律

为精细描述井间及边部储量分布规律，以火山岩岩性作为背景相控条件，用序贯高斯模拟方法，在数据分析的参数控制及密度模型协约束的条件下建立了滴西 14 井区各岩体的孔隙度分布模型；采用同样的模拟方法，对孔隙度模型作协约束，建立各个岩性的渗透率三维模型和含气饱和度三维模型，落实了各岩体储层厚度及物性、含气性分布规律（图 5.6）。

按物性和生产特征可将储层分为三类：Ⅰ类储层物性最好，孔隙度大于 15%，渗透率大于 1mD，具有较高的自然产能；Ⅱ类储层物性次之，孔隙度在 10%～15%，渗透率在 0.2～1mD，压裂后可获得较高产量；Ⅲ类储层物性最差，孔隙度在 7%～10%，渗透率在 0.02～0.2mD，常规压裂无法获得工业气流（图 5.7）。

3) 动静结合落实储量动用状况，定量描述剩余储量分布

火山岩地层横向变化快，非均质性强，常规试井解释建立的均质层状模型不能满足火山岩地层的试井解释需求，基于火山岩地层的地质特征，简化并抽象出适合火山岩气藏的径向厚度变化（图 5.8）、径向渗透率变化（图 5.9）以及考虑复杂边界控制等试井解释地质模型，根据气藏地质特点，选择对应的模型对参数进行解释分析。例如，根据建立的径向厚度变化地质模型绘制出拟压力双对数曲线：如果在径向上储层厚度增大，拟压力导数曲线将呈现下凹特征，厚度增大幅度越大，曲线出现下凹的时间越早，下凹幅度越大（图 5.10）；当压力波传播到外部封闭边界以后，拟压力导数曲线呈现 45°直线，反映拟稳态的流动特征。在径向上储层渗透率增大，拟压力导数曲线将呈现下凹特征，渗透率增大幅度越大，曲线出现下凹的时间越早，下凹幅度越大（图 5.11）；当压力波传播到外部封闭边界以后，拟压力导数曲线呈现 45°直线，反映拟稳态的流动特征。

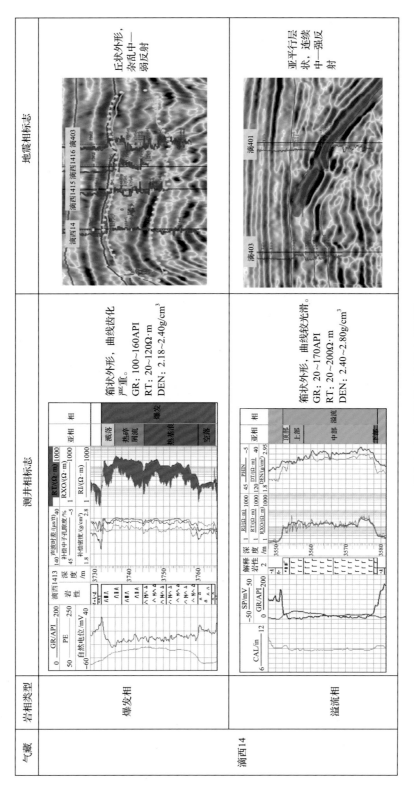

图5.4 火山岩测井、地震响应特征

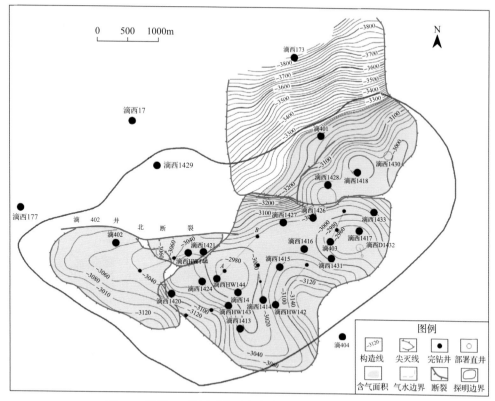

图 5.5　滴西 14 井区石炭系复合火山岩气藏复算含气面积

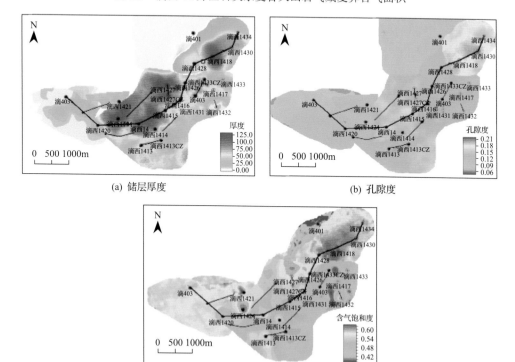

(a) 储层厚度

(b) 孔隙度

(c) 含气饱和度

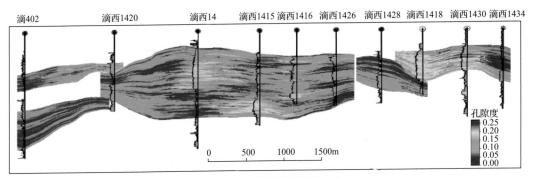

(d) 孔隙度属性联井剖面

图 5.6　滴西 14 井区复合火山岩气藏三维地质模型

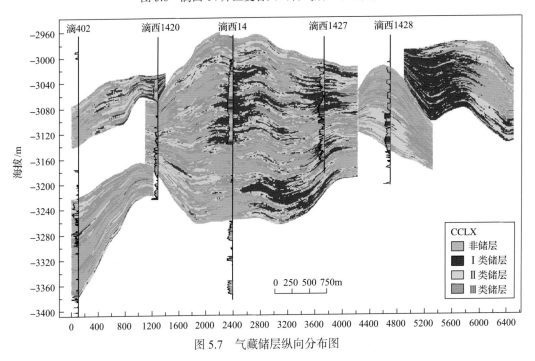

图 5.7　气藏储层纵向分布图

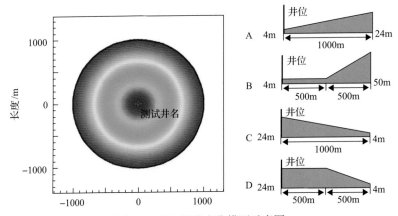

图 5.8　径向厚度变化模型示意图

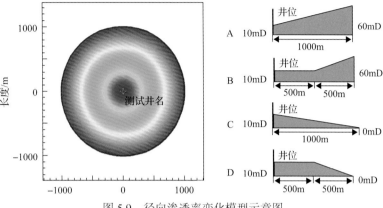

图 5.9　径向渗透率变化模型示意图

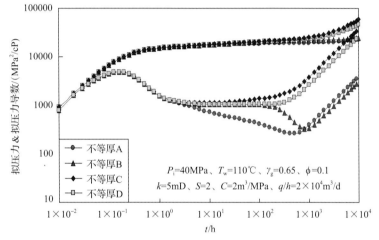

图 5.10　径向厚度变化模式井底拟压力

1cP=10^{-3}Pa·s

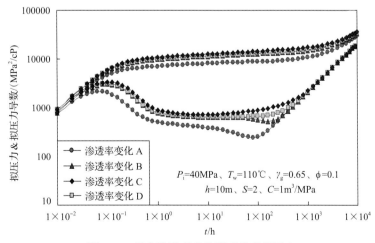

图 5.11　径向渗透率变化模式井底拟压力

在火山岩储层试井解释模型建立的基础上，应用气藏压力试井资料，对生产井的井控半径进行了分析解释，以气井控制范围作为已动用区，刻画气藏储量的动用状况(图 5.12)；作为衰竭式开发的气藏，压力是气藏开发的核心，已控制区地层压力下降，该部分储量已被生产井动用，剩余未动用储量集中在气藏地层压力高的区域，在动用现状刻画成果的基础上，对未控制区赋予原始地层压力，分岩体进行压力拟合，描述整个岩体的压力场分布(图 5.13)。

在精细地质模型和平剖面动用范围约束条件下，以压力、产量为主要参数，开展了气藏数值模拟，压力拟合成果显示除中部复合岩体中部部分区域压力较低外，其他区域储量基本未动用。

根据储量丰度模拟结果量化剩余未动用储量 $123.65 \times 10^8 m^3$，主要分布在边部和井间(图 5.14)，分别占 59.6%和 22.5%。

5.1.3 有效开发关键技术及实践

对复算后的地质储量进行重新核实，截至 2012 年底气藏实际储量动用程度为 24.85%，远低于同类火山岩气藏平均动用水平的 40%，气藏储量动用不充分，具备较大的调整挖潜和提高储量动用的潜力，针对气藏剩余储量描述结果，开展了针对性的综合治理开发调整。

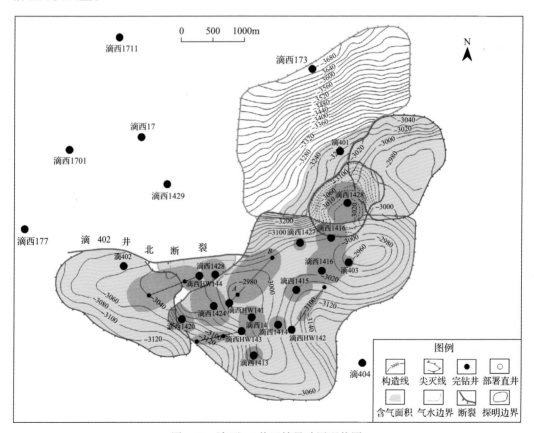

图 5.12 滴西 14 井区储量动用现状图

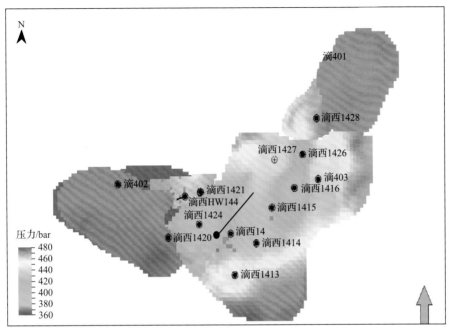

图 5.13　滴西 14 井区平面压力分布

$1\mathrm{bar} = 10^5\mathrm{Pa}$

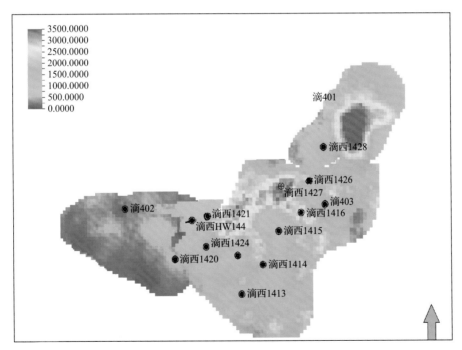

图 5.14　滴西 14 气藏剩余储量分布丰度图

1) 分类分区实施开发调整，盘活剩余未动用储量

潜力区储层空间展布表现出以下三种特征：东北方向储层呈厚层块状分布，东南方向以横向稳定薄层为主，井间以纵向多套不连续储层为主，按照井控储层体积最大化为目标，以水平井产能替换比大于 2 倍，优先动用 I、II 类储层为基本原则，充分利用低效低产老井侧钻降低挖潜成本，分类分区制定直井、侧钻水平井、侧钻斜井三种井的有效动用方式。2013~2018 年加密部署实施新井 8 口，利用老井实施大斜度和水平侧钻井 6 口，14 口井合计新建产能 $2.48 \times 10^8 m^3$，新增井控储量 $48.63 \times 10^8 m^3$（图 5.15）。

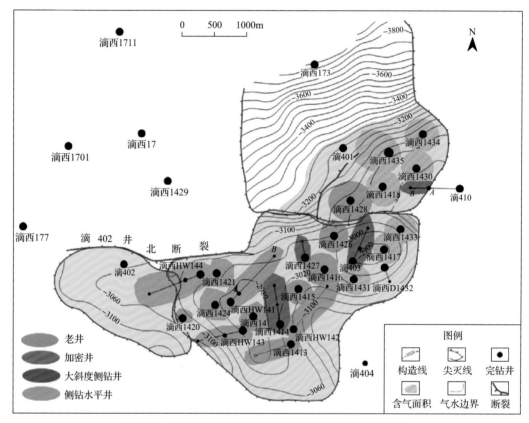

图 5.15　滴西 14 石炭系气藏综合治理开发调整(2018 年)

2) 储量动用程度大幅提高，开发效果显著改善

通过新井加密、老井侧钻，2012~2018 年综合治理挖潜调整共实现新增日产气能力 $76 \times 10^4 m^3$，井控动态储量由 2012 年的 $46.4 \times 10^8 m^3$ 提高到 $105.6 \times 10^8 m^3$，气藏日产气由 2012 年的 $50.4 \times 10^4 m^3$ 快速提升至 2018 年的 $84.3 \times 10^4 m^3$（图 5.16），储量动用程度由 24.85% 大幅提高到 56.55%，动用水平较国内同类火山岩气藏高 16 个百分点。

通过以提高储量动用为目标的综合治理，实现了滴西 14 复合火山岩气藏的有效开发，严峻的稳产形势得到逆转，开发效果显著改善，对同类火山岩气藏中后期开发调整具有较强的借鉴作用。

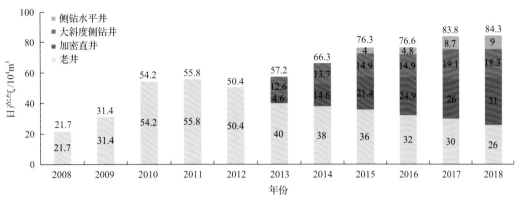

图 5.16　滴西 14 石炭系气藏日产气构成

5.2　滴西 185 井区石炭系侵入相块状火山岩气藏高效建产实例

5.2.1　勘探开发历程及开发难点

滴西 185 井区石炭系火山岩气藏发现井为滴西 185 井,该井于 2013 年 9 月在石炭系 3427.0~3475.0m 井段钻遇大套侵入相正长斑岩,压裂试气获日产气 $13.6\times10^4m^3$,从而发现了滴西 185 石炭系气藏。

为进一步落实气藏储层展布、含气面积和储量规模,2014 年部署实施了滴西 186 井,试气获日产气 $12.2\times10^4m^3$。并按照单个岩体的整装块状气藏,圈定含气面积 $14.2km^2$,计算天然气地质储量 $116.0\times10^8m^3$,鉴于气藏储层厚度大、储量丰度高,2014 年又滚动部署实施了 3 口评价井和 2 口产能井(图 5.17)。其中位于北部的滴西 187 井失利,其余 4 口井钻遇储层与前期认识也出现较大偏差,储层空间展布进一步复杂化。

气藏高效开发主要面临着以下难点。

1)岩体边界认识不清,有利储层展布范围不落实

该区主要在石炭系顶部发育大套侵入相正长斑岩储层,依据勘探三维资料,失利井滴西 187 井地震反射特征与邻井类似,按照常规的沿同相反射轴追踪,难以有效识别井间反射差异,平面有利储层展布范围难以准确刻画(图 5.18)。

2)岩电响应特征差异大,有效储层界限不清

受侵入相期次、冷凝速度的差异及接触变质的影响,整个侵入岩体内部岩性及岩电特征均存在一定差异,不同岩性储层物性界限不同,区域内高密度储层、低密度非储层同时存在,储层界限不清(图 5.19)。

5.2.2　火山岩储层精细描述

针对气藏开发建产存在的问题,采用井震交互、静动结合的系统研究方法,以储层精细描述为中心,进行精细岩体刻画和气水关系分析,分上下两套侵入体细化落实有利开发区域。

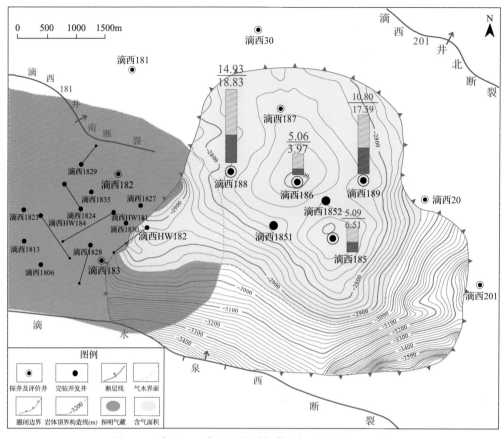

图 5.17　滴西 185 井区石炭系气藏含气面积图(2014 年)

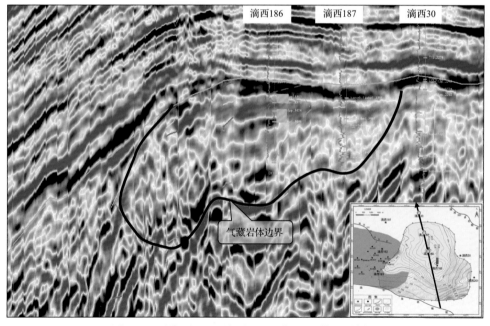

图 5.18　过滴西 186—滴西 187—滴西 30 井地震剖面

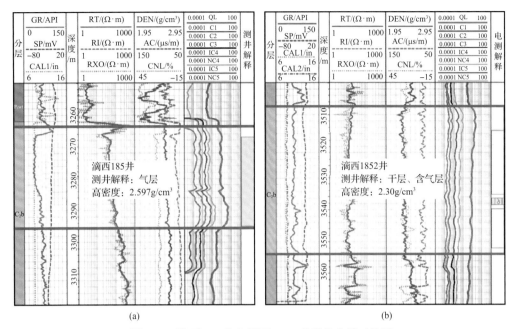

图 5.19　滴西 185 井和滴西 1852 井测井曲线对比图

1) 井震交互比对分析边界特征，落实有利岩体展布范围

实钻井资料表明滴西 185 气藏上下叠置发育二长玢岩体和正长斑岩体两套含气岩体，二长玢岩储层表现为中等 GR、中高 RT 的测井响应特征，正长斑岩储层表现为高 GR、高 RT 的测井响应特征。

纵向上二长玢岩体侧向叠置于正长斑岩体之上(图 5.20)，二长玢岩体在地震剖面上

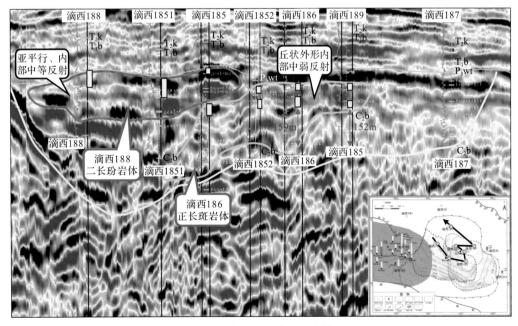

图 5.20　滴西 185 井区地震剖面

表现为亚平行、内部中等反射特征，整体为一向西南倾的鼻状构造；正长斑岩体在地震剖面上表现为丘状外形、内部中弱反射特征，整体为一向东南倾的鼻状构造。

2）利用岩电参数精细岩性识别，落实岩性及储层分布特征

利用岩心、岩样的薄片鉴定结果，重点结合测井数据，建立滴西 185 气藏的岩性及储层识别图版，精细划分单井岩性、区域储层分布。

利用 GR-RT/AC 图版能够对正长斑岩和凝灰岩进行有效区分：正长斑岩 GR≥100API、RT/AC＞0.6（图 5.21）。而利用 CNL-DEN 图版可对二长玢岩进行有效区分（图 5.22）：二长玢岩 CNL＞8%、DEN≤2.46g/cm^3，可实现该区侵入相火山岩岩性细分。

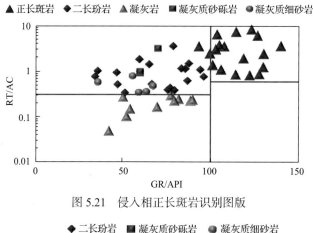

图 5.21　侵入相正长斑岩识别图版

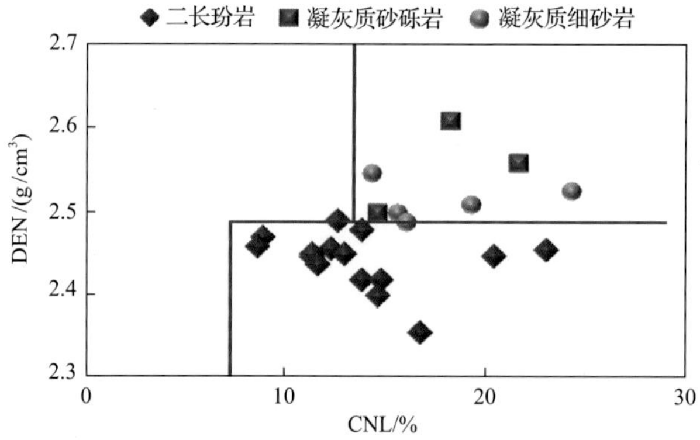

图 5.22　侵入相二长玢岩识别图版

以井点测井电阻率和密度参数为硬数据，分别建立两种岩性的储层识别图版。其中正长斑岩主要以测井密度参数区分储层与非储层，其储层密度小于 2.46g/cm^3（图 5.23）；二长玢岩主要以电阻率与密度的比值对储层和非储层进行区分，储层电阻率与密度的比值大于 18(Ω·m)/(g/cm^3)（图 5.24）。

利用伽马属性通过分体地震反演两套有利储层展布，上部二长玢岩储层在全区平面发育范围广，整体沿北西-南东一线发育，储层厚度在 66～90m（图 5.25）；下部正长斑岩储层仅在气藏东部连片发育，在滴西 185 井东部发育厚度最大，储层厚度在 76～87m（图 5.26）。

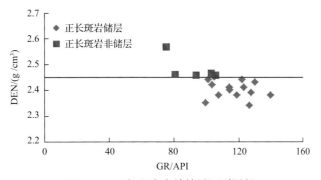

图 5.23　正长斑岩有效储层识别图版

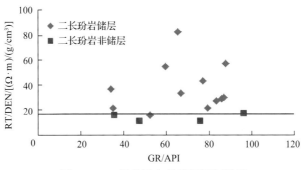

图 5.24　二长玢岩有效储层识别图版

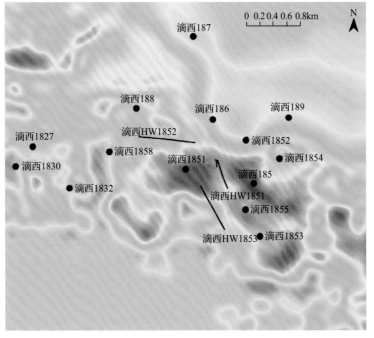

图 5.25　二长玢岩反演厚度图

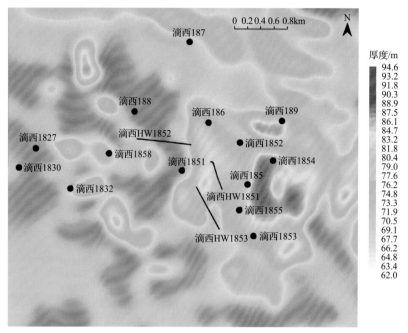

图 5.26 正长斑岩反演厚度图

2017 年利用新增井资料结合对气藏的新认识，气藏上报探明天然气地质储量 90.09×$10^8 m^3$，其中二长玢岩体天然气地质储量 47.47×$10^8 m^3$，正长斑岩体天然气地质储量 42.62×$10^8 m^3$。

5.2.3 高效建产关键技术及实践

结合滴西 185 井区侵入相火山岩气藏，上下错位叠置发育两套块状有利岩体的储层展布特征，以整体动用、高效开发为目标，在储层落实区域，合理优选井网、井型，并通过评价产能一体化，加快了该区的开发动用进程，实现了气藏的快速高效建产，有力支撑了气田稳产上产。

1）上下兼顾立体开发，提高单井储量动用

根据两套岩体空间展布特征，以增大单井储量范围、提高气井稳产能力为目标，针对性地制定科学合理的开发井井型（图 5.27）。

（1）二长玢岩、正长斑岩储层纵向叠置发育区：采用直井部署，动用多套储层，多层合采，实现整体充分动用。

（2）对于单套储层发育区：采用直井+水平井开发，利用评价井控边、水平井控面，实现单套岩体的高效动用。

2）评价产能一体化建产，实现气藏整体开发

以不同储层发育区域开发模式为指导，开展评价产能井网一体化部署，分批滚动优化实施，气藏共计部署实施气井 17 口（表 5.1，图 5.28），其中评价井 5 口，开发直井 8 口，水平井 4 口，形成了评价井控制一片、开发井动用一片的良性循环模式，与同类火山岩气藏相比，较快地完成了全区的整体开发。

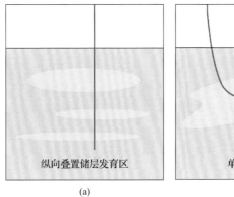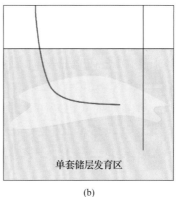

图 5.27　气藏不同区域储层发育区井型优选示意图

表 5.1　滴西 185 气藏产能建设部署统计表　　　　　　　　（单位：口）

储层类型	井数		
	直井	水平井	小计
纵向叠置发育区	7		7
单套储层发育区	1	4	5
评价井	5		5
总计	13	4	17

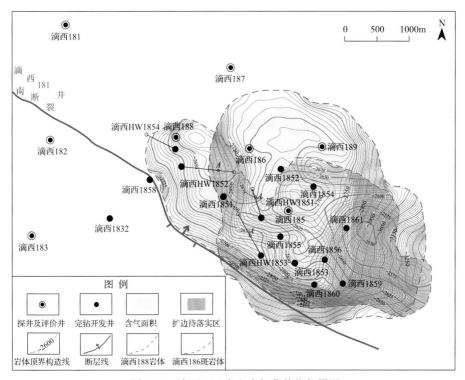

图 5.28　滴西 185 火山岩气藏井位部署图

3) 产能建设快速高效，区块稳产上产作用突出

通过三年的产能建设，气藏共计实施产能井 12 口，累计建成产能 $2.61 \times 10^8 m^3$，平均单井日产气达到 $6.6 \times 10^4 m^3$，新增井控动态储量 $49.57 \times 10^8 m^3$，储量动用程度达到 55%，较国内同类火山岩气藏平均动用水平高 15 个百分点。

气藏年产气由 2014 年的 $0.13 \times 10^8 m^3/d$ 快速上升至 2018 年的 $1.97 \times 10^8 m^3/d$，滴西 185 块状火山岩气藏的快速高效开发，有力支撑了克拉美丽气田火山岩气藏从 2015 年开始保持年产气 $10 \times 10^8 m^3$ 持续稳产，产量占气田的比例达到 20%（图 5.29）。

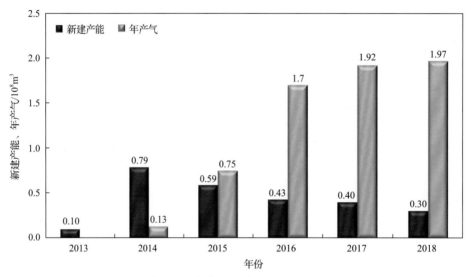

图 5.29　滴西 185 气藏分年建产及年产气统计柱状图

5.3　滴西 323 井区石炭系溢流相薄层火山岩气藏水平井效益开发实践

5.3.1　勘探开发历程及开发难点

滴西 323 井区石炭系火山岩气藏发现井为滴西 323 井，该井于 2015 年 4 月射开石炭系 3536~3554m，压裂改造后试获天然气 $4.29 \times 10^4 m^3/d$、凝析油 $5.98 m^3/d$，从而发现滴西 323 井区石炭系气藏。

为进一步落实气藏储层展布和储量规模，该区分批部署实施了 4 口评价井，试获日产气 $2.46 \times 10^4 \sim 9.05 \times 10^4 m^3$ 的工业气流，2017 年上报含气面积 $6.18 km^2$，探明天然气地质储量 $49.67 \times 10^8 m^3$（图 5.30）。

基于石炭系顶部主力储层厚度较薄且区域上为层状展布的特点，2017 年在滴西 323 井区开展了水平井开发试验，在井控程度较高的中部区域，部署实施了首口试验水平井，该井采用分级压裂，石炭系试获日产气 $9.0 \times 10^4 m^3$。

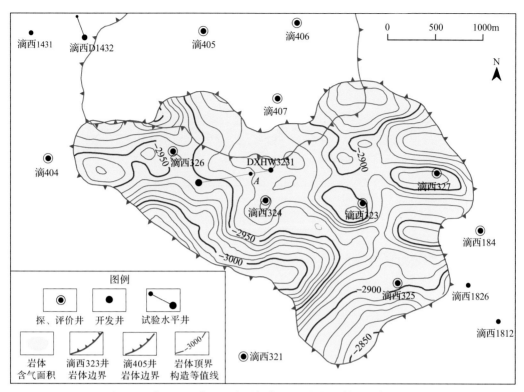

图 5.30 滴西 323 井区石炭系气藏 2017 年探明储量含气面积图

气藏开发主要有以下难点。

1) 评价井、试验水平井生产效果差、井控储量低

气藏投产的 5 口评价井气井无阻流量在 $3.9 \times 10^4 \sim 26.2 \times 10^4 m^3/d$，按照火山岩气藏无阻流量经验法 15% 的配产比例，单井合理产量仅为 $0.6 \times 10^4 \sim 3.9 \times 10^4 m^3/d$，试采一年油压递减率在 70.0%～73.7%，压力呈现快速递减，投产后基本不具备稳产能力，快速转为间开井 (图 5.31)，计算单井实际平均井控储量仅为 $0.27 \times 10^8 m^3$，是典型的小型低效复杂火山岩区块。首口试验水平井储层钻遇率仅为 42.15%，且含气性差，投产后，试采半年油压递减率高达 39.1% (图 5.32)，折算实际井控储量仅为 $1.02 \times 10^8 m^3$，水平井仍未达到效益建产的预期目标。

2) 储层空间分布特征复杂，开发动用难度大

多期次火山喷发的地质背景导致该区岩性岩相复杂，储层以溢流相的安山岩为主，局部发育火山沉积相凝灰岩，储层平面非均质性强且厚度较薄，顶部主力储层平均厚度仅为 12.5m (图 5.33)，储层横向的不连续和岩性岩相变化，导致井间连通性差、井控范围小、生产效果差，储层刻画和水平井效益开发难度大。

5.3.2 岩体内幕优质储层精细刻画

为进一步提升水平井开发效果，提高储层钻遇率，达到效益建产和有效开发的目标，重点加强岩体内幕优质储层刻画，结合该区已钻井岩性、岩相分布和喷发期次分析，在

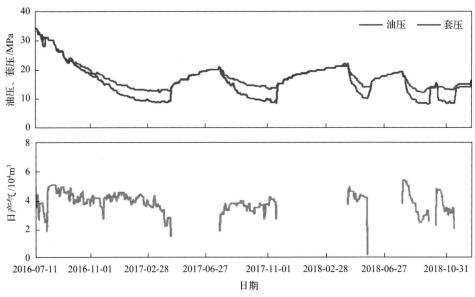

图 5.31　滴西 324 井生产曲线图

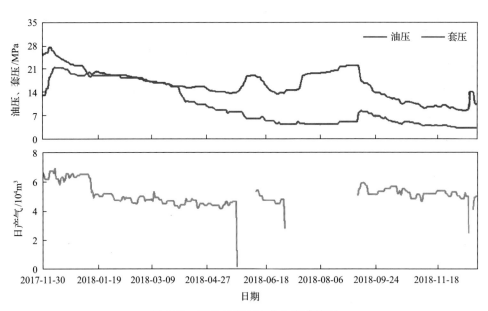

图 5.32　滴西 HW3231 井生产曲线图

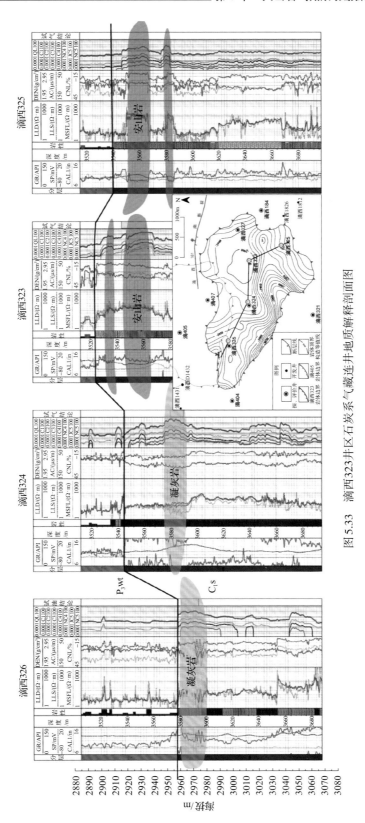

图 5.33 滴西 323 井区石炭系气藏连井地质解释剖面图

岩体约束下开展地震属性类的含气储层检测，精细描述岩体内部不同区域含气性变化规律，落实该区优质储层甜点区分布特征，指导水平井优化调整。

1) 系统剖析区域储层地质特征，精细刻画岩性岩相及期次分布规律

该区域石炭系末期火山活动强烈、喷发范围广，中心式及裂隙式两种喷发模式并存，其中滴西14井区和滴西18井区是两个主要的火山喷发中心。滴西323井区位于过渡相带，在开展火山岩相-地震相响应关系分析对比的基础上，落实滴西323气藏内部广泛发育的溢流相安山岩是该区的优势岩性、岩相(图5.34)。

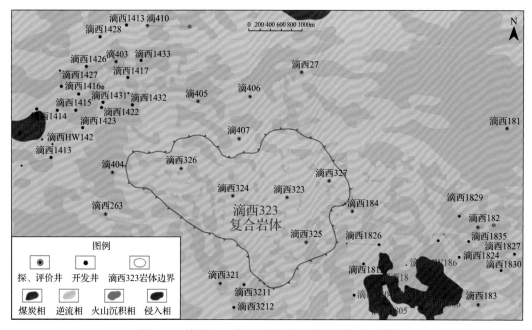

图 5.34　滴西 323 井区区域石炭系岩性岩相分布图

岩性、岩相分布的差异是受区域火山多期次喷发的影响。在岩相对比分析的基础上，结合区域火山活动进行了火山喷发期次的进一步细分，整体自南向北新老地层叠置发育，老地层出露时间短，风化剥蚀作用相对弱，储层改造程度低，储层仅发育在最上部，且物性较差，期次 2 和期次 3 储层发育厚度变大，改造程度高，物性相对较好(图5.35，图5.36)。滴西323井区主力储层均分布在期次3内，整体沿石炭系顶面层状展布。

2) 利用含气储层地震属性特征，定量描述优质储层展布规律

受多期次控制和构造活动的影响，顶部储层风化改造程度差异较大，导致相同岩性的含气性也存在较大差异，为精细刻画优质含气储层的分布特征，以岩体范围为约束，采用多种地震属性方法开展含气性预测，储层在含油气后高频和低频变化比较明显，区域上实钻井钻遇的储层厚度、含气性均与频率衰减属性分布有较好的匹配关系，表明利用对含气性较敏感的地震频率衰减属性可以定量描述空间含气储层展布特征。衰减幅度大

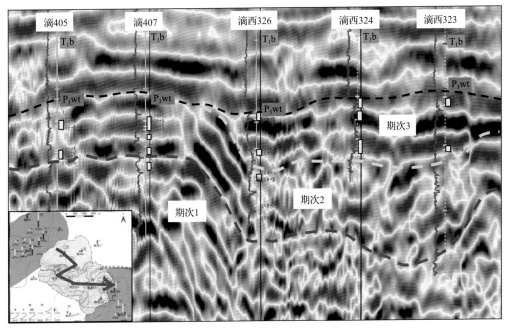

图 5.35　滴西 323 井区石炭系区域火山喷发期次地震剖面图

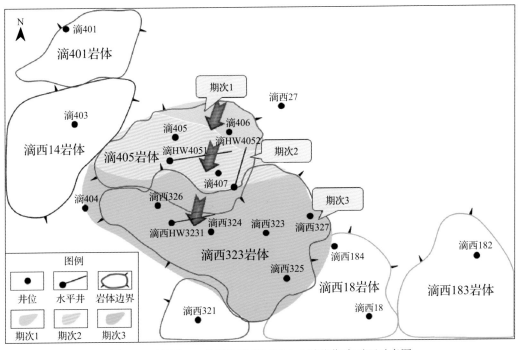

图 5.36　滴西 323 井区石炭系区域火山喷发期次平面示意图

的高值区域为含气性较好的响应, 滴西 323 井区有利含气储层呈 "整体分散, 局部聚集" 的分布特点(图 5.37), 平面上可划分为近南北向的 5 个条带状有利甜点区。滴西 HW3231 井仅在水平段两端钻遇有利条带边部位置的溢流相安山岩含气储层, 水平段中段钻遇大套喷发间歇期不含气的沉凝灰岩, 气藏储层分区富集的特点与多期间歇式喷发的地质特征一致, 高频衰减属性可定量描述有利含气储层的分布规律, 能够较好地反映区域储层平面非均质性。

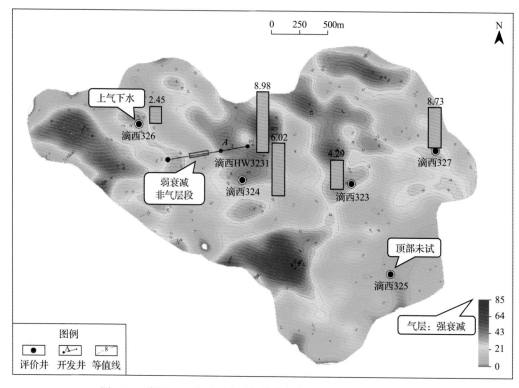

图 5.37   滴西 323 井区石炭系气藏高频衰减属性平面图(2017 年)

5.3.3   水平井效益建产实践

结合区域储层岩性、岩相和有利含气储层展布规律, 按照优先动用优质储层、逐级推进区块效益建产的原则, 顺条带优化部署水平井(图 5.38), 确保水平井优质储层钻遇率和储量动用效果。

2018 年在北部区域顺条带部署实施了滴西 HW3232 和滴西 HW3234 井, 进一步验证了区域储层局部富集的特征, 取得了水平井效益建产的良好效果。

1) 实现甜点区高效动用, 水平井提产效果显著

顺条带状实施的滴西 HW3232 井和滴西 HW3234 井, 随钻储层连续性显著提高, 水平段 500m, 平均气层钻遇率达 92.6%, 钻遇率较首轮试验水平井提高 50 个百分点, 钻遇气层长度平均增加 248m, 两口井试气分别获得日产气 23.5×10^{4}m^3 和 31.0×10^{4}m^3 的高产工业气流, 达到同区直井的 3~5 倍(图 5.39), 依据岩体内幕优质储层展布认识,

优化后的水平井取得了良好的提产效果，实现了局部区域的水平井效益建产。

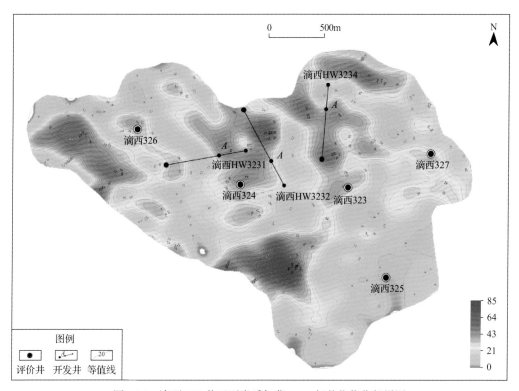

图 5.38　滴西 323 井区石炭系气藏 2018 年井位优化部署图

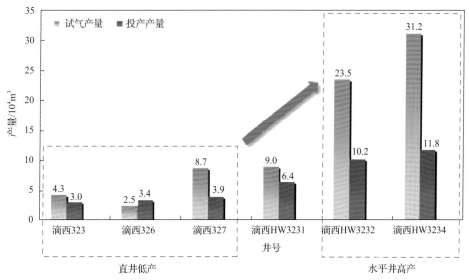

图 5.39　滴西 323 井区石炭系气藏单井产量对比直方图

2) 分区优化水平井部署，持续推进规模效益建产

按照目前的储层展布认识，利用水平井开发方式基本可以实现甜点区储量的高效动用，但各条带间含气性和物性差异大，南部和西部条带的整体含气性较差、评价井试气效果不理想，水平井预期建产效果会相应下降。

为保证全区的效益开发，从优化方案的角度，采用水平井+侧钻的组合方式，在优质储层甜点区部署新井水平井；在含气性相对较差的富集条带，充分利用老井部署实施技术成熟的侧钻水平井，进一步降低动用成本，提高单井开发效益，逐级推进全区储量的有效动用。

根据优化部署结果，气藏后续可部署实施水平井 3 口，侧钻水平井 4 口，预计总建产能 $1.5 \times 10^8 m^3$，新增井控储量 $23.5 \times 10^8 m^3$（图 5.40），储量动用程度可达到 47.9%，预计通过该区水平井提产技术的持续攻关，可实现滴西 323 薄层复杂火山岩气藏的有效开发动用，对同类小型复杂火山岩气藏的有效开发有较强的指导作用。

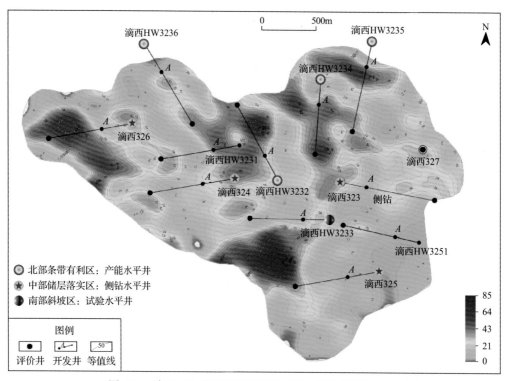

图 5.40 滴西 323 井区石炭系气藏水平井优化部署图（2019 年）

第 6 章

火山岩气藏分布规律再认识
及前景展望

准噶尔盆地石炭系火山岩经过构造运动改造后，火山岩油气成藏更复杂、类型更多样。按油气来源划分，既有自生自储型，又有新生古储型；按油气藏类型划分，既有风化壳地层型油气藏，又有内幕型油气藏，其中以风化壳地层型油气藏最为发育。本章通过典型火山岩油气藏解剖，明确油气成藏控制因素和富集规律，以便于为下一步油气勘探部署提供依据。

6.1 火山岩气藏类型

油气藏是指油气在有效圈闭中的聚集，因此油气藏分类除了涉及圈闭类型及有效性以外，还与油气来源、成因、流体性质、赋存状态、储量、产量、压力、驱动方式等有关。国内外许多学者从不同角度、不同目的出发，对油气藏提出了不同的分类方案，具代表性的有：①按形态分类，将油气藏分为层状、块状、透镜状和不规则状等。②按油气藏储量规模分为小、中、大、巨型油气藏等。③按相态分类，分为气藏、油藏、气顶油藏、带油环气藏、凝析气藏等。④按圈成因分类，分为构造油气藏、地层油气藏、岩性油气藏和复合气藏等。

准噶尔盆地石炭系经历复杂构造运动，火山岩大面经受风化淋滤，决定了该区火山岩油气藏以风化壳地层型为主，同时多期喷发的火山岩内部未经受风化淋滤而发育内幕型油气藏。受风化壳和内幕岩性控制，同时受构造影响，该盆地石炭系具有风化壳、内幕岩性和构造三重特征。本书以火山岩储层为基础，结合成因法，按储层外部形态和圈闭类型对火山岩油气藏进行分类，主要类型包括构造-地层型、地层型、构造-岩性型、岩性型、构造-岩性-地层复合型(图 6.1)，具体油气藏特征见表 6.1。

(1)构造-地层型油气藏。有效圈闭的形成受火山岩风化壳和构造双重因素控制，但以风化壳为主，上覆非渗透性新地层遮挡，在其中聚集的油气称为构造-地层型油气藏。该类油气藏的油气面积和油气高度受火山岩风化壳范围和厚度控制。其特征是风化壳储层呈块状，有统一的油气水界面和压力系统，如石西石炭系油藏。

(2)地层型油气藏。以火山岩风化壳为储层，其周围受非渗透地层所限，上覆非渗透性新地层遮挡，从而形成有效圈闭，在其中聚集了油气，形成该类油气藏。该类油气藏的油气面积和油气高度受火山岩风化壳范围和厚度控制，其特点是具有统一的油气水界面和压力系统，如滴西 14 井区气藏。

(3)构造-岩性型油气藏。有效圈闭的形成受构造和岩性双重因素控制，但以构造因素为主，在其中聚集的油气称为构造-岩性型油气藏。该类油气藏发育于石炭系内幕，属内幕型油气藏，其特点是具有统一的油气水界面和压力系统，油气藏边界受岩性边界和溢出点控制，如车排子石炭系车 91 井区油藏。

(4)岩性型油气藏。以层状、透镜状或其他不规则状火山岩体为储集层，其周围被非渗透性地层所限形成有效圈闭，油气在其中聚集形成内幕岩性型油气藏。该类油气藏的特征是无统一的油气水界面和压力系统，油气藏面积和油气高度受火山岩外部形态和厚度控制，如马 36 井区油藏。

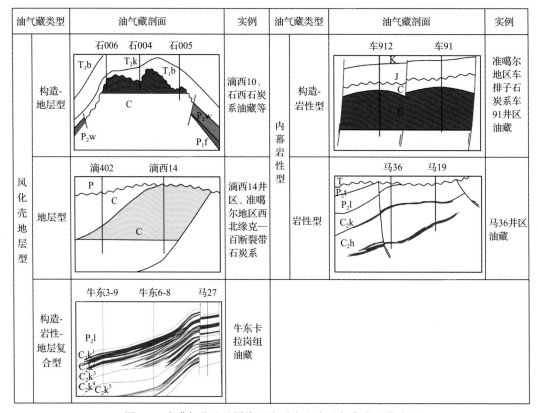

图 6.1　准噶尔盆地及周缘石炭系火山岩油气藏类型模式图

(5)构造-岩性-地层复合型油气藏。储层受有利岩性、岩相和风化壳多重因素控制，同时，在火山喷发间歇期，接受风化淋滤，形成有利储层，呈层状分布，其周围被非渗透性地层或不利火山岩相带、断层所限形成有效圈闭，油气在其中聚集形成构造-岩性-地层复合型油气藏。该类油气藏的特征是每个断块内部有统一的油气水界面和压力系统，油气藏面积和油气高度受火山岩风化壳、岩性、岩相综合因素控制，如牛东卡拉岗组油藏。

准噶尔盆地石炭系火山岩主要发育构造-地层型和地层型两类风化壳地层型油气藏、岩性-构造型和岩性型两类火山岩内幕岩性型油气藏，其中以构造-地层型和地层型为主。不同类型油气藏的油气来源、主控因素、流体性质等差别较大。

6.1.1　构造-地层型气藏

该类油气藏的典型代表是滴西 10 气藏。

1. 滴西 10 气藏

滴西 10 气藏位于准噶尔地区腹部陆梁隆起东段滴南凸起东端，气藏含气面积 13.57km^2，探明凝析气地质储量 103.79×10^{8}m^3，其中干气 103.27×10^{8}m^3，凝析油 28.80×

表6.1 准噶尔盆地石炭系火山岩油气藏特征表

油气藏分类	风化壳地层型							内幕岩性型	
油气来源	自生自储					新生古储		自生自储	新生古储
油气田名称	克拉美丽气田				牛东油田	克-百断裂带上盘石炭系油田	石西油田	哈尔加乌组油藏	红车断裂带石炭系油田
油气藏名称	滴西10气藏	滴西14气藏	滴西17气藏	滴西18气藏	C₂k油藏	六七九区	石炭系油藏	马36、马38等	车峰6、车912等
油气藏类型	构造-地层	岩性-地层	构造-地层	构造-地层	构造-岩性-地层	地层	构造-地层	岩性	构造-岩性
储层特征 主要岩性	英安岩、流纹岩	火山角砾岩	玄武岩	花岗斑岩	玄武岩、安山岩	安山、玄武、火山角砾、凝灰岩	英安、安山、火山角砾岩	玄武岩、安山岩	玄武岩、火山角砾岩
岩相	爆发相	爆发相	溢流相	侵入相	溢流相、爆发相	溢流相、爆发相	溢流相、爆发相	溢流相、爆发相	溢流相、爆发相
储层孔隙度/%	1.2~28.8	0.9~28.4	0.8~25.6	1.9~19.2	4.2~15.8	0.1~17.04	2.47~28.84	2~17.2	2.7~25.5
油气层平均孔隙度/%	12.2	15.3	16.15	8.63	10.6	9.929	14.2	7.8	12.94
有效孔隙度下限/%	7.0	6.0	6.3	5.5	6	5.5	5.6	6	6
有效渗透率下限/$10^{-3}\mu m^2$	0.07	0.02	0.07	0.01	0.06	0.1	0.3	0.07	0.05
储层类型	裂缝-次生孔隙							原生孔隙-次生孔隙-局部裂缝	
油气藏静态特征 高点埋深/m	2995	3430	3645	3455	1200	420~1460	4260	3113~3128	1920~2430
油气层中部海拔/m	-2415	-3040	-3120	-2990	-976	-1600~-350	-3947	-2603~-2576	-1450
油(气)层高度/m	230	430	135	380	368~500	220~700	293	103	178
油(气)层/水界面/m	-2530.15	-3250	-3185	-3176	-1385~-1226	无明显油水界面	-4093	-1765	-1765
压力系数	1.07	1.21	1.27	1.07	0.965	1.07~1.44	1.495	0.755~1.439	1.05
油气层中部温度/℃	89.73	114.27	115.51	114.13	52.5	26.5~53.6	120	91.6	32.8~52

续表

油气藏分类	风化壳地层型						内幕岩性型	
油气藏静态特征 — 含油/气面积/km²	15.2	22.78	21.94	17.2	33.67	180.6	30.4	18.8
含油/气饱和度%	60.1	63.3	62.7	71.3	51~67.8	53.1~67.8	57	63.6
平均有效厚度/m	95.9	110.9	59.3	236.4	86.3	16.6~172.7	118.8	90.85
储量丰度 天然气/($10^8 m^3/km^2$)	3.4	10.1	3.3	16.9				
储量丰度 原油/($10^4 t/km^2$)					165.4	89.2	126.5	109.3
水体情况	底水	底水	未见底水	底水	边底水		底水	底水
流体性质	天然气+凝析油	天然气+凝析油	天然气+凝析油	天然气+凝析油	原油	原油	原油	原油
流体特征 天然气 — 干气相对密度	0.633	0.648	0.636	0.664	0.97~1.19	0.64~0.83	0.7305	0.7548
CH_4含量/%	87.5	85.19	86.73	83.6	58.43~67.32	78.25~87.75	78.5	95
CO_2含量/%	0.258	0.144	1.0		0.109	0.04~0.22	0.156	0.1
N_2含量/%	6.26	5.81	4.08	4.67			6.3	3.38
体积系数(无因次)	0.00372	0.00336	0.00326	0.00359	1.09~1.178	1.06~1.15	1.8266	1.1
25℃地面原油密度/(g/cm³)	0.771	0.774	0.773	0.766	0.8536	0.7308~0.9309	0.809	0.772~0.9054
流体特征 原油 — 50℃原油黏度/(mPa·s)	1.0	1.06	1.18	0.95	26.7	11.95~5600.35	11.34	73.4~168.64
气油比含量/%				5.6~950	44	30~90	329	30.78~60
含蜡量%	1.66	1.61	3.22	1.18	12.1	1.44~3.96	8.29	3.0
凝固点/℃	-13.2	-3.3	1.3	-9.7	7.5	-23.89~-5.0	7.3	-17.42
初馏点/℃	111.5	93	89.2	76.1	56	105	95	250.88

续表

油气藏分类		风化壳地层型							内幕岩性型	
		滴西10	滴西14	滴西17	滴西18	牛东9-9	古3	石西1	马36	车峰3
流体特征 · 地层水	总矿化度/(mg/L)	20404~22606	8776~13743	11569~18016	未取到水样	3000~7500	22332~28655	14774~26273		41102
流体特征 · 地层水	水型	CaCl₂	CaCl₂	CaCl₂		CaCl₂	NaHCO₃	CaCl₂		CaCl₂
油气井产能	原油/(t/d)	5.17	6.41	19.56	26.93	88.98	145.86	66.8	36.5	20.61
油气井产能	天然气/(10⁴m³/d)	20.24	9.14	25.17	25.01			0.8571		0.091
油气井产能	代表井号	滴西10	滴西14	滴西17	滴西18	牛东9-9	古3	石西1	马36	车峰3
油气来源	烃源岩层位	C₂b、C₁d	C₂b、C₁d	C₂b、C₁d	C₂b、C₁d	C₂h、C₁j、C₂b	P₁f	P₂w	C₂h	P₁f、P₂w
油气来源	烃源岩类型	Ⅲ型				Ⅱ型				
成藏主控因素	烃源岩位置	气藏之下				油藏之下	油藏侧翼	油藏侧翼	油层间	油藏侧翼
成藏主控因素	储盖组合	C/P				C/P	C/T	C/T	C/C	C/C
成藏主控因素	输导体系	断裂—不整合				断裂—不整合	断裂—不整合	断裂—不整合	断裂/直接	断裂—间断面
成藏主控因素	构造背景	单斜—鼻状构造				断背斜	单斜	背斜	构造背景	构造背景
综合评价		低产、低丰度、中深层中型气藏	低产、高丰度、深层中型气藏	低产、中丰度、深层中型气藏	中产、高丰度、深层中型气藏	中产、中丰度、中浅层中型油藏	高产、高丰度、浅层大型油藏	高产、高丰度、中深层大型油藏	低产、低丰度、中深层中型油藏	中产、中丰度、中深层中型油藏

注：C₁j—下石炭统姜巴斯套组；C₁d—下石炭统滴水泉组；C₂b—上石炭统巴塔玛依内山组；C₂h—上石炭统哈尔加乌组；P₂w—二叠系下乌尔禾组；P₁f—二叠系风城组。

10^4t；天然气技术可采储量 $61.96 \times 10^8 m^3$，凝析油技术可采储量 11.52×10^4t。滴西 10 气藏为带底水的构造(背斜)-地层型凝析气藏，气层高度 230m，中部海拔 -2415m，中部深度 3090m，高点埋深 2995m，气藏天然驱动类型为弹性和边水驱动，千米井深稳定产量 $2.6 \times 10^4 m^3/(km \cdot d)$，可采储量丰度 $4.6 \times 10^8 m^3/km^2$，属于低产、中丰度、中深层中型气藏。

滴西 10 气藏储层为裂缝-孔隙双重介质风化壳储层。下部为爆发相的中酸性熔结凝灰岩类，上部为溢流相的英安岩和流纹岩类，该岩体在沉积间断过程中接受风化淋滤，形成有利储层，储层孔隙度 1.2%~28.8%，平均值为 12.2%，渗透率为 0.014~23mD，平均值为 4.27mD。含气层段有效厚度为 16.62~66.12m，平均含气饱和度为 60.1%。裂缝发育，具有多方向性，以北东-南西向为主，自西向东最大水平主应力方向具有左旋扭动的特点，与断裂走向的变化一致。

滴西 10 气藏为典型的构造-地层型气藏。滴西 10 井区南边为滴水泉西断裂封挡，但不是气藏控藏断裂，其他方向尖灭的岩体平面形态近乎圆状(图 6.2)，滴西 10 复合岩体在东西方向上呈透镜体状，滴 102 井的凝灰质泥岩在东、西两侧形成侧向封挡；岩体南边由滴水泉西断裂遮挡，向北逐渐尖灭；气藏盖层为上石炭统巴塔玛依内山组顶部风化黏土层与上二叠统上乌尔禾组深灰色泥岩、粉砂质泥岩，厚度 20~200m。圈闭闭合高度 775m，圈闭闭合面积 24.81km²，滴西 10 气藏具有统一的压力系统(压力系数 1.07)气水界面(−2530m)(图 6.3)。

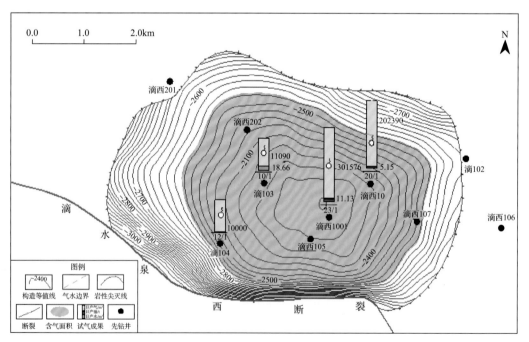

图 6.2　滴西 10 气藏平面分布图

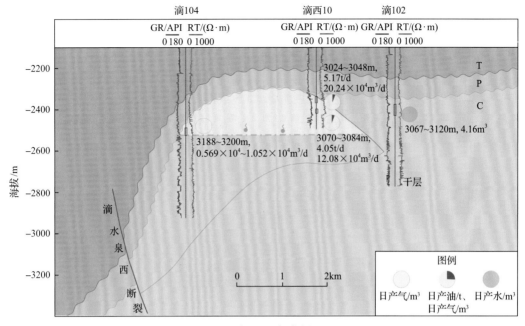

图 6.3　滴西 10 气藏剖面图

滴西 10 井射孔 2 个井段，第一段 3070～3084m，针阀控制试产，油压 21.9MPa，套压 22.9MPa，产油 4.05t/d，产气 12.08×10⁴m³/d；第二段 3024～3048m，酸化压裂后，针阀控制试产，油压 16.8MPa，套压 17.7MPa，产油 5.17t/d，产气 20.24×10⁴m³/d。测井解释气层基质有效厚度 26 层，厚度 40.63m；裂缝有效厚度 116 层，厚度 58.9m。

滴西 10 气藏为含凝析油气藏。凝析油含量为 36cm³/m³，25℃地面凝析油密度 0.771g/cm³，50℃时原油黏度 1.0mPa·s，含蜡量 1.66%，凝固点–13.2℃，初馏点 111.5℃。气藏中干气相对密度 0.633，甲烷含量 87.5%，二氧化碳含量 0.258%，氮气含量 6.26%，氧气含量 0.055%。地层水为 CaCl₂ 型，总矿化度 20404.84～22606.56mg/L，氯离子含量 12644.6～13915.4mg/L。中部压力 33.645MPa，中部温度 89.73℃，体积系数为 0.00372。

2. 滴西 17 气藏

滴西 17 气藏位于准噶尔地区腹部陆梁隆起东段滴南凸起西端，气藏含气面积 12.80km²，探明凝析气地质储量 89.00×10⁸m³，其中干气 88.11×10⁸m³，凝析油 49.54×10⁴t；天然气技术可采储量 52.87×10⁸m³，凝析油技术可采储量 14.11×10⁴t。滴西 17 气藏为带底水的构造(断层)-地层型凝析气藏，气层高度 135m，中部海拔–3120m，中部深度 3715m，高点埋深 3645m，气藏天然驱动类型为弹性和边水驱动，千米井深稳定产量 2.2×10⁴m³/(km·d)，可采储量丰度 4.1×10⁸m³/km²，属于低产、中丰度、深层中型气藏。

滴西 17 气藏储层为裂缝-孔隙双重介质风化壳储层。岩性为中基性的熔岩，以溢流相的安山玄武质—玄武质熔岩为主，该岩相在沉积间断过程中接受风化淋滤，形成有利储层，储层孔隙度 0.8%～25.6%，平均值为 8.94%，渗透率 0.011～522mD，平均值为 13.344mD。含气层段有效厚度 30.03～44.83m，平均含气饱和度 62.7%。裂缝发育，具有多方向性，以北西-南东向为主。

　　滴西17气藏为典型的构造-地层型气藏。滴西17井区块复合圈闭南北两侧为断层封挡、东部上倾方向为尖灭线封挡的西倾鼻状构造，基性岩层由南向北为层状分布，被断裂切割成滴西171—滴西17、滴西173、滴西172三个区块，该套岩体由西向东逐渐减薄，在滴西171井上倾方向削蚀尖灭，构造高部位为上、下序列间的厚层泥岩，形成侧向遮挡，与上覆二叠系泥岩及断裂断层-地层圈闭(图6.4)。圈闭闭合高度150m，圈闭闭合面积26km²，滴西17气藏具有统一的压力系统(压力系数1.27)和气水界面(−3185m)(图6.5)。

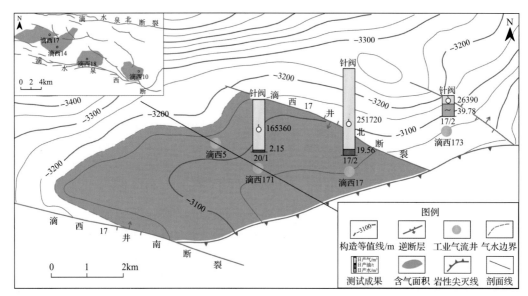

图6.4　滴西17气藏平面分布图

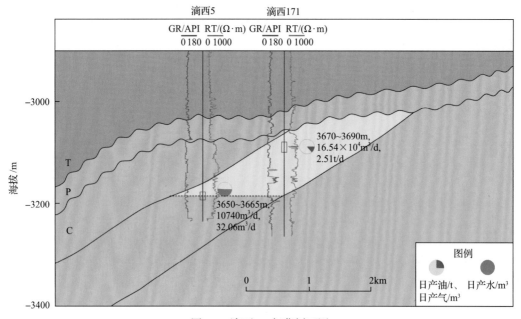

图6.5　滴西17气藏剖面图

滴西 17 井在 3633～3670m 试油，经压裂改造后针阀控制试产，产油 19.56t/d，产气 251720m³/d，油压 36.19MPa，套压 36.79MPa；测井解释气层基质有效厚度 12 层，厚度 20.1m；裂缝有效厚度 40 层，厚度 39.739m。

滴西 17 气藏为含凝析油气藏。凝析油含量为 72cm³/m³，25℃地面凝析油密度 0.773g/cm³，50℃原油黏度 1.18mPa·s，含蜡量 3.22%，凝固点 1.3℃，初馏点 89.2℃。气藏中干气相对密度 0.636，甲烷含量 86.73%，二氧化碳含量 1.0%，氮气含量 4.08%，氧气含量 0.005%。地层水为 $CaCl_2$ 型，总矿化度 11569～18016mg/L，氯离子含量 6796～11022mg/L。中部压力 47.5MPa，中部温度 115.51℃，体积系数为 0.00326。

3. 滴西 18 气藏

滴西 18 气藏位于准噶尔地区腹部陆梁隆起东段滴南凸起中端，气藏含气面积 19.69km²，探明凝析气地质储量 518.76×10⁸m³，其中干气 508.39×10⁸m³，凝析油 552.35×10⁴t；天然气技术可采储量 305.03×10⁸m³，凝析油技术可采储量 135.33×10⁴t。滴西 18 气藏为带底水的构造(断层)-地层型凝析气藏，气层高度 380m，中部海拔–2990m，中部深度 3645m，高点埋深 3455m，气藏天然驱动类型为弹性和底水驱动，千米井深稳定产量 3.3×10⁴m³/(km·d)，可采储量丰度 15.5×10⁸m³/km²，属于中产、高丰度、深层中型气藏。

滴西 18 气藏储层为裂缝-孔隙双重介质风化壳储层。岩性为中—酸性的浅成侵入岩，包括酸性的花岗斑岩和中性的二长玢岩，该岩体在沉积间断过程中接受风化淋滤，形成有利储层，储层孔隙度 1.9%～19.2%，平均值为 8.42%，渗透率 0.012～211mD，平均值为 4.217mD。含气层段有效厚度 111.50～268.75m，平均含气饱和度 71.3%。裂缝发育，具有多方向性，以近东西向为主。

滴西 18 气藏为典型的构造(断层)-地层型气藏。滴西 18 井区南边为断层封挡、其他方向尖灭的半椭圆状，该套侵入岩体位于滴水泉西断裂上倾方向，靠近断裂处厚度大，远离断裂逐渐减薄，受断层控制作用明显，是沿断层侵入，与上覆二叠系泥岩及断裂构造(断层)-地层圈闭(图 6.6)。圈闭闭合高度 720m，圈闭闭合面积 19.60km²，滴西 18 气藏具有统一的压力系统(压力系数 1.07)和气水界面(–3176m)(图 6.7)。

滴西 18 井在 3510～3530m 试油，针阀控制试产，产油 26.93t/d，产气 25.006×10⁴m³/d，油压 31.72MPa，套压 29.59MPa；测井解释气层基质有效厚度 41 层，厚度 195.92m；裂缝有效厚度 178 层，厚度 77.14m。

滴西 18 气藏为含凝析油气藏。凝析油含量为 140cm³/m³，25℃地面凝析油密度 0.766g/cm³，50℃原油黏度 0.95mPa·s，含蜡量 1.18%，凝固点–9.7℃，初馏点 76.1℃。气藏中干气相对密度 0.664，甲烷含量 83.6%，二氧化碳含量 0.109%，氮气含量 4.67%，氧气含量 0.055%。中部压力 39.647MPa，中部温度 114.13℃，体积系数为 0.00359。

6.1.2　地层型油气藏

该类油藏典型代表如滴西 14 气藏等。

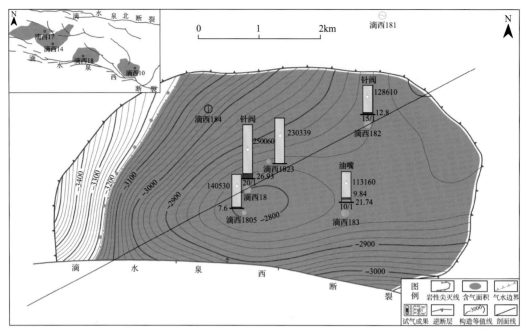

图 6.6　滴西 18 气藏平面分布图

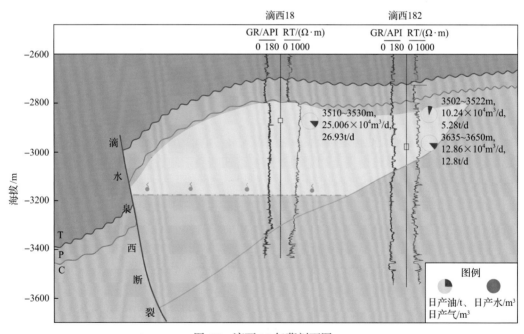

图 6.7　滴西 18 气藏剖面图

　　滴西 14 气藏位于准噶尔地区腹部陆梁隆起东段滴南凸起中端，气藏含气面积 19.67km²，探明凝析气地质储量 357.87×10⁸m³，其中干气 353.57×10⁸m³，凝析油 249.30×10⁴t；天然气技术可采储量 212.14×10⁸m³，凝析油技术可采储量 99.72×10⁸m³。滴西 14 气藏为带底水的地层型凝析气藏，气层高度 430m，中部海拔−3040m，中部深度 3650m，高点埋深 3430m，气藏天然驱动类型为弹性和底水驱动，千米井深稳定产量 $1.6\times10^4\mathrm{m}^3/(\mathrm{km}\cdot\mathrm{d})$，可采储量丰度 $10.8\times10^8\mathrm{m}^3/\mathrm{km}^2$，属于低产、高丰度、深层中型气藏。

滴西 14 气藏为裂缝-孔隙双重介质储层。岩性以中—酸性爆发相的火山碎屑岩类为主，夹有一些溢流相的熔岩类，呈厚层状向东尖灭。裂缝发育，具有多方向性，以北西-南东向为主；孔隙度 0.9%～28.4%，平均值为 10.36%，渗透率 0.005～64.8mD，平均值为 4.901mD。含气层段有效厚度 8.50～119.38m，平均含气饱和度 61.92%。

滴西 14 气藏为典型地层型气藏。滴西 14 井区为岩体尖灭封挡的西倾鼻状构造，复合岩体的火山碎屑岩，在滴西 14—滴 403 之间呈厚层状分布，向西在滴 402—滴 401 一带迅速减薄，分布在上、下序列间的泥岩之下，向东滴 404 井一带则相变为湖沼相的煤层、碳质泥岩和泥岩，形成东侧上倾的遮挡，上、下序列间的泥岩为西侧遮挡条件，上覆的二叠系泥岩为盖层，形成滴西 14 井区地层圈闭(图 6.8)。

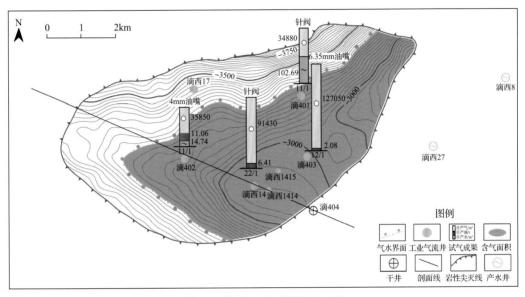

图 6.8 滴西 14 气藏平面分布图

圈闭闭合高度 1000m，圈闭闭合面积 $40.45\mathrm{km}^2$，滴西 14 气藏具有统一的压力系统(压力系数 1.21)和气水界面(–3250m)(图 6.9)。

滴西 14 井在 3652～3674m 试油，针阀控制试产，产油 6.418t/d，产气 91430m³/d，油压 30.1MPa，套压 30.1MPa；测井解释气层基质有效厚度 25 层，厚度 62.22m；裂缝有效厚度 40 层，厚度 50.61m。

滴西 14 气藏为含凝析油气藏。凝析油含量为 $140\mathrm{cm}^3/\mathrm{m}^3$，25℃地面凝析油密度 $0.774\mathrm{g/cm}^3$，50℃原油黏度 1.06mPa·s，含蜡量 1.61%，凝固点–3.3℃，初馏点 93℃。气藏中干气相对密度 0.648，甲烷含量 85.19%，二氧化碳含量 0.144%，氮气含量 5.81%，氧气含量 0.005%。中部压力 44.812MPa，中部温度 114.27℃，体积系数为 0.00336。

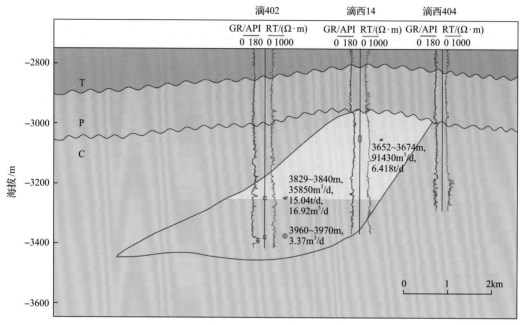

图 6.9　滴西 14 气藏剖面图

6.2　准噶尔盆地火山岩气藏成藏分析

　　准噶尔盆地石炭系火山岩油气藏的油气来源、成藏过程不同，其成藏模式存在差异。受火山机构规模和风化淋滤后有利火山岩储层分布控制，油气以近源成藏为主，横向沿不整合面、垂向沿断裂运移，古凸起背景下的火山机构控制油气运聚。油气成藏主控因素中油源是基础，古凸起是背景，有利火山岩储层是关键，盖层是保障。石炭系火山岩发育风化壳地层型和内幕岩性型两类油气藏，均具有自生自储和新生古储两种成藏模式，考虑成藏期次可形成多种成藏模式。油气成藏受烃源岩、输导体系、储集层、盖层、保存条件和有效圈闭等多因素控制。

6.2.1　准噶尔盆地火山岩气藏成藏模式特征

　　准噶尔盆地石炭系已发现的油气藏中存在三种油气成藏模式，即自生自储断裂-不整合输导成藏模式、自生自储源间断层输导成藏模式、新生古储断裂-不整合输导成藏模式，三种成藏模式的特征差异主要表现在源-输导体系-油气藏关系上（表 6.2）。

　　自生自储断裂-不整合输导成藏模式：是位于火山岩风化壳侧向低部位或下伏地层的石炭系烃源岩生成的油气，在沿断裂和不整合面组成的输导体系内运移，在运移路径上的石炭系有效圈闭中聚集成藏，该类成藏模式主要形成的是火山岩风化壳地层型油气藏。

　　自生自储源间断层输导成藏模式：石炭系烃源岩与火山岩间互发育，烃源岩生成的油气通过断裂逐级向上运移，或烃源岩生成的油气直接运移聚集于火山岩中形成油气藏，该类成藏模式主要形成的是火山岩内幕岩性型油气藏。

表 6.2　准噶尔盆地石炭系油气成藏模式特征表

特征	自生自储断裂-不整合输导成藏	自生自储源间断层输导成藏	新生古储断裂-不整合输导成藏
烃源岩层位	石炭系	石炭系	二叠系
源-藏位置关系	源位于藏侧翼或下部	源间或源上	源位于藏侧翼或下部
圈闭类型	风化壳地层型	内幕岩性型	风化壳地层型、内幕岩性型
圈闭位置	构造高部位或斜坡带	有效烃源岩区内	构造高部位或斜坡带
输导体系	断裂-不整合耦合	断裂或直接充注	断裂-不整合耦合
主要成藏时期	海西—印支	海西—燕山	印支—燕山
模式			
代表性油气藏	滴西 10、滴西 17、滴西 18 等	马 36 油藏	石西石炭系油藏、西北缘克—百断裂带上盘油藏

新生古储断裂-不整合输导成藏模式：以二叠系烃源岩为油气来源，位于石炭系风化壳侧向低部位的二叠系烃源岩生成的油气，通过断裂与不整合面沟通，沿不整合面逐级向上运移，在石炭系有效圈闭中聚集成藏，该类油气成藏模式主要形成的是火山岩风化壳地层型油气藏。

6.2.2　自生自储断裂-不整合输导成藏模式

陆东—五彩湾地区的克拉美丽气田、五彩湾气田为该类成藏模式。

1. 陆东—五彩湾地区成藏过程及特征

陆东—五彩湾地区天然气主要表现为干酪根裂解气特点。但并不是说该地区直接聚集了源自石炭系的干酪根裂解气。成藏过程对天然气组分和碳同位素的影响更为显著。该区石炭系天然气的不同参数反映的天然气成熟度存在明显的差异，如石炭系天然气干燥系数为 0.88～0.96，反映其为高—过成熟特征。对陆东—五彩湾地区气藏进行解剖，结合该区构造演化与天然气阶段聚气成气特征，认为该区石炭系烃源岩油气藏形成主要经历了海西晚期—印支期和燕山中期的油气成藏聚集过程。

海西晚期，五彩湾地区石炭系烃源岩成熟较早，二叠系沉积时进入成熟阶段，滴南凸起西段进入低成熟阶段，其他地区尚未成熟。彩 25 井 3232m 巴塔玛依内山组砂岩中杏仁体内方解石脉的包裹体呈群体定向分布，盐水包裹体均一温度为 86.2～88.5℃，反映了海西晚期油气充注。

印支晚期，由于三叠系和早侏罗系的沉积，五彩湾地区石炭系烃源岩进入成熟阶段末期或高成熟阶段初期，在滴南凸起西段进入成熟阶段，滴南凸起东段进入低成熟阶段。五彩湾地区彩 25 井 2990m 下二叠统砂岩中石英次生加大形成的包裹体均一温度为 96.6～105.6℃；滴南凸起东段滴西 17 井 3477.1m 石炭系玄武岩方解石脉中伴生的烃类包裹体以气态为主，盐水包裹体均一温度为 98.9～117.6℃，反映了印支晚期油气充注。

强烈的燕山早期构造活动造成地层抬升和断裂强烈活动，使印支晚期石炭系储集体中的天然气聚集基本被破坏殆尽，即石炭系烃源岩在 R_o 为 0.8%～1.2%之前生成的油气由于断裂的强烈活动而散失掉了；同时可能在侏罗系储集体中形成次生气藏。具体来说，在滴南凸起西部破坏的是石炭系烃源岩大致在 R_o 为 0.8%～1.0%之前生成的产物；在五彩湾地区破坏的是石炭系烃源岩大致在 R_o 为 1.2%之前生成的产物。此时，下侏罗统砂岩中形成的包裹体极少，如滴西 17 井区石英包裹体测定的均一温度为 73.6℃，反映晚期油气充注。

燕山中期是陆东—五彩湾地区石炭系烃源岩成藏的关键时期，由于白垩系的巨厚沉积，决定了该区石炭系烃源岩的最终成熟程度。五彩湾地区石炭系烃源岩进入高成熟湿气阶段；滴南凸起西段进入高成熟凝析油—湿气阶段，东段进入成熟阶段；滴北凸起进入低成熟阶段。该期主要聚集的是石炭系烃源岩在 R_o 为 0.8%～1.2%之后生成的天然气，从而造成了天然气参数所反映的天然气成熟度与实际值产生差异。彩参 2 井巴塔玛依内山组凝灰岩石英裂隙及次生加大边包裹体均一温度为 133.9～139.6℃，滴西 17 井 3637.8m玄武岩样品中晚期方解石脉中盐水包裹体均一温度主要分布在 140～150℃，与燕山期中期天然气为主的烃类充注一致。燕山晚期至今，断裂活动很弱，有利于早期在上二叠统乌尔禾组泥岩区域盖层之下聚集的原生气藏的保存，燕山晚期局部发生天然气藏调整，在侏罗系、白垩系中形成次生天然气藏，造成天然气从石炭系到侏罗系、白垩系的散失和聚集。

陆东—五彩湾地区天然气成藏具有"早期聚集、晚期保存"特征。陆东—五彩湾地区经历了海西晚期、印支晚期和燕山中期的多期油气充注和成藏，燕山中期应为该区天然气成藏关键时期(图 6.10)。

在二叠系乌尔禾组区域盖层之下具有源自石炭系腐殖型烃源岩原生天然气藏形成的条件，如滴西 10 石炭系气藏为主要源自石炭系的过成熟腐殖型天然气，天然气的 $\delta^{13}C_1$值和 $\delta^{13}C_2$ 值分别为–29.5‰～–29.1%和–26.7‰～–26.6%；五彩湾石炭系气藏为主要源自石炭系的过成熟天然气，天然气的 $\delta^{13}C_1$ 值和 $\delta^{13}C_2$ 值分别为–31.0‰～–29.5%和–26.8‰～–24.2%。海西晚期发生强烈的压扭构造活动，印支期构造活动相对较弱；燕山早期断裂活动强烈；燕山晚期—喜马拉雅期断裂活动较弱，有利于早期形成天然气藏的后期保存。

2. 成藏模式

对于自生自储风化壳地层型油气藏，石炭系烃源岩生成的油气沿断裂在纵向上运移，沿风化壳在横向上运移，在火山岩风化壳内聚集成藏，形成自生自储的火山岩风化壳地层型油气藏，断裂和不整合面是主要输导体系。由于准噶尔盆地石炭系单个火山机构规模较小，火山岩和沉积岩互层，在大角度倾斜地层中，风化壳顶面火山岩风化壳与沉积岩间互分布，形成的油气藏规模取决于火山岩层的厚度和地层倾角。火山岩长期风化淋滤形成的有利储层是油气聚集的主要场所，是成藏的关键要素之一；有效的盖层是油气保存的关键，正向构造背景有利区是油气聚集的有利场所(图 6.11)。油气近源成藏特点决定了在靠近油气源或近油气运移路径上的有效圈闭会先捕获油气并成藏，在油气源不

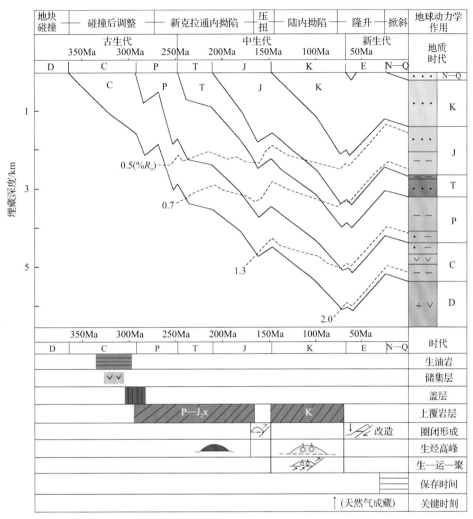

图 6.10　陆东—五彩湾地区石炭系含油气系统成藏事件图

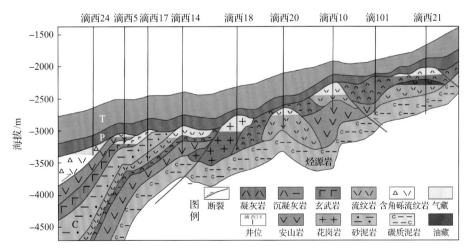

图 6.11　陆东地区天然气成藏模式图

足或构造较高部位保存条件不好的情况下，构造较高部位的圈闭不一定成藏。该成藏模式可用于指导在油气勘探中首先寻找距离油气源岩最近的有效圈闭，而不是距离烃源岩较远的构造高部位圈闭。

6.3　准噶尔盆地火山岩气藏主控因素

截至 2018 年底，准噶尔盆地共探明 7 个火山岩气藏，探明天然气地质储量 696.76×$10^8 m^3$。天然气为自生自储。准噶尔盆地石炭系火山岩天然气成藏主要受有效烃源岩中心、有利储层、断裂及不整合输导体系、有效储盖组合、保存条件及正向构造背景等因素控制。下面就其分布富集规律分别论述。

6.3.1　烃源岩控制油气分布

从已发现的准噶尔盆地石炭系火山岩油气藏来看，油气藏具有近源成藏特点，围绕正向构造高部位分布，断裂带控制油气富集区分布。火山岩储层分布规律与碎屑岩不同。准噶尔盆地石炭系单个火山岩体规模较小，平面上分布变化大，非均质性强，连通性差（长期风化、大面积叠置分布的大型风化壳除外），油气在其中的横向运移距离受到限制，横向运移距离一般较短，因此一般近源成藏，油气藏主要围绕有效烃源岩中心附近分布。断裂是油气纵向输导体系，可在纵向上形成多套含油气层系。准噶尔盆地上石炭统火山岩形成于碰撞造山后的松弛垮塌环境，火山岩沿断裂带及其附近分布，因此在烃源岩分布范围内发育的断裂带是火山岩油气藏分布的最有利地区。目前，围绕准噶尔盆地滴水泉凹陷发现了克拉美丽气田，围绕准噶尔盆地五彩湾凹陷发现了五彩湾气田（图 6.12），这些气田均属于自生自储风化壳地层型，其分布都是围绕上石炭统有效烃源岩中心。

石炭系持续沉降、后期保存较好的叠加型残留断陷是油气分布的主要控制断陷。目前，准噶尔盆地石炭系发现的气藏主要来源于上石炭统烃源岩。上石炭统烃源岩分布受断陷控制，存在多个断陷，断陷内部发育有效烃源岩的区域是油气分布的可能部位。早石炭世发育海—海陆过渡相沉积，烃源岩分布范围比晚石炭世更广，陆南 1 井等发现了良好烃源岩，但目前钻遇下石炭统井较少且其变形相对较强，对其资源潜力了解较少，下石炭统油气勘探前景有待进一步评价。

6.3.2　有利储层控制油气富集程度

准噶尔盆地石炭系火山岩优质储层分布控制油气富集高产，优质储层的控制因素较多，不同成因类型的火山岩优质储层分布不同。火山岩油气藏产能受油气储层控制，火山岩优质储层平面分布受风化壳、断裂、岩相、岩性、构造等因素控制。

1. 溶蚀和崩解带控制风化壳型油气富集高产

对于火山岩风化壳地层来说，风化壳存在 5 层结构，从上到下包括土壤层、水解带、溶蚀带、崩解带、母岩。优质储层主要发育于溶蚀带和崩解带中，土壤层为非渗透层，

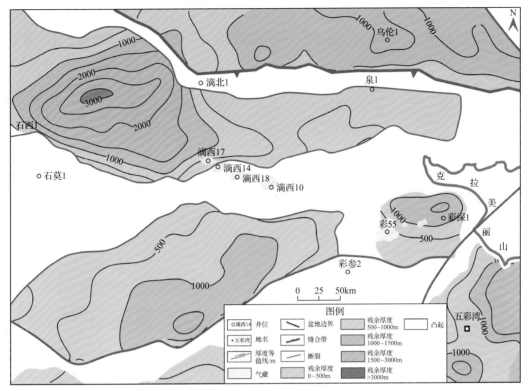

图 6.12 陆东-五彩湾凹陷烃源岩中心与油气分布关系图

母岩一般物性较差，水解带能够形成有利储层，但储层物性不好。在长期风化淋滤区域形成的火山岩风化壳厚度可达 450m 以上(断裂带附近风化壳厚度更厚)，一般土壤层厚度为 10～30m，水解带厚度为 20～30m，二者之和在 30～60m，这个层段储层不好，油气产量不高，或基本不含油气。这就是在风化壳地层中勘探时，不是针对风化壳地层的井在风化壳内钻探 20～50m 完钻没有发现油气层的原因。

在中短期风化淋滤形成的火山岩风化壳内，其风化壳结构与长期风化壳基本一致，但风化黏土层、破碎带厚度较薄，一般在 5～30m，强风化层和弱风化层形成的有利储层基本上距顶面 5～30m，向下储层物性变差，含油气性也会变差，因此，针对这类储层风化壳顶面 30m 以下的层段是勘探主要目的层。例如，准噶尔地区克拉美丽气田的滴西 17 井，石炭系顶面埋深 3628m，在 3633～3672m 试产，日产气 251720m³、日产油 19.56t (图 6.13)。

火山岩风化壳优质储层平面上受控于岩相、岩性、风化时间、断裂、古地貌等，在古地貌高部位和斜坡带处，火山岩风化强度较大，能够形成有利储层，古地貌低部位火山岩一般风化程度低，不利于形成有利储层。有利储层的形成还受控于断裂发育程度，断裂附近能够形成裂缝和微裂缝，增强储层渗流能力，同时在风化过程中表生环境下的地表水沿断裂向下渗流，也能够增加火山岩储层的次生溶蚀孔，裂缝、微裂缝及次生溶蚀孔控制着有利储层分布，在油气藏中这些区域的油气井产量一般较高，即能够形成富集高产。油气产能受控于优质储层分布的同时也受控于构造、断裂，在平面上寻找有利储层的同时，要想获得高产，必须寻找构造高部位断裂发育处的优质储层。

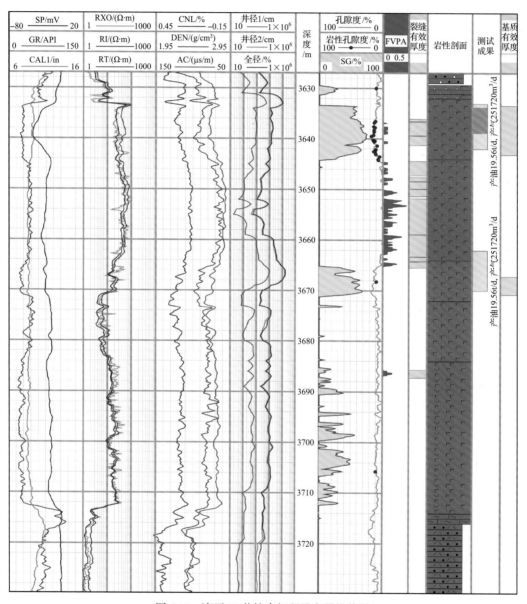

图 6.13　滴西 17 井综合解释及产量柱状图

2. 有利岩相带控制内幕型油气富集

与火山岩风化壳储层相比，火山岩储层物性相对较差，以原生孔隙和微裂缝为主。有利储层受火山机构和岩相控制，近火山口的爆发相和溢流相储层物性较好，是火山岩油气藏主要油气产能发育段，纵向上主要分布于同一期火山喷发有利岩相段的顶底段，厚度一般为 3～20m。火山岩油气层的产能一般较低，平均产能是火山岩风化壳油气藏产能的 1/4 左右，最高产能比火山岩风化壳油气藏的最高产能低。火山岩在火山喷发间歇期经受短期风化淋滤及后期烃源岩热演化酸性流体溶蚀后，储层物性会变好，油气产能也会增加；水上喷发时近爆发相和溢流相火山岩所处位置一般比其他火山岩相带所处位置要高，在火山喷发间歇期经受比其他相带更长的风化淋滤时间，因此，物性相对更好一些，这也是该类相带比其他相带易形成相对高产的原因之一。就原状火山岩来说，同一相带、岩相、岩性条件下，水上喷发形成的火山岩油气藏产能要高于水下喷发形成的火山岩油气藏产能。

内幕岩性型有利储层主要受控于岩相、岩性，油气产能也主要与岩相、岩性有关，在爆发相带内的井一般产能较高，爆发—溢流相带内的井产能次之，其他相带内产能更低。因此，对于内幕岩性型油气藏，有利储层和高产的主要控制因素是岩相、岩性。

6.3.3 圈闭有效性是油气成藏关键

圈闭条件是石炭系火山岩油气成藏的关键。风化壳地层型油气藏的保存条件主要包括石炭系上覆盖层岩性、断裂封堵与开启性。石炭系内部有效储盖组合是火山岩内幕岩性型油气藏保存的关键。

1. 有效圈闭与主成藏期有利配合是成藏关键

通过盆地模拟和烃源岩热演化，确定准噶尔盆地石炭系烃源岩主要生烃时期为晚二叠世—晚白垩世，如从五彩湾凹陷的烃源岩热演化图可以看出二叠世末烃源岩达到成熟，到白垩纪末烃源岩 R_o 达到 2.0%（图 6.14）。

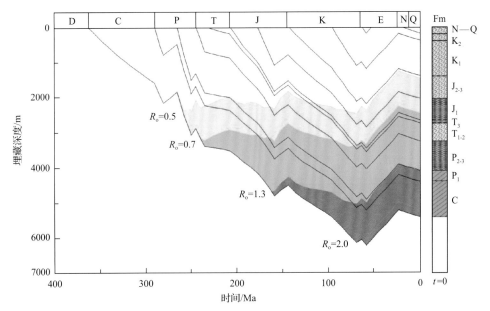

图 6.14 五彩湾凹陷烃源岩热演化图

2. 上覆有效盖层控制风化壳地层型圈闭的有效性

石炭系上覆盖层是风化壳地层型油气藏保存的关键。已发现的风化壳地层型油气藏、克拉美丽气田等均具备良好的上覆直接盖层条件。石炭系上覆直接盖层为泥岩、凝灰岩等分布区，最有利于风化壳地层型油气藏的形成，已发现的油气藏均在有效上覆盖层分布区。

石炭系封堵性断层遮挡了油气沿横向输导体系继续向高部位运移，是风化壳地层型油气成藏的关键。

3. 生储盖组合控制油气赋存层位

准噶尔盆地石炭系发育多个生储盖组合，目前发现至少发育 6 套生储盖组合(图 6.15)，

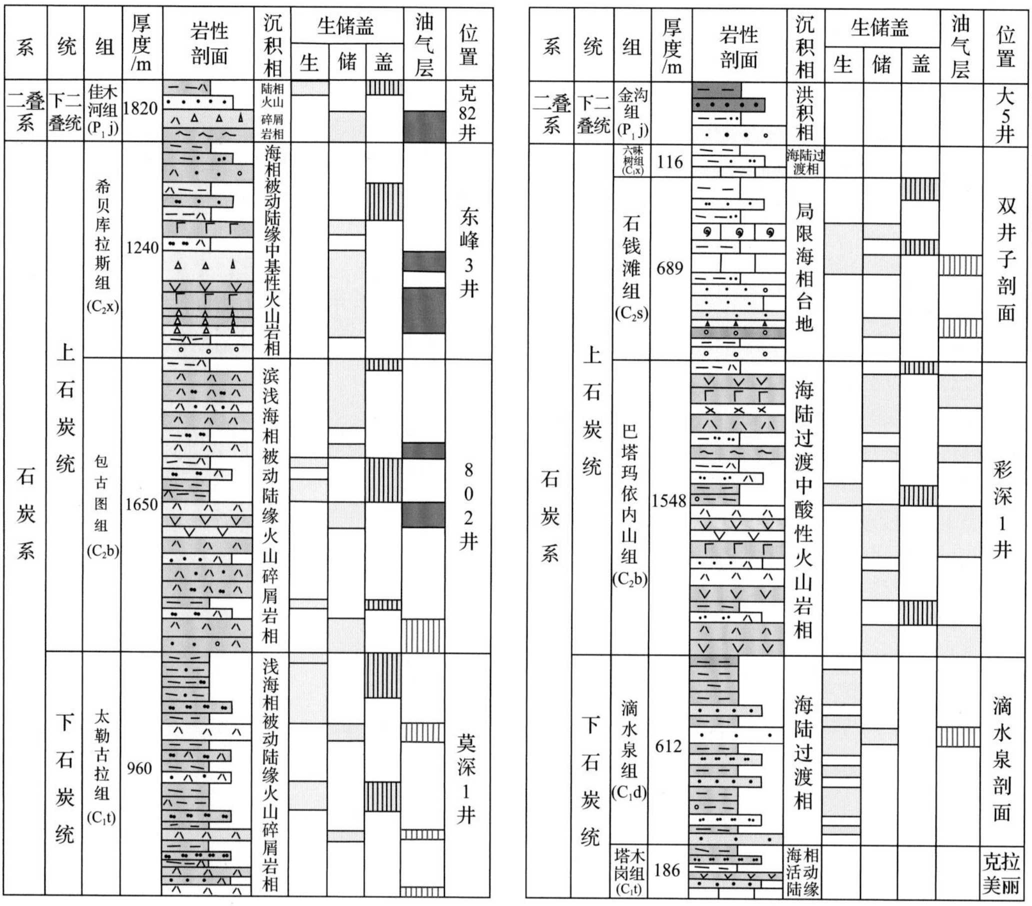

系	统	组	厚度/m	岩性剖面	沉积相	生	储	盖	油气层	位置
二叠系	下二叠统	佳木河组(P₁j)	1820		陆相火山碎屑岩相					克82井
石炭系	上石炭统	希贝库拉斯组(C₂x)	1240		海相被动陆缘中基性火山岩相					东峰3井
		包古图组(C₂b)	1650		滨浅海相被动陆缘火山碎屑岩相					802井
	下石炭统	太勒古拉组(C₁t)	960		浅海相被动陆缘火山碎屑岩相					莫深1井

(a) 西准噶尔

系	统	组	厚度/m	岩性剖面	沉积相	生	储	盖	油气层	位置
二叠系	下二叠统	金沟组(P₁j)			洪积相					大5井
石炭系	上石炭统	六棵树组(C₂x)	116		海陆过渡相					双井子剖面
		石钱滩组(C₂s)	689		局限海相台地					
		巴塔玛依内山组(C₂b)	1548		海陆过渡中酸性火山岩相					彩深1井
	下石炭统	滴水泉组(C₁d)	612		海陆过渡相					滴水泉剖面
		塔木岗组(C₁t)	186		海相活动陆缘					克拉美丽

(b) 东准噶尔

图 6.15 准噶尔盆地及周缘石炭系储盖组合综合图

这些生储盖组合主要分布在上石炭统，下石炭统勘探和研究程度很低，对其生储盖组合认识不足。

根据准噶尔盆地已发现油气藏类型及控制因素来看，与风化壳地层型储层有关的组合总体可分为两大类：一类为自生自储型；另一类为新生古储型。自生自储型主要分布于滴南凸起及五彩湾凹陷，气源岩为石炭系巴塔玛依内山组及滴水泉组泥岩和碳质泥岩，储集层为巴塔玛依内山组火山岩，盖层为二叠系梧桐沟组泥岩。准噶尔盆地石炭系火山岩内幕岩性型油气成藏的生储盖组合主要受烃源岩、火山岩的有效配置关系控制，即石炭系内部的生储盖组合，石炭系内部至少发育 4 套烃源岩，每一套烃源岩内部至少可以形成一套生储盖组合，如果一套烃源岩中发育间互的多套火山岩，可在同一套烃源岩内部形成多套生储盖组合。同时，火山发育区，火山岩与薄层的烃源岩间互发育，可形成多套生储盖组合。

6.3.4 准噶尔盆地火山岩气藏成藏主控因素

1. 紧邻生烃中心的大型鼻状构造是气藏大规模成藏的基础

古隆起和古斜坡是天然气运移指向区和富集区，也是勘探寻找天然气藏的有利区。滴南凸起北构造带在近东西向展布的滴水泉北断裂和滴水泉西断裂夹持下，发育大型鼻状构造。该鼻状构造向西倾伏，向东抬升敞口。鼻状构造自石炭纪末以后一直缓慢抬升，白垩纪沉积前，构造活动达到高峰，使已沉积的侏罗系头屯河组、西山窑组剥蚀殆尽，形成长期活动的古隆起。该古隆起紧邻生烃中心，是天然气运移的有利指向区。同时，其上发育的三级局部构造的形成时间均先于生烃和排烃期，圈闭在先，运移在后，完好的构造场所成为天然气积聚富集的有效"仓库"。加上紧邻生烃中心，有可能油气初次运移就进入圈闭中，排烃量基本等同于聚集量，减少了损失量。由此可见，滴南凸起北构造带发育大型鼻状构造是形成天然气藏的主导条件，而大"容量"的鼻状构造又成为天然气富集的有效"仓库"，在保存条件好的基础上极利于形成大中型气田。

2. 断裂与成藏期次的耦合是气藏形成最为关键的因素

对于气藏而言，断裂具有双重作用，既起阻挡封隔作用又起运移通道作用，在为天然气提供运移通道的同时，也会破坏先期形成的气田(藏)使得天然气散失或再次成藏。因而，断裂活动的时间和强度对天然气成藏具有重要影响。研究区主要经历了 3 次大的构造运动，分别是海西构造运动、印支期构造运动和燕山期构造运动，形成了两种断裂体系，即海西—印支期压扭性断裂体系和燕山期张扭性断裂体系。

压扭性断裂主要发育有控制本区构造格局的滴水泉北断裂、滴水泉西断裂、滴水泉南断裂 3 条主断裂,其断距较大,达 200~400m。但滴水泉南、北断裂形成于石炭纪,在三叠纪晚期已经停止活动,对油气的运移具有一定的阻挡作用,使得滴水泉南、北断裂附近油气显示较差。而滴水泉西断裂在侏罗纪中晚期仍在活动,使得滴水泉西断裂及其附属断裂具有沟通油源的作用,油气沿滴水泉西断裂富集。

深层断裂走滑和基底隆升产生的拉张应力,使得侏罗系以及白垩系发育正断裂。张扭性断裂同压扭性断裂一样,在形成断鼻、断块圈闭构造的同时也为天然气向上运移提供了通道,使得本区侏罗系也形成了一些气藏。

3. 良好的岩性及物性空间配置是油气成藏主控因素之一

滴南凸起岩性组合特征多样,各种岩相、岩性均可形成有利储层而成藏。从已探明的气藏来看,石炭系储层属于中—高孔低渗的非碎屑岩储层。FMI 资料显示储层段裂缝发育,为裂缝-孔隙双重介质储层。火山角砾岩孔隙最发育,侵入岩裂缝最发育,凝灰岩孔隙裂缝都较不发育。

从克拉美丽气田石炭系储层岩性及物性与邻区石炭系的对比来看,克拉美丽气田石炭系储层物性整体都比一区石炭系好,比石西石炭系略差。气层孔隙度平均在 10.7%~14.4%,相对非碎屑岩储层来说,物性整体是比较好的。从本区石炭系实际试油情况来看,在石炭系共试油 71 井 105 层,干层只有 6 井 6 层,石炭系试油无全井段均为干层的井。因此,对滴南凸起石炭系来说,储层不是成藏的主要问题。

4. 构造控制火山岩气藏规模,砂体物性控制气藏局部边界

梧桐沟组继承了石炭系顶界的构造,和石炭系是同一套构造层系,与石炭系具有相似的成藏条件。从目前的钻探情况来看,在石炭系成藏区,梧桐沟组储层砂体发育,也基本成藏,具有较好的一致性。梧桐沟组气层主要在梧一段,储层砂体为扇三角洲前缘水下分流河道、河口坝及前缘席状砂沉积,单砂体厚度在 2~15m,砂组厚度在 7~24m,平面上均有分布,叠合连片,气藏整体受构造控制,局部砂体物性变差。

6.3.5 滴南凸起火山岩气藏成藏模式

2011 年以来,结合地质、地震、测井及录井综合研究,以及对已知气藏和出气井点精细解剖,认为准噶尔盆地滴南凸起火山岩气藏主控因素和气藏富集模式可概括为"三控一体"模式,"三控"为源控(近源凹陷控制)、高控(古构造高点控制)、断控(气源断裂控制),"一体"为气藏富集呈现"岩相体"富集特征,利用"三相多属性"(单井岩相、测井相、地震相、地震多属性)分析技术,精细解剖火山机构与有利火山岩相预测,建立滴南凸起石炭系火山岩体的识别模式,如图 6.16 所示。

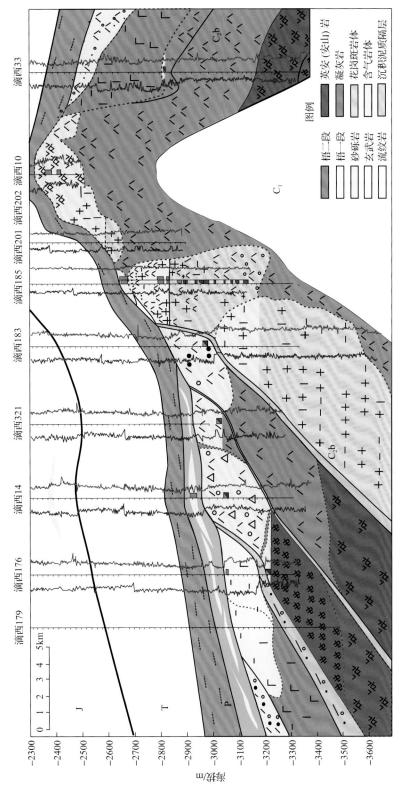

图6.16　准噶尔盆地滴南凸起中段石炭系火山岩分布与成藏模式图

第 7 章

结　束　语

火山岩气藏的勘探开发一直是国内外的难点，即发现难、开发难、建产难。产生以上难点的根本原因是研究区火山岩的岩性、岩相变化快，同时研究区地震资料品质差。因此，针对这种火山岩油气藏，进行滚动勘探开发是最为合适的开发策略。

(1)充分应用勘探、评价及精细开发三维地震资料，结合实际钻井、测井、录井资料，对岩相、岩体和岩性的刻画应做到井震特征明显、特征模式清楚、岩性识别准确，始终坚持用实际井资料进行约束和验证。

(2)充分综合应用实际生产动态资料和常规试井、数值试井及数值模拟技术进行储量分布研究，真正做到用实际生产动态资料对静态研究成果进行检验和完善，始终坚持动态与静态完整结合，避免过去动态和静态相互独立的现象。同时通过对已开发气藏的解剖，结合区域地质资料，深化对准噶尔盆地石炭系成藏主控因素及天然气富集规律的认识，解决制约准噶尔盆地天然气滚动勘探开发的关键问题，指导评价方向的优选、评价目标圈闭的刻画及规模产能方案的实施。通过充分评价和比较各种提高储量动用的技术方案，结合准噶尔盆地火山岩气藏的特殊复杂性，坚持对成熟技术的优化、集成、创新和应用，以及自主创新应用，做到关键技术集成高效、现场应用效果显著。

(3)针对火山岩气藏开发中暴露的储层刻画难度大、储量动用程度低、剩余储量分布不清、动用方式难以确定及后备新增储量资源不足等制约稳产上产的难点，研究的技术路线是：依托丰富的动静态资料，利用测井、地震、概率分析等技术识别火山岩体岩性；在岩性认识的基础上，建立分岩性孔渗地质模型，结合试井分析、压力拟合等气藏工程分析技术精细描述储层，落实优势岩体岩性剩余气富集区；利用开发区建立的有利火山岩体地震地质模式，结合区域古构造、油源、断裂及油气运移期次的研究，落实气藏滚动开发扩边目标和潜力；通过各类提高储量动用技术的分析评价，优选老井侧钻、缝网压裂技术和滚动开发扩边钻井，实现火山岩气藏开发区剩余储量和潜力区未动用储量的高效动用，并建成火山岩气藏 $10 \times 10^8 m^3$ 年产气量。

(4)滚动勘探开发的原则"整体部署、分批实施、及时调整、逐步完善"不断调整、不断完善，更适合用于火山岩气藏的评价、开发及建产。

(5)准噶尔盆地克拉美丽火山岩气藏为改造型火山岩气藏，这类气藏是国内外最为复杂的气藏，高效开发好此类气藏的关键是岩体识别和采用针对性有效开发配套技术。

(6)从实践到理论，再从理论到实践是一个反复验证的过程，从中要寻找规律，形成规律后再指导滚动勘探开发。

参 考 文 献

卞德智, 邱子刚, 刘明高. 1991. 模糊数学识别火成岩岩性的方法及地质效果—测井资料的地质应用. 北京: 石油工业出版社.

蔡土赐. 1999. 新疆维吾尔自治区岩石地层. 武汉: 中国地质大学出版社.

陈本才, 马俊芳, 高亚文. 2004. 地层藏电阻率扫描成像测井沉积学分析及储层评价. 西部探矿工程, 12: 93-95.

陈波, 孙德胜, 朱筱敏, 等. 2011. 利用地震数据分频相干技术检测火山岩裂缝. 石油地球物理勘探, 46(4): 610-613.

陈钢花, 吴文圣, 毛克宇. 2001. 利用地层微电阻率扫描图像识别岩性. 石油勘探与开发, 28(2): 54-55.

陈建文, 魏斌, 李长山, 等. 2000. 火山岩岩性的测井识别. 地学前缘, 7(4): 458.

陈新发, 匡立春, 查明, 等. 2012. 火山岩形成、分布与储集作用. 北京: 科学出版社.

陈新发, 匡立春, 查明, 等. 2014. 火山岩油气成藏机理与勘探技术——以准噶尔盆地为例. 北京: 科学出版社.

戴俊生, 徐建春, 孟召平. 2003. 有限变形法在火山岩裂缝预测中的应用. 石油大学学报(自然科学版), 27(1): 1-3, 10.

邓攀, 陈孟晋, 高哲荣, 等. 2002. 火山岩储层构造裂缝的测井识别及解释. 石油学报, 23(6): 32-36.

丁秀春. 2003. 测并响应在火成岩储层研究中的应用. 特种油气藏, 10(1): 69-72.

董冬. 1991. 火山岩储层中的一种重要储集空间——气孔. 石油勘探与开发, (1): 89-92.

董冬等. 1988. 滨南油田下第三系复合火山相与火山岩油藏. 特种油气藏, 9(4): 347-355.

范宜仁, 黄隆基, 代诗华. 1999. 交会图技术在火山岩岩性与裂缝识别中的应用. 测井技术, 23(1): 53-56.

费永涛, 邢卫新, 曲玉线, 等. 2007. 井楼油田高效滚动勘探开发实践与认识. 石油地质与工程, 21(2): 33-35.

冯子辉, 印长海, 齐景顺, 等. 2010. 大型火山岩气田成藏控制因素研究——以松辽盆地庆深气田为例. 岩石学报, 26(1): 21-32.

符翔, 高振中. 1998. FMI测井在地质方面的应用. 测井技术, 22(6): 435-438.

高秋涛, 黄思赵, 时береза芹. 1998. 用FMI测井研究砾岩、火山岩储层. 测井技术, 22(增刊): 56-59.

高知云, 章谦澄, 黄骅. 1999. 盆地新生代火山岩与油气. 北京: 石油工业出版社.

关键, 贾春明, 赵卫军, 等. 2008. 成像测井资料在车排子地区火山岩储层研究中的应用. 新疆地质, 26(4): 415-417.

郭龙. 2003. 曲堤复杂断块油田的特点及开发技术政策研究. 特种油气藏, 10(3): 65-66.

侯启军, 赵志魁, 王立斌. 2009. 火山岩气藏——松辽盆地南部大型火山岩气藏勘探理论与实践. 北京: 科学出版社.

黄布宙, 潘保芝. 2001. 松辽盆地北部深层火成岩测井响应特征及岩性划分. 石油地质, 40(3): 42-47.

黄隆基, 范宜仁. 1997. 火山岩测井评价的地质和地球物理基础. 测井技术, 21(5): 341-344.

黄庆民. 2003. 五区上乌尔禾组油藏滚动勘探开发研究. 成都: 西南石油学院.

黄玉龙, 王璞珺, 舒萍, 等. 2010. 松辽盆地营城组中基性火山岩储层特征及成储机理. 岩石学报, 26(1): 82-52.

姜传金, 鞠林波, 张广颖. 2011. 利用地震叠前数据预测火山岩裂缝的方法和效果分析——以松辽盆地北部徐家围子断陷营城组火山岩为例. 地球物理学报, 54(2): 515-523.

金钰玗. 2000. 中国地层典: 石炭系. 北京: 地质出版社.

康玉柱. 2008. 新疆两大盆地石炭—二叠系火山岩特征与油气. 石油实验地质, 30(4): 321-327.

匡立春, 薛新克, 邹才能, 等. 2007. 火山岩岩性地层油藏成藏条件与富集规律——以准噶尔盆地克-百断裂带上盘石炭系为例. 石油勘探与开发, 34(3): 285-290.

况军. 1993. 地体拼贴与准噶尔盆地的形成演化. 新石油地质, 14(2): 126-132.

李昌年. 1992. 火成岩量元素岩石学. 武汉: 中国地质大学出版社.

李军, 薛培华, 张爱卿, 等. 2008. 准噶尔盆地北缘中段石炭系火山岩油藏储层将征及其控制因素. 石油学报, 29(3): 329-335.

李曙光. 1993. 蛇绿岩生成构造环境的Ba-Th-Nb-La判别图. 岩石学报, 9(2): 147-154.

李同华, 段庆庆, 杨雷, 等. 2009. 基于偶极横波资料的火山岩裂缝及油气识别. 西南石油大学学报(自然科学版), 31(6): 45-51.
李伟, 何生, 谭开俊, 等. 2010. 准噶尔盆地而北缘火山岩储特及成岩演化特征. 天然气地球科学, 12(6): 509-917.
李毓. 2009. 储层裂缝的测井识别及其地质建模研究. 测井技术, 33(6): 575-578.
林景仟. 1995. 火山岩岩类学与岩理学. 北京: 地质出版社.
刘呈冰, 史占国, 李俊国, 等. 1999. 全面评价低孔裂缝/孔洞型碳酸盐岩及火成岩储层. 测井技术, 28(6): 457-465, 479.
刘海军. 2008. 火成岩岩性分析与含气性的关系. 大庆石油学院, (6): 13-16.
刘佳, 姚鹏翔, 罗明忘, 等. 2009. 利用常规测井资料识别火山岩裂缝的方法. 国外测井技术.
刘嘉麒, 孟凡超, 崔岩, 等. 2010. 试论火山岩油气藏成藏机理.岩石学报, 26(1): 1-13.
刘立, 谢文彦, 焦立娟, 等. 2003. 辽河断陷盆地东部凹陷新生代火山岩裂缝成因探讨. 特种油气藏, 10(1): 18-22.
刘为付, 孙立新, 刘双龙, 等. 2002. 模糊数学识别火山岩岩性. 特种油气藏, 9(1): 14-17.
刘祥. 1996. 当代火山喷发碎屑堆积物的研究进展及其主要类型. 世界地质, (1): 1-6.
刘永爱, 董义军. 2010. 油气资源勘探开发一体化管理模式探析. 西安石油大学学报: 社会科学版, 19(1): 5-10.
刘之的, 刘红歧, 代诗华, 等. 2008. 火山岩裂缝测井定量识别方法. 大庆石油地质与开发, 10(5): 17-19.
刘之的, 汤小燕, 林红. 2008. 准噶尔盆地九区南火山岩裂缝识别方法研究. 国外测井技术, 208(60): 15.
刘之的, 汤小燕, 于红果, 等. 2009. 基于岩石力学参数评价火山岩裂缝发育程度. 天然气工业, 27(5): 132-134.
罗佳强, 吴朝东. 2010. 陆相含油气盆地中高勘探程度区油气精确勘探方法研究. 地学前缘, 17(4): 241-252.
罗静兰, 曲志浩, 孙卫, 等. 1995. 风化店火山岩岩相、储集性与油气的关系. 石油学报, 17(1): 32-39.
麻伟明, 王绝, 姚少军, 等. 2009. 应用核磁共探 T2 谱划分火成岩次生孔隙储层. 国外测井技术, 172: 19-23.
毛治国, 邹才能, 朱如凯, 等. 2010. 准噶尔盆地石炭纪火山岩岩石地球化学特征及其构造环境意义. 岩石学报, 26(1): 207-216.
聂凯轩, 陆正元, 王怀中, 等. 2007. 岩石龟裂系数法在火山岩裂缝储集层预测中的应用. 石油地球物理勘探, 42(2): 186-189.
牛喜玉, 张映红, 袁选俊, 等. 2003. 中国东部中、新生代火成岩石油地质研究、油气勘验前景及面临问题. 特种油气藏, 10: 7-12.
欧阳健, 王运位, 胡淑芬. 1983. 复杂岩性最优化测井数字处理方法. 石油与天能气地质, 4(1): 76-87.
欧阳舒, 王智. 2003. 新疆北都石炭纪-二叠纪孢子花粉研究. 合肥: 中国科学技术大学出版社.
欧阳舒, 周宇星, 王智, 等. 1994. 论准噶尔盆地晚石炭世早期(Bashkiran Moscovtan)具肋花粉优势(GSPD)组合的发现. 古生物学报, 33(1): 24-40.
欧阳舒, 朱怀诚, 高峰. 2003. 内蒙古准格尔旗早二叠世早期煤层孢子花粉——古生态个案分析. 古生物学报, (3): 428-441.
潘保芝, 闫桂京, 吴海波. 2003. 对应分析确定松辽盆地北部深层火成岩岩性. 大庆石油地质与开发, 82(1): 7-9.
钱根葆, 王延杰, 王彬, 等. 2016. 准噶尔盆地火山岩气藏描述: 以陆东地区火山岩气藏为例. 北京: 科学出版社.
邱家骧. 1985. 岩浆岩岩石学. 北京: 地质出版社.
邱家骧. 1991. 国际地科联火成岩分类学分委会推荐的火山岩分类简介. 现代地质, 5(4): 457-468.
邱家骧, 陶奎元, 赵俊磊, 等. 1996. 火山岩. 北京: 地质出版社.
屈洋. 2009. 徐深气田达深区块火山岩古地磁裂缝定向分析. 大庆石油学院学报, 33(6): 43-47.
阮宝涛, 张菊红, 王志文, 等. 2011. 影响火山裂缝发育因素分析. 天然气地球科学, 22(2): 287-292.
尚林阁, 潘保芝. 1986. 应用模拟数学计识别花岗岩古潜山裂缝的方法与效果. 长春地质学院学报, 4: 81-84.
石磊. 2009. 火山岩储层研究现状与存在的问题. 西南石油大学学报, 31(5): 1-7.
石新朴, 胡清雄, 解志薇, 等. 2016. 火山岩岩性、岩相识别方法——以准噶尔盆地滴南凸起火山岩为例. 天然气地球科学, 27(10): 1808-1816.
宋新民, 冉启全, 孙圆辉, 等. 2010. 火山岩气藏精细描述及地质建模. 石油勘探与开发, 37(4): 458-465.
孙军昌. 2010. 火山岩气藏微观孔隙结构及核磁共振特征实验研究. 廊坊: 中国科学院渗流流体力学研究所.
孙善平, 刘永顺, 钟蓉, 等. 2001. 火山碎屑岩分类评述及火山沉积学研究展望. 岩石矿物学杂志, 20(3): 313-318.
孙炜, 王彦春, 李梅, 等. 2010. 利用叠前地震数据预测火山岩储层裂缝. 物探与化探, 34(2): 229-232.

谭仲平, 莫小国, 汪立蓉. 2000. 复杂断块油气田滚动勘探开发特征及主要技术. 断块油气田, 7(3): 14-17.

汤艳杰, 陈福坤, 彭澎. 2010. 中国盆地火山岩特性及其与油气成藏作用的关系. 岩石学报, 26(1): 185-194.

王德滋. 1982. 火山岩岩石学. 北京: 科学出版社.

王方正, 杨梅珍, 郑建平. 2002. 准噶尔盆地陆梁地区基底火山岩的岩石地球化学及其构造环境. 岩石学报, 18(2): 9-16.

王飞, 鲁明文, 常银辉. 2008. 利用地球化学测井资料识别火山岩岩性. 大庆石油地质与开发, 27(5): 139-142.

王红漫, 汪佳荣, 彭华, 等. 2010. 地震地质综合研究在王集复杂断块群油藏滚动勘探开发中的应用. 石油地质与工程, 24(4): 5-7.

王蕙. 1989. 新疆准格尔盆地克拉美丽地区滴水泉剖面下石炭统孢粉组合. 微体古生物学报, 8(3): 275-282.

王君, 朱如凯, 郭宏莉, 等. 2010. 火山岩风化壳储层发育模式——以三塘湖盆地马朗凹陷石炭系火山岩为例. 岩石学报, 26(1): 217-228.

王璞珺, 冯志强, 等. 2008. 盆地火山岩: 岩性岩相储层气藏勘探. 北京: 科学出版社.

王璞珺, 陈树民, 刘万洙, 等. 2003a. 松江盆地火山岩相与火山岩储层的关系. 石油天然气地质, 24(1): 18-22.

王璞珺, 迟元林, 刘万洙, 等. 2003b. 松辽盆地火山岩相: 类型, 特征和储层意义. 吉林大学学报(地球科学版), 33(4): 443-456.

解宏伟, 田世澄, 胡平. 2008. 准噶尔地东部石炭系火山岩成藏条件. 特种油气藏, 15(3): 29-32.

闫存凤, 袁剑英, 吉利民, 等. 1995. 新疆准噶尔盆地东缘下石炭统滴水泉组孢粉组合. 地层学杂志, (2): 104-109, 161-162.

杨双玲, 刘万洙, 于世泉, 等. 2007. 松辽盆地火山岩储层储集空间特征及其成因. 吉林大学学报(地球科学版), (3): 506-512.

于正军, 韩宏伟, 王福永. 2003. 东营凹陷滚动勘探开发技术研究与应用. 石油勘探与开发, 30(2): 46-48.

余守德. 1998. 复杂断块砂岩油藏开发模式. 北京: 石油工业出版社.

袁士义, 冉启全, 徐正顺, 等. 2007. 火山岩气藏高效开发策略研究. 石油学报, (1): 73-77.

张斌. 2009. 滚动勘探开发技术对策及其经济效益探讨. 科技风, (24): 118-119.

张光亚, 邹才能, 朱如凯, 等. 2010. 我国沉积盆地火山岩油气地质与勘探. 中国工程科学, 12(5): 30-38.

张京波, 宋白鹤, 李淑梅, 等. 2013. 复杂断块油田复杂带滚动勘探开发研究. 内蒙古石油化工, (9): 154-155.

张人玲. 2003. 江苏油田高勘探区复杂断块油藏的滚动勘探开发. 石油与天然气地质, 24(3): 304-308.

赵春楷. 2004. 滚动勘探开发一体化储层预测技术研究. 成都: 西南石油学院.

赵文智, 邹才能, 李建忠, 等. 2009. 中国陆上东、西部地区火山岩成藏比较研究与意义. 石油勘探与开发, 36(1): 1-11.

赵治信, 杨河新, 朱希梅. 1986. 新疆克拉麦里山石钱滩组牙形石及其时代. 微体古生物学报, (2): 193-204, 239-240.

邹才能. 2012. 火山岩油气地质. 北京: 地质出版社.

邹才能, 赵文智, 贾承造, 等. 2008. 中国沉积盆地火山岩油气藏形成与分布. 石油勘探与开发, (3): 257-271.

Hu C Y, Zhang Y W. 1985. Exploration of Oil and Gas and Practical Example Analysis. Beijing: Petroleum Industry Press.

Pearce J A. 1984. Trace element discrimination diagrams for the tectonic interpretation of granitic rocks. Journal of Petrology, 25: 956-983.

Petford N, Mccaffrey K J W. 2003. Hydrocarbons in Crystalline Rocks. London: The Geological Society of London.

Righter K. 2000. A comparison of basaltic volcanism in the Cascades and western Mexico: Compositional diversity in continental arcs. Tectonophysics, 318(1): 99-117.

Rollison H R. 1993. Using Geochemical Data: Evaluation, Presentation, Interpretation. London: Longman Singapore Publishers.

Sanyal S K, Juprasert S, Jusbasche M. 1979. An evaluation of rhyolite-basalt-volcanic Ash sequence from well logs. SPWLA 20th Annual Logging Symposium, Tulsa.

Saudders A D, Tamey J. 1984. Geochemical characteristics of basaltic volcanism within back-arc basins. Geological Society London Special Publication, 16(1): 59-76.

Winchester J A. Geochemical discrimination of magma series using immobile elements. Chemical Geology, 1077: 20325-20343.

Wu X S, Zhang Y W, Fang C L. 2001. Exploration of Oil and Gas Fields. Beijing: Petroleum Industry Press.

Zhao W Z, He D F, Li X D, et al. 1999. Introductory Theory of Synthetic Study of Petroleum Geology. Beijing: Petroleum Industry Press: 488-548.